確率過程とエントロピー

確率過程とエントロピー

井原俊輔著

岩波書店

まえがき

エントロピー，確率過程とくにGauss過程はともに統計力学，情報理論，確率論，統計学その他物理学，工学，数学などにおいてランダムな現象を取り扱う諸分野で理論的にもまた応用面からも大変重要な役割を果たしている．エントロピーやGauss過程に関する理論は近年めざましく発展し，それだけ応用の可能性も広がっている．応用面への活用も進みつつあるが，まだまだ十分とは言えない．筆者としては本書がこれらに関する数学的理論の応用への橋わたしの一助となることを願いつつ，本書においてエントロピーをいろいろな角度から眺めるとともに情報理論を中心にエントロピーと密接にかかわる諸分野における確率過程，とくにGauss過程の役割について叙述する．ランダムな現象にかかわる諸分野を専攻している人あるいはこれから勉強しようとしている人にとって，本書がエントロピーやGauss過程についての理解を深めるのにいささかなりともお役に立つことができるならば筆者にとってこの上ない喜びである．

エントロピーは分野によって説明の仕方が異なっていたりその表現にも少しずつ違いがあったりして，エントロピーは重要ではあるがわかりやすい概念とは言い難い．エントロピーはもともと物理学における概念であるが，C.E. Shannonが**不確かさ**を表わす量としてとらえ直した．不確かさは物理学とか情報理論とかの特定の分野だけに関係する概念ではなく，全く普遍的な概念である．このことはランダムな現象を取り扱うどの分野でもエントロピーは重要な役割を果たし得ることを意味する．本書の目的の一つはエントロピーの意味をはっきりさせ，そのことを通してエントロピーの応用の道をさぐることにある．

情報理論においてはエントロピーはとりわけ有用である．通信(すなわち，情報の伝達)の数学的理論のことを情報理論という．この理論体系を生み出したのはShannonの論文“A mathematical theory of communication”であり，

Shannonを抜きにして情報理論を語ることはできない．実際には多種多様な通信方法があるが，Shannonはこれらを統一的に取り扱える数学的模型を提出し情報伝達の諸問題に対する適切な定式化を行いかつ解決への道筋を示した．このShannon理論においてもう一点強調されるべきことは，情報の大きさを数量的に測るところの情報量を導入したことである．ある事がらに関する情報がもたらされるとこの事がらに関する不確かさ，すなわちエントロピーが減少する．この減少したエントロピーが伝達された情報量である．このようにエントロピーの意味づけはそのまま情報量の導入につながり，情報の数学的取り扱いを可能にしたのである．

次に確率過程とくにGauss過程に目を向けよう．ランダムな小さな変動がたくさん重なった結果として決まる量は近似的にはGauss分布に従う．このことはランダムな現象の解析におけるGauss分布，Gauss過程の重要性を意味している．エントロピーを通してみてもGauss分布，Gauss過程のもつ重要性が浮き彫りにされる．

通信を妨害する雑音の中でも一つの典型的な雑音はGauss分布に従うものである．このようなGauss型雑音によって歪みを受けるところのGauss型通信路の研究はやはりShannonとともに始まり，以来情報理論の研究において常に大きな柱の一つをなしている．近年の確率論での進展は，このGauss型通信路に対する理論に飛躍的発展をもたらしている．しかしこの方面のことを整理した形で与えてくれる書物は見当らないようである．理論的のみならず応用面からもこの方面に関心をもつ人にとって最近までの発展が少しでも手近なものに感じられるよう，Gauss型通信路について詳しく解説することも本書の大きな目的の一つである．

本書は数学，物理学，工学等多方面の方に親しんで頂けるよう，できるだけ基礎的部分から記述し，そしていたずらに議論の細部に立ち入ることを避け現在の最先端の興味ある話題まで紹介できるよう努めたつもりである．そのため，用語の使い方や定理の記述は正確に行ったが，定理の証明については数学的厳密性よりも話の流れの理解に重点をおき細部の証明は省略したものもある．記述にあたっては確率論を中心に数学のある程度の事実は詳しい説明なしで使わざるを得なかったが，これらについてもある程度の直観的理解さえあれば読み進められるよう配慮したつもりである．

なお本書で必要とする確率論のいくつかの事実についてはその結果のみを付録にまとめて述べておいた．

巻末に参考文献をあげ，さらに進んで勉強される読者の参考となるよう簡単な説明を加えておいた．

本書の執筆をすすめて下さった飛田武幸先生には多くの有益な御助言を頂いた．筆者にとっては先生のこれまでの御指導と励ましなしには本書の完成は考えられない．心から御礼を申し上げたい．松本且久君には原稿を通読し貴重な御意見をきかせて頂いた．また出版に際しては，岩波書店の宮内久男氏にいろいろお世話になった．これらの方々にも感謝の意を表する次第である．

1984年1月

井 原 俊 輔

目　　次

まえがき

第1章　エントロピー …… 1

§1.1　エントロピー …… 1

§1.2　連続分布のエントロピー …… 10

§1.3　Gauss分布のエントロピー …… 17

§1.4　確率過程のエントロピー …… 20

§1.5　最大エントロピー原理 …… 23

§1.6　エントロピーの一般化 …… 27

§1.7　相互情報量 …… 33

第2章　統計力学とエントロピー …… 43

§2.1　カノニカル分布 …… 44

§2.2　エントロピー増大の法則 …… 52

§2.3　最大エントロピー原理とカノニカル分布 …… 59

第3章　定常過程のエントロピー解析 …… 65

§3.1　離散時間定常過程 …… 65

§3.2　定常Gauss過程のエントロピー・レート …… 78

§3.3　定常過程の最大エントロピー解析 …… 81

§3.4　連続時間定常過程 …… 88

§3.5　連続時間定常過程の離散時間観測 …… 93

§3.6　帯域制限過程 …… 96

第4章　情報理論 …… 101

§4.1　通信系の数学的模型 …… 101

§4.2　レート・歪み関数 …… 105
§4.3　通信路容量 …… 112
§4.4　情報伝達の基本定理 …… 115

第5章　離散 Gauss 型通信路 …… 119
§5.1　Gauss 分布の情報理論的特徴づけ …… 119
§5.2　離散 Gauss 型通信路 …… 123
§5.3　離散白色 Gauss 型通信路の容量 …… 128
§5.4　離散 Gauss 型通信路の容量 …… 133
§5.5　最適符号化 …… 143

第6章　連続 Gauss 型通信路 …… 147
§6.1　連続 Gauss 型通信路 …… 148
§6.2　白色 Gauss 型通信路における相互情報量（Ⅰ） …… 151
§6.3　白色 Gauss 型通信路における相互情報量（Ⅱ） …… 158
§6.4　白色 Gauss 型通信路の容量 …… 172
§6.5　最適符号化 …… 176
§6.6　フィードバックのない Gauss 型通信路 …… 180
§6.7　定常 Gauss 型通信路 …… 185
§6.8　フィードバックのある Gauss 型通信路 …… 190

付録　確率論からの準備 …… 195
§A.1　確率と確率変数 …… 195
§A.2　条件付確率，条件付平均値 …… 197
§A.3　確率積分 …… 199

参考文献 …… 203
索　引 …… 209

第1章　エントロピー

ランダムな要因が作用して幾通りもの場合が起こり得るような現象を考える．このとき結果としてどの場合が起こるかは事前にはわからず不確定である．同じ不確定といっても，考える現象によって不確定の度合は異なる．この不確定の度合(あいまいさの大きさとか，結果を予想するときの予想の難しさといってもよいだろう)という極めて抽象的なものが，実は数量的に測ることが可能なのである．この不確定の度合を測るものがエントロピーである．

エントロピーはランダムな現象を記述する確率分布から決まる．離散分布のエントロピーについて§1.1で述べ，§1.2で連続分布のエントロピーについて述べる．

連続分布の中でもとりわけ重要なのはGauss分布である．特に本書ではGauss分布はエントロピーと並んで重要な役割を果しているので，§1.3でGauss分布のエントロピーについて詳しく調べておく．

§1.4では確率過程に対するエントロピーについて述べる．

エントロピーを確率分布の推定に応用することができる．このとき使う推定の原理が§1.5で述べる最大エントロピー原理である．

エントロピーから，情報伝達の際の伝わる情報の大きさを量的に測るところの，相互情報量を自然に導くことができる．§1.7で相互情報量の定義および性質を与える．

数学的にみれば，エントロピーおよび相互情報量をより統一的な立場から扱うことができる．このことについて§1.6で述べる．

§1.1　エントロピー

本節では**エントロピー**(entropy)を定義し，その性質を調べる．ランダムな現象における起こる結果に関する不確定の度合，あるいはあいまいさの大きさを測る量として自然なものは本節で述べるエントロピーに限ることも示す．このことこそがエントロピーの重要性，応用の広さの根拠といえる．

最初にこれからの考察の助けとなる簡単な例をいくつかあげておこう．

（イ）　さいころを投げるとき，どの目が出るかわからないから結果に関し一定のあいまいさがある．3の目が出たという結果を知ればこのあいまいさは消える．また奇数の目が出たということだけを知ったときにはなお1か3か5の目かのあいまいさが残るが，それは最初のあいまいさよりは小さい．

（ロ）　プロ野球で6チームのどこが優勝するかを予想する．6チームの力が接近していれば予想は難しいし，力の図抜けたチームがあれば予想はそれだけ容易になる．

（ハ）　6枚の金貨の中に1枚だけ見かけは同じだが本物より軽いにせ物が混じっているとする．天秤を使ってにせ金貨を見つけだすことにする．容易にわかるように3回天秤を使えば確実ににせ金貨を見つけだすことができ，あいまいさは消える．

（ニ）　物理系は，外部からの作用がないとき，時間とともに平衡状態，すなわち巨視的には静止した状態に達する．一方微視的状態，すなわち物理系を構成している粒子の配置は常に変化しているが，時間とともに無秩序(disorder)の方向へと変化する．この無秩序さの大きさは粒子の配置についてのあいまいさの大きさといってよい．

ランダムな現象における，起こる結果についてのあいまいさの大きさを測るところのエントロピーを導入しよう．エントロピーは例(ロ)からもわかるように確率によって決まる．いまある試行において起こり得る場合が $a_1, \cdots, a_m$ でそれらが各々確率 $p_1, \cdots, p_m$ で起こるものとする．このとき

$$\sum_{i=1}^{m} p_i = 1, \qquad p_i \geqq 0,\ \ i = 1, \cdots, m \tag{1.1.1}$$

である．$(p_1, \cdots, p_m)$を(離散型)確率分布という．この現象を表わす確率変数を X とする．X は値 a_i を確率 p_i でとる確率変数である．本書では事象 A の確

率を $P(A)$ で表わす．上のことは

$$P(X=a_i) = p_i, \qquad i = 1, \cdots, m \tag{1.1.2}$$

と書ける．C. E. Shannon に従ってエントロピーを次のように定義する．

定義 1.1.1
$$H(X) \equiv H(p_1, \cdots, p_m) = -\sum_{i=1}^{m} p_i \log p_i \tag{1.1.3}$$

とおき，$H(p_1, \cdots, p_m)$ を**確率分布** $(p_1, \cdots, p_m)$ **のエントロピー**という．このようにエントロピーは確率分布だけから決まるが，確率変数 X を強調するときには記号 $H(X)$ を用い**確率変数 X のエントロピー**という．

本書では理論的な便利さから対数は常に自然対数を考えることとし，底は e とする．(応用上は対数の底を 2 としてエントロピーを測ることが多い．この場合のエントロピーの単位をビットという.) また $\lim_{x\downarrow 0} x\log x=0$ だから $0\log 0=0$ と約束する．

例(イ)においてどの目の出る確率も等しいとすると，エントロピーは $H\left(\frac{1}{6}, \cdots, \frac{1}{6}\right)=\log 6$ である．例(ハ)でも秤を使うまえはやはりエントロピーは $\log 6$ である．

エントロピーはもともと物理学における概念である．エントロピーという言葉は 1864 年 R. Clausius により初めて導入され，熱力学の第二法則(エントロピー増大の法則)がそれによって簡潔に表現された．Clausius のエントロピーは確率が表面に現われないものであるが，その後 L. Boltzmann はエントロピーの確率論的な意味を強調し，エントロピーのいわゆる Boltzmann の表現 $S=k\log W$ を提起した．ここで W は粒子のとり得る配置の総数であり，k は Boltzmann 定数である．したがって Boltzmann のエントロピーは，定数倍を除けば，この W 通りの配置が等確率で起こる場合のエントロピーに等しい:

$$S = k\log W = kH\left(\frac{1}{W}, \cdots, \frac{1}{W}\right) \tag{1.1.4}$$

Shannon は情報理論の側面から考えたのではあるが，物理学におけるエントロピーとの共通性から(1.1.3)のものをエントロピーとよんだ．またエントロピーに対する記号 H も Boltzmann の H 関数に由来している．

X, Y を二つの確率変数で，X は(1.1.2)のものとし，Y はとり得る値が $b_1, \cdots, b_n$ で $P(X=a_i, Y=b_j)=r_{ij}$ とする．2次元確率変数 (X, Y) のエントロピーは

$$H(X, Y) = H(r_{11}, \cdots, r_{1n}, r_{21}, \cdots, r_{mn}) = -\sum_{i,j} r_{ij} \log r_{ij} \tag{1.1.5}$$

である．説明は後回しにし天下り的ではあるが，条件付エントロピーを次のように定義する．

定義 1.1.2
$$H(Y|X) = H(X, Y) - H(X) \tag{1.1.6}$$

を X が与えられたときの Y の**条件付エントロピー**という．

一般に X を知ることにより，X のあいまいさがなくなるだけでなく，Y についても何らかの情報が得られ Y のあいまいさも減少する．いま(1.1.3)のエントロピーはあいまいさの大きさを表わしているものとしよう．X のあいまいさ$(=H(X))$と X を知ったときなお Y に関し残っているあいまいさとを加えたものが (X, Y) のもつあいまいさ$(=H(X, Y))$といってよい．したがって上の $H(Y|X)$ は X を知ったときの Y のエントロピーを表わしているといえる．$\sum_{j=1}^{n} r_{ij} = p_i$ だから

$$H(Y|X) = -\sum_{i,j} r_{ij} \log \frac{r_{ij}}{p_i} \tag{1.1.7}$$

である．$X=a_i$ のときの $Y=b_j$ である条件付確率を P_{ij} とすると，$P_{ij}=P(Y=b_j|X=a_i)=r_{ij}/p_i$ である($p_i>0$ とする)．このとき $X=a_i$ という情報が与えられたときの Y のエントロピーは $H(P_{i1}, \cdots, P_{in})$ と考えてよい．$H(Y|X=a_i)=H(P_{i1}, \cdots, P_{in})$ とおき，$X=a_i$ のときの Y の条件付エントロピーという．(1.1.7)より $H(Y|X=a_i)$ の X についての平均が $H(Y|X)$ であること，すなわち

$$H(Y|X) = \sum_{i=1}^{m} p_i H(Y|X=a_i) \tag{1.1.8}$$

がわかる．

例(イ)においてどの目の出る確率も等しいものとし，出る目を Y で表わし，

出る目が偶数か奇数かに応じ $X=0$ または1とする．このとき $P(X=1, Y=j)=\frac{1}{6}\,(j=2,4,6)$, $P(X=0, Y=j)=\frac{1}{6}\,(j=1,3,5)$ だから $H(X,Y)=\log 6$ であり，$H(X)=H\left(\frac{1}{2},\frac{1}{2}\right)=\log 2$ だから $H(Y|X)=\log 3$ である．また $H(Y|X=1)=H(Y|X=0)=\log 3$ である．

ここでエントロピーおよび条件付エントロピーの性質をまとめておく．

定理 1.1.1（エントロピーの性質）　以下の諸性質が成り立つ．

(H.1)
$$H(p_1,\cdots,p_m)\geqq 0$$
$H(p_1,\cdots,p_m)=0$ となるのは，ある i で $p_i=1$ で，他は $p_j=0\,(j\neq i)$ の場合のみである．

(H.2)　$H(p_1,\cdots,p_m)$ は $(p_1,\cdots,p_m)$ の連続関数である．

(H.3)　$(\sigma(1),\cdots,\sigma(m))$ を $(1,\cdots,m)$ の勝手な置換とすると
$$H(p_1,\cdots,p_m)=H(p_{\sigma(1)},\cdots,p_{\sigma(m)})$$

(H.4)
$$H(p_1P_{11},\cdots,p_1P_{1n},p_2P_{21},\cdots,p_mP_{mn})$$
$$=H(p_1,\cdots,p_m)+\sum_{i=1}^{m}p_iH(P_{i1},\cdots,P_{in}) \tag{1.1.9}$$

(H.5)　$p_m=q+r>0$,　$q,r\geqq 0$ のとき
$$H(p_1,\cdots,p_{m-1},q,r)=H(p_1,\cdots,p_{m-1},p_m)+p_mH\left(\frac{q}{p_m},\frac{r}{p_m}\right)$$

(H.6)　勝手な確率分布 $(q_1,\cdots,q_m)$ に対し
$$H(p_1,\cdots,p_m)\leqq -\sum_{i=1}^{m}p_i\log q_i \tag{1.1.10}$$
等号が成立するのは $p_i=q_i$,　$i=1,\cdots,m$,　のときに限る．

(H.7)
$$H(p_1,\cdots,p_m)\leqq \log m$$
等号が成立するのは $p_1=\cdots=p_m=\frac{1}{m}$ のときに限る．

(H.8)
$$H(Y|X)\leqq H(Y) \tag{1.1.11}$$
等号が成立するのは X と Y が独立な場合のみである．

(H.9)
$$H(X,Y)\leqq H(X)+H(Y)$$
等号が成立するのは X と Y が独立な場合のみである．

証明　(H.1), (H.2), (H.3) は自明．(H.4) は $r_{ij}=p_iP_{ij}$ と (1.1.8) を使い (1.1.6) を書き直したものである．(H.5) は (1.1.9) において $n=2$, $P_{i1}=1$, $P_{i2}=0\,(i=1,\cdots,m-1)$, $P_{m1}=q/p_m$, $P_{m2}=r/p_m$ とすればよい．

(H.6)　$x>0$ において，不等式

$$\log x \leqq x-1 \tag{1.1.12}$$

が成り立つ．(1.1.12) で等号は $x=1$ のときに限って成り立つ．不等式 (1.1.10) はすべての i に対し $p_i>0$ の場合に示せば十分である．(1.1.12) より

$$\begin{aligned} H(p_1,\cdots,p_m)+\sum_{i=1}^m p_i\log q_i &= \sum_{i=1}^m p_i\log\frac{q_i}{p_i} \\ &\leqq \sum_{i=1}^m p_i\left(\frac{q_i}{p_i}-1\right)=\sum_{i=1}^m q_i-\sum_{i=1}^m p_i=1-1=0 \end{aligned} \tag{1.1.13}$$

だから (1.1.10) が成り立つ．等号が成立するのは (1.1.13) が等式となる場合で，それは $p_i=q_i$, $i=1,\cdots,m$, の場合に限る．(H.7) は (H.6) で $q_1=\cdots=q_m=\dfrac{1}{m}$ とした場合である．

(H.8)　$P(Y=b_j)=q_j\,(j=1,\cdots,n)$ とおく．$H(Y\,|\,X=a_i)=H(P_{i1},\cdots,P_{in})$ に対し (H.6) を適用し，$\sum_{i=1}^m p_iP_{ij}=q_j$ に注意すれば

$$H(Y\,|\,X)\leqq -\sum_{i=1}^m p_i\left(\sum_{j=1}^n P_{ij}\log q_j\right)=-\sum_{i=1}^n q_j\log q_j=H(Y)$$

となり (1.1.11) を得る．等号が成り立つのは (H.6) よりすべての ($p_i\neq 0$ なる) i と j に対し $P_{ij}=q_j$，すなわち $P(Y=b_j\,|\,X=a_i)=P(Y=b_j)$ となる場合であるが，これは X と Y が独立ということである．(H.9) は (H.4) と (H.8) より明らかである．　∎

これらの性質のもつ意味を簡単に説明しよう．(H.2) は確率が少し変るとき，エントロピーも少ししか変らないことを意味している．(H.1), (H.3) はあいまいさの大きさを表わす量のもつ性質としては自然なものである．(H.4) については既に説明した．(H.6) はエントロピーのもつ重要な性質のひとつで，不等式 (1.1.10) は本書においてしばしば用いられる．(H.7) は確率分布が等確率分布に近いほどエントロピーは大きいことを意味している．このことは例(ロ)

に述べたことと合致する．X と Y が独立でなければ，X の値を知ることにより Y に関する情報も得られ，その分だけあいまいさは減る．それ故 X が与えられたときの Y のあいまいさ $H(Y|X)$ は最初のあいまいさ $H(Y)$ より小さい．これが(H. 8)である．

このように，エントロピーを(1. 1. 3)で定義するとランダムな現象の不確定の度合あるいはあいまいさを測る量にふさわしい性質を備えていることがわかった．さらにこれらの性質をもつものは定数倍を除き(1. 1. 3)の形の関数しかあり得ないことが示される．

定理 1. 1. 2　すべての確率分布 $(p_1, \cdots, p_m)$ に対して定義される実数値関数 $H(p_1, \cdots, p_m)$ が(H. 3), (H. 5)および(H. 1), (H. 2)を弱めた次の(H. 1′), (H. 2′)をみたすものとする．

(H. 1′)　$H(p, 1-p)>0$ なる $0<p<1$ が存在する．

(H. 2′)　$H(p, 1-p)$ は $0\leqq p\leqq 1$ において p の連続関数である．

このとき

$$H(p_1, \cdots, p_m) = -c\sum_{i=1}^{m} p_i \log p_i \tag{1. 1. 14}$$

でなければならない．ただし c は正の定数である．

証明　まず $m=2$ の場合に(1. 1. 14)を示す．そのため

$$f(p) = H(p, 1-p), \qquad 0 \leqq p \leqq 1$$

とおく．p, q, r を $p, q\geqq 0$, $r>0$, $p+q+r=1$ とすると，(H. 3)と(H. 5)より

$$\begin{aligned} H(p, q, r) &= H(p, q+r)+(q+r)H\left(\frac{q}{q+r}, \frac{r}{q+r}\right) \\ &= H(q, p+r)+(p+r)H\left(\frac{p}{p+r}, \frac{r}{p+r}\right) \end{aligned}$$

が成り立つ．よって関数 $f(p)$ は $p, q\geqq 0$, $p+q<1$ において

$$f(p)+(1-p)f\left(\frac{q}{1-p}\right) = f(q)+(1-q)f\left(\frac{p}{1-q}\right) \tag{1. 1. 15}$$

をみたす．上式の両辺を q について 0 から $1-p$ まで積分し

$$(1-p)f(p)+\alpha(1-p)^2 = \int_0^{1-p} f(q)dq + p^2\int_p^1 t^{-3}f(t)dt \qquad (1.1.16)$$

を得る．ここで両辺の第2項の積分は変数変換して書き直した．また

$$\alpha = \int_0^1 f(t)dt$$

とおいた．(1.1.16)において，左辺第1項以外はすべて p に関し微分可能であるから，結局 $f(p)$ も微分可能である．そこで両辺を p で微分し

$$\begin{aligned}&(1-p)f'(p)-f(p)-2\alpha(1-p)\\&\quad = -f(1-p)+2p\int_p^1 t^{-3}f(t)dt - p^{-1}f(p)\end{aligned} \qquad (1.1.17)$$

を得る．同様にして今度は $f'(p)$ も微分可能なことがわかる．(H. 3)より $f(p)=f(1-p)$ であることに注意して，再び両辺を p で微分すると

$$\begin{aligned}&(1-p)f''(p)-f'(p)+2\alpha\\&\quad = 2\int_p^1 t^{-3}f(t)dt - p^{-2}f(p) - p^{-1}f'(p)\end{aligned} \qquad (1.1.18)$$

となる．上式の両辺に p を掛けたものから(1.1.17)を辺々引き

$$f''(p) = -\frac{2\alpha}{p(1-p)}, \qquad 0<p<1$$

を得る．したがって上式を2回積分し，

$$f(p) = -2\alpha\{p\log p+(1-p)\log(1-p)\}+C_1p+C_2 \qquad (1.1.19)$$

を得る．ここで C_1, C_2 は積分定数である．以上の議論は $0<p<1$ で行ったが，$f(p)$ は連続関数だから(1.1.19)は $0\leqq p\leqq 1$ で成立する．ところで(1.1.15)で $p=0$ とおき $f(0)=0$ がわかる．したがって $C_2=0$ である．さらに $f(p)=f(1-p)$ だから $C_1=0$ である．故にある定数 c があって，

$$f(p) = H(p, 1-p) = -c\{p\log p+(1-p)\log(1-p)\}, \qquad 0\leqq p\leqq 1$$

でなければならない．(H. 1′)より $c>0$ である．よって $m=2$ の場合に(1.1.14)が示された．

次に確率分布 $(p_1, \cdots, p_m)$ における m についての帰納法により一般の場合を

証明しよう．$m \leqq k$ のときには(1.1.14)は成立しているものとする．$(p_1, \cdots, p_{k+1})$ を確率分布とする．$p_{k+1}>0$ としてよい．(H.5)より

$$\begin{aligned} &H(p_1, \cdots, p_{k-1}, p_k, p_{k+1}) \\ &= H(p_1, \cdots, p_{k-1}, p_k+p_{k+1}) + (p_k+p_{k+1}) H\left(\frac{p_k}{p_k+p_{k+1}}, \frac{p_{k+1}}{p_k+p_{k+1}}\right) \end{aligned}$$

である．右辺を帰納法の仮定を使って書き直せば

$$\begin{aligned} H(p_1, \cdots, p_{k+1}) &= -c\sum_{i=1}^{k-1} p_i \log p_i - c(p_k+p_{k+1}) \log (p_k+p_{k+1}) \\ &\quad -c\left(p_k \log \frac{p_k}{p_k+p_{k+1}} + p_{k+1} \log \frac{p_{k+1}}{p_k+p_{k+1}}\right) \\ &= -c\sum_{i=1}^{k+1} p_i \log p_i \end{aligned}$$

となり，$m=k+1$ のときも(1.1.14)は成り立つ． ∎

定義1.1.1のエントロピーは，この先みていくように情報理論において極めて重要な役割を果しているし，統計力学におけるエントロピーとも密接に関連している．定理1.1.2はランダムな現象における起こる結果についての不確定の度合という一見測定不能にも思えるものがエントロピーによって数量的に測定でき，しかもそれが唯一の方法であることを明らかにした．しかるに不確定の度合あるいは結果の予測の困難さは，なにも情報理論とか統計力学に固有なものではなく，もっと普遍的な概念である．このことはエントロピーが，情報理論や統計力学に限らず，ランダムな現象を取り扱うどの分野においても基本的な役割を果し得ることを示唆している．本書では触れないが，実際エントロピーはエルゴード理論や統計学などにおいても重要な役割を演じているし，その他の分野へも応用の範囲を広げつつある．

確率変数 X が可算個の値 $a_1, a_2, \cdots$ を各々確率 $p_1, p_2, \cdots$ でとる場合には，上の定義の自然な拡張として，そのエントロピーを

$$H(X) \equiv H(p_1, p_2, \cdots) = -\sum_{i=1}^{\infty} p_i \log p_i \qquad (1.1.20)$$

で定義する．この場合は $H(X)=\infty$ となることもある．Y も可算個の値をと

る場合，条件付エントロピー $H(Y|X)$ をやはり(1.1.7)で定義する.

§1.2　連続分布のエントロピー

本節では連続分布に従う確率変数のエントロピーについて述べる.

$X_1, \cdots, X_d$ は実確率変数(実数値をとる確率変数)で，任意の d 次元 Borel 集合 $A \subset \boldsymbol{R}^d$ ($\boldsymbol{R} \equiv (-\infty, \infty)$ は実数全体を表わす)に対し $X \equiv (X_1, \cdots, X_d) \in A$ なる確率が

$$P(X \in A) = \int \cdots \int_A p(x_1, \cdots, x_d) dx_1 \cdots dx_d$$

と書けるとき，$X = (X_1, \cdots, X_d)$ は d 次元連続分布に従うといい，$p(x) \equiv p(x_1, \cdots, x_d)$ ($x = (x_1, \cdots, x_d) \in \boldsymbol{R}^d$) を X の密度関数という.

まず，離散分布のエントロピー(1.1.3)を形式的に真似て，連続分布に対するエントロピーを定義しよう.

定義 1.2.1　$X = (X_1, \cdots, X_d)$ が d 次元連続分布に従い，その密度関数 $p(x)$, $x \in \boldsymbol{R}^d$, に対し，$p(x) \log p(x)$ が $\boldsymbol{R}^d$ 上で可積分，すなわち $\int_{\boldsymbol{R}^d} |p(x) \log p(x)| dx < \infty$ のとき

$$h(X) \equiv h(p) = -\int_{\boldsymbol{R}^d} p(x) \log p(x) dx \tag{1.2.1}$$

を X **の連続エントロピー**(誤解の恐れのないときは単に X **のエントロピー**という)あるいは $p(x)$ **のエントロピー**という.

[注意]　$h(X)$ は Shannon が differential entropy とよんだものであり，Boltzmann の H 関数である.

エントロピーの具体的な計算例をあげておく.

例 2.1(一様分布)　実確率変数 X が長さ l の区間 $[a, a+l]$ 上の一様分布に従う，すなわち X の密度関数 $p(x)$ が

$$p(x) = \begin{cases} \dfrac{1}{l}, & a \leqq x \leqq a+l \\ 0, & x < a, \ x > a+l \end{cases}$$

のとき，容易にわかるように

$$h(X) = h(p) = \log l$$

である．

例 2.2(指数型分布) $X=(X_1, \cdots, X_d)$ は次の密度関数 $p(x)$ をもつ d 次元指数型分布に従うとする：

$$p(x) = \begin{cases} Ae^{-\varphi(x)}, & x \in S \\ 0, & x \notin S \end{cases} \tag{1.2.2}$$

ただし S は $\boldsymbol{R}^d$ のある領域で，$\int_S e^{-\varphi(x)}dx < \infty$ かつ $\int_S |\varphi(x)| e^{-\varphi(x)}dx < \infty$ とし，$A = \left[\int_S e^{-\varphi(x)}dx\right]^{-1}$ である．このとき簡単な計算により

$$\begin{aligned} h(X) = h(p) &= -\log A + \int_{\boldsymbol{R}^d} \varphi(x)p(x)dx \\ &= -\log A + E[\varphi(X)] \end{aligned} \tag{1.2.3}$$ *)

がわかる．

連続分布のエントロピー(1.2.1)が離散分布のエントロピーの自然な拡張になっているわけではない．しかし単に形式的に真似ただけではない．連続分布のエントロピー(1.2.1)の意味を明らかにするために，連続分布のエントロピーと離散分布のエントロピーとの関連をみていこう．

1次元の場合に調べれば十分なので，X は密度関数 $p(x)$ をもつ実確率変数とする．X を近似する次のような離散型確率変数列 X_n，$n=0, 1, 2, \cdots$，を考えよう．

$$\frac{k}{2^n} \leqq X < \frac{k+1}{2^n} \quad \text{のとき} \quad X_n = \frac{k}{2^n} \qquad (k=0, \pm 1, \pm 2, \cdots) \tag{1.2.4}$$

このとき，$\Delta_{n,k} = [k/2^n, (k+1)/2^n)\ (\equiv \{x;\ k/2^n \leqq x < (k+1)/2^n\})$，$\rho_{n,k} = P(X \in \Delta_{n,k}) = \int_{\Delta_{n,k}} p(x)dx$ とおくと，X_n のエントロピーは

$$H(X_n) = -\sum_{k=-\infty}^{\infty} \rho_{n,k} \log \rho_{n,k}$$

---

*) 本書では確率変数 X の平均値を $E[X]$ で表わす．

である．もし $h(X)$ が $n\to\infty$ のときの $H(X_n)$ の極限にでもなっていれば，連続分布のエントロピー(1.2.1)は離散分布のエントロピーの自然な拡張といえるのだが，そうはなっていない．実際には n を大きくすると $\rho_{n,k}$ は0に近づき $H(X_n)$ は無限大に発散してしまい $h(X)$ には決して近づかない(このことは次の定理の(1.2.5)式からも明らかである)．$h(X)$ と $H(X_n)$ の間には次のような関連がある．

定理 1.2.1　1°)　X の密度関数 $p(x)$ は次の条件(i)〜(iii)をみたすものとする．

(i)　$p(x)$ は有界かつ殆どすべての x で連続*) な関数である．

(ii)　$p(x)\log p(x)$ は可積分である．

(iii)　$H(X_0)=-\sum_{k=-\infty}^{\infty}\rho_{0,k}\log\rho_{0,k}<\infty$.

このとき次の関係が成り立つ．

$$\lim_{n\to\infty}(H(X_n)-n\log 2)=h(X) \tag{1.2.5}$$

2°)　Y も上の(i)〜(iii)をみたす密度関数をもつ確率変数とし，Y に対し Y_n, $n=0,1,2,\cdots$, を(1.2.4)と同様に定めれば

$$\lim_{n\to\infty}(H(X_n)-H(Y_n))=h(X)-h(Y) \tag{1.2.6}$$

が成り立つ．

証明　1°)　関数 $p_n(x)$, $n=0,1,2,\cdots$, を

$$p_n(x)=2^n\rho_{n,k},\qquad x\in\Delta_{n,k}\text{ のとき}\qquad(k=0,\pm1,\pm2,\cdots)$$

と定義すると，

$$\rho_{n,k}\log(2^n\rho_{n,k})=\int_{\Delta_{n,k}}p_n(x)\log p_n(x)dx$$

である．$\sum_{k=-\infty}^{\infty}\rho_{n,k}=1$ に注意し

$$H(X_n)-n\log 2=-\sum_{k=-\infty}^{\infty}\rho_{n,k}\log(2^n\rho_{n,k})=-\int_{-\infty}^{\infty}p_n(x)\log p_n(x)dx$$

*)　不連続点 x の集合の Lebesgue(ルベーグ)測度が0ということである．

を得る．$p(x)$ の連続点 x においては明らかに $\lim_{n\to\infty} p_n(x)=p(x)$ である．任意の自然数 K に対し，極限と積分の順序交換ができ(仮定(ii)より Lebesgue の有界収束定理が使える)

$$-\lim_{n\to\infty}\int_{-K}^{K} p_n(x)\log p_n(x)dx = -\int_{-K}^{K} p(x)\log p(x)dx$$

を得る．(ii)より $\lim_{K\to\infty}\int_{|x|\geqq K} p(x)\log p(x)dx=0$ だから(1.2.5)の証明のためには，あとは n に関し一様に

$$\lim_{K\to\infty}\int_{|x|\geqq K} p_n(x)\log p_n(x)dx = 0 \tag{1.2.7}$$

となることを示せばよい．関数 $f(x)=-x\log x\ (x\geqq 0)$ は上に凸であり，$\sum_{l2^n\leqq k<(l+1)2^n} \rho_{n,k}=P(l\leqq X<l+1)=\rho_{0,l}$ だから

$$\begin{aligned}-\int_{l}^{l+1} p_n(x)\log p_n(x)dx &= 2^{-n}\cdot\sum_{l2^n\leqq k<(l+1)2^n} f(2^n\rho_{n,k})\\ &\leqq f(\rho_{0,l}) = -\rho_{0,l}\log\rho_{0,l}\end{aligned} \tag{1.2.8}$$

である．また $\int_{\Delta_{n,k}} p(x)dx=\rho_{n,k}$ かつ $\Delta_{n,k}$ の長さ $|\Delta_{n,k}|$ は 2^{-n} だから

$$\begin{aligned}-\int_{\Delta_{n,k}} p(x)\log p(x)dx &= \int_{\Delta_{n,k}} f(p(x))dx\\ &\leqq |\Delta_{n,k}|f(|\Delta_{n,k}|^{-1}\rho_{n,k}) = -\int_{\Delta_{n,k}} p_n(x)\log p_n(x)dx\end{aligned} \tag{1.2.9}$$

となる．(1.2.8)と(1.2.9)を合せて

$$-\int_{|x|\geqq K} p(x)\log p(x)dx \leqq -\int_{|x|\geqq K} p_n(x)\log p_n(x)dx \leqq -\sum_{|k|\geqq K}\rho_{0,k}\log\rho_{0,k}$$

を得る．よって仮定(ii), (iii)より，n に関し一様に(1.2.7)が成り立つ．

2°)　$H(X_n)-H(Y_n)=(H(X_n)-n\log 2)-(H(Y_n)-n\log 2)$ だから，1°)より(1.2.6)を得る．　∎

X, Y が連続分布に従う場合，その不確定の度合あるいはあいまいさの大きさを前節と同じ意味で考えるならば，それは無限大とならざるを得ないことを上の定理の 1°)は意味している．しかし X と Y のもつあいまいさの差が $n\to\infty$

のときの $H(X_n)-H(Y_n)$ の極限 $h(X)-h(Y)$ で与えられると考えることは不自然ではなかろう．結局，$h(X)$ は前節と同じ意味で X のエントロピーを表わしてはいないが，差 $h(X)-h(Y)$ は X と Y のエントロピーの差を表わしているといってよい．本書においてもみていくように，エントロピーの値そのものではなくいくつかのエントロピーを比較することが必要なことが多い．それ故，連続分布の場合 $h(X)$ を X のエントロピーとみなすのである．

連続分布の場合の条件付エントロピーを離散分布の場合にならって定義しよう．X, Y は各々 k, l 次元連続分布に従う確率変数でその密度関数を各々 $p(x)$, $x\in \boldsymbol{R}^k$, $q(y)$, $y\in \boldsymbol{R}^l$, とする．さらに $k+l$ 次元確率変数 (X, Y) も連続分布に従い，密度関数は $r(x, y)$ とする．このとき $X=x$ が与えられたときの Y の条件付確率分布の密度関数は $r(x, y)/p(x)$ である．

定義 1.2.2

$$h(Y|X) = -\iint_{\boldsymbol{R}^{k+l}} r(x, y) \log \frac{r(x, y)}{p(x)} dxdy \qquad (1.2.10)$$

を X が与えられたときの Y の**条件付エントロピー**という((1.1.7)参照)．ただし右辺の積分が存在する場合だけ考えるものとする．

$X=x$ のときの Y の条件付エントロピーを

$$h(Y|X=x) = -\int_{\boldsymbol{R}^l} \frac{r(x, y)}{p(x)} \log \frac{r(x, y)}{p(x)} dy \qquad (1.2.11)$$

とすると，離散分布のときと同様 $h(Y|X)$ は $h(Y|X=x)$ を X について平均したものである：

$$h(Y|X) = \int_{\boldsymbol{R}^k} p(x) H(Y|X=x) dx$$

ここで連続分布のエントロピー，条件付エントロピーの性質をまとめておく．$(X_1, \cdots, X_n)$ が連続分布に従うとき，$(X_1, \cdots, X_n)$ のエントロピー $h((X_1, \cdots, X_n))$ を単に $h(X_1, \cdots, X_n)$ と記す．同様に $h(Y|(X_1, \cdots, X_n))$ を $h(Y|X_1, \cdots, X_n)$ と記す．なお全空間 $\boldsymbol{R}^d$ 上での積分の場合には，積分記号 $\int_{\boldsymbol{R}^d}$ における積分範囲 $\boldsymbol{R}^d$ を省略することもある．

定理 1.2.2(連続エントロピーの性質) 以下の諸性質が成り立つ(なお各エントロピーの存在は仮定する).

(h.1) $h(X)$ は負の値のこともある.

(h.2) X を d 次元確率変数, $\varphi\equiv(\varphi_1,\cdots,\varphi_d)$ を $\boldsymbol{R}^d$ から $\boldsymbol{R}^d$ の上への1対1の滑らかな変換としその逆変換を $\psi\equiv(\psi_1,\cdots,\psi_d)$ とする. $Y=\varphi(X)$ とすると

$$h(Y)=h(X)-\int_{\boldsymbol{R}^d}p(x)\log|J(\varphi(x))|dx \qquad (1.2.12)$$

である. ここで $p(x)$ は X の密度関数, $J(y)$ はヤコビアン, すなわち行列 $\left(\dfrac{\partial\psi_i(y)}{\partial y_j}\right)_{i,j=1,\cdots,d}$ の行列式である. 特に φ が線形変換, すなわち $\varphi_i(x)=\sum_{j=1}^{d}a_{ij}x_j+b_i$, $i=1,\cdots,d$, したがって $Y=XA'+b$ ($A=(a_{ij})_{i,j=1,\cdots,d}$, A' は A の転置行列, $b=(b_1,\cdots,b_d)$) のとき

$$h(Y)=h(X)+\log|\det A| \qquad (1.2.13)$$

である. ただし $\det A$ は A の行列式である.

(h.3) $p(x), q(x)$ を d 次元連続分布の密度関数とすると, 不等式

$$h(p)=-\int_{\boldsymbol{R}^d}p(x)\log p(x)dx \leqq -\int_{\boldsymbol{R}^d}p(x)\log q(x)dx \qquad (1.2.14)$$

が成立する. 等号は $p(x)\equiv q(x)$ の場合に限り成立する.

(h.4) $$h(X,Y)=h(X)+h(Y|X)=h(Y)+h(X|Y) \qquad (1.2.15)$$

(h.5) $$h(Y|X_1,X_2)\leqq h(Y|X_1)\leqq h(Y) \qquad (1.2.16)$$

X_1 が与えられたとき X_2 と Y が独立となるときかつそのときのみ第1式は等式に, X_1 と Y が独立のときかつそのときのみ第2式は等式となる.

(h.6) $$h(X_1,\cdots,X_n)=\sum_{k=1}^{n}h(X_k|X_1,\cdots,X_{k-1})\leqq\sum_{k=1}^{n}h(X_k) \qquad (1.2.17)$$

($k=1$ のとき $h(X_k|X_1,\cdots,X_{k-1})=h(X_1)$ とする.) 等号が成立するための必要十分条件は $X_1,\cdots,X_n$ がたがいに独立となることである.

(h.7) $$h(X_1,\cdots,X_n|Y)=\sum_{k=1}^{n}h(X_k|Y,X_1,\cdots,X_{k-1})\leqq\sum_{k=1}^{n}h(X_k|Y)$$

(1.2.18)

証明　(h.1)　たとえば例2.1において l を変えれば $h(X)=\log l$ はどんな実数値をもとり得る．

(h.2)　勝手なBorel集合 $\Gamma\subset\boldsymbol{R}^d$ に対して，$\phi(\Gamma)=\{\phi(y);\ y\in\Gamma\}$ と記すと

$$P(Y\in\Gamma)=P(X\in\phi(\Gamma))=\int_{\phi(\Gamma)}p(x)dx=\int_{\Gamma}p(\phi(y))|J(y)|dy$$

となり Y の密度関数は $p(\phi(y))|J(y)|$ であることがわかる．よって

$$\begin{aligned}h(Y)&=-\int p(\phi(y))|J(y)|\log[p(\phi(y))|J(y)|]dy\\&=-\int p(x)\log[p(x)|J(\varphi(x))|]dx=h(X)-\int p(x)\log|J(\varphi(x))|dx\end{aligned}$$

となり(1.2.12)を得る．$Y=XA'+b$ の場合には $J(y)=\det A^{-1}=1/\det A$ だから(1.2.12)より(1.2.13)を得る．

(h.3)　和を積分に換えるだけで，前節の(H.6)と同様に証明できる．

(h.4)　$\int r(x,y)dy=p(x)$ に注意すれば

$$\begin{aligned}h(X,Y)&=-\iint r(x,y)\log\frac{r(x,y)}{p(x)}dxdy-\iint r(x,y)\log p(x)dxdy\\&=h(Y|X)+h(X)\end{aligned}$$

がわかる．$h(X,Y)=h(X|Y)+h(Y)$ も同様に示せる．

(h.5)　X_1, (X_1,X_2), (Y,X_1), (Y,X_1,X_2) の密度関数を各々 $p_1(x_1)$, $p(x_1,x_2)$, $q(y,x_1)$, $r(y,x_1,x_2)$ とすると，(h.3)を使い

$$\begin{aligned}h(Y|X_1,X_2)&=-\iint p(x_1,x_2)\left[\int\frac{r(y,x_1,x_2)}{p(x_1,x_2)}\log\frac{r(y,x_1,x_2)}{p(x_1,x_2)}dy\right]dx_1dx_2\\&\leqq-\iint p(x_1,x_2)\left[\int\frac{r(y,x_1,x_2)}{p(x_1,x_2)}\log\frac{q(y,x_1)}{p_1(x_1)}dy\right]dx_1dx_2\\&=-\iint q(y,x_1)\log\frac{q(y,x_1)}{p_1(x_1)}dydx_1=h(Y|X_1)\end{aligned}$$

を得る．ここで等号が成り立つのは $r(y,x_1,x_2)/p(x_1,x_2)=q(y,x_1)/p_1(x_1)$，すなわち

$$\frac{r(y, x_1, x_2)}{p_1(x_1)} = \frac{p(x_1, x_2)}{p_1(x_1)} \frac{q(y, x_1)}{p_1(x_1)}$$

のときである．これは X_1 が与えられたとき Y と X_2 が独立であることを意味している．第2の不等式も同様に証明できる．

(h.6) (h.4)より

$$h(X_1, X_2, \cdots, X_n) = h(X_1)+h(X_2, \cdots, X_n | X_1)$$

である．さらに(h.4)と同様に

$$h(X_2, \cdots, X_n | X_1) = h(X_2 | X_1)+h(X_3, \cdots, X_n | X_1, X_2)$$

が示せる．同じことを次々と繰返し

$$h(X_1, \cdots, X_n) = \sum_{k=1}^{n} h(X_k | X_1, \cdots, X_{k-1})$$

を得る．(1.2.17)の不等式は(h.5)より明らか．また等号が成り立つのはすべての $k=1, \cdots, n$ で $h(X_k | X_1, \cdots, X_{k-1})=h(X_k)$ となるときである．これは(h.5)よりすべての k で $(X_1, \cdots, X_{k-1})$ と X_k が独立，すなわち $X_1, \cdots, X_n$ がたがいに独立のときかつそのときのみ成り立つ．

(h.7) (h.6)と同様に証明される． ▮

先に述べたように連続分布の場合でもエントロピーの差は本来の意味での(すなわち不確定の度合を表わす量としての)エントロピーの差を与えていた．性質(h.3)〜(h.7)は離散分布のエントロピーと共通なものである((H.4), (H.6), (H.8), (H.9)参照)．これはこれらがエントロピーの差に関する性質だからである．これに反し，エントロピーの値そのものに関する性質(h.1), (h.2)は離散分布の場合には成り立たない性質である．

§1.3 Gauss 分布のエントロピー

Gauss 分布は連続分布の中でも最も重要な分布である．

定義 1.3.1 d 次元連続分布に従う確率変数 $X=(X_1, \cdots, X_d)$ の密度関数が

$$g(x)=\frac{1}{(2\pi)^{d/2}\sqrt{|V|}}\exp\left\{-\frac{1}{2}(x-m)V^{-1}(x-m)'\right\},\qquad x\in\boldsymbol{R}^d \tag{1.3.1}$$

のとき X は d **次元 Gauss 分布** $N(m, V)$ **に従う**あるいは X は d **次元 Gauss 型確率変数**という．ここで $m=(m_1, \cdots, m_d)\in\boldsymbol{R}^d$，横ベクトル $(x-m)$ に対し $(x-m)'$ は縦ベクトルを表わし，$V=(v_{ij})_{i,j=1,\cdots,d}$ は正定値対称行列で，$|V|$ は V の行列式である．このとき X_i の平均が $E[X_i]=m_i$，X_i と X_j の共分散が $E[(X_i-m_i)(X_j-m_j)]=v_{ij}$ なので，$N(m, V)$ を平均ベクトル m，共分散行列 V の Gauss 分布という．特に $d=1$ のときには(1.3.1)は

$$g(x)=\frac{1}{\sqrt{2\pi}\sigma}\exp\left\{-\frac{1}{2\sigma^2}(x-m)^2\right\},\qquad x\in\boldsymbol{R} \tag{1.3.2}$$

となる $(m\in\boldsymbol{R},\ \sigma>0)$．このとき X は1次元 Gauss 分布 $N(m, \sigma^2)$ に従うという．X の平均は m，分散は σ^2 である．

$X=(X_1, \cdots, X_d)$ の分布が $k(<d)$ 次元に退化している場合，たとえば $(X_1, \cdots, X_k)$ は k 次元 Gauss 分布に従い他の X_j，$k<j\leqq d$，は $X_1, \cdots, X_k$ の一次結合となっている場合も X は Gauss 分布に従うという．$X=(X_1, \cdots, X_d)$ が Gauss 分布に従うためには，勝手な1次結合 $\sum_{i=1}^{d}a_iX_i$ が1次元 Gauss 分布に従うことが必要かつ十分である．

Gauss 分布の重要性は，ひとつには現実に Gauss 分布に従うとみなせるランダムな現象が多いことによる．理論的には，このことは確率論において重要な定理として古くからよく研究されている中心極限定理の保証するところである．数学的記述は与えないが，直観的に説明すれば，中心極限定理はたがいに独立なたくさんの微小なランダムな変動の総和は近似的には Gauss 分布に従うものとみなせるということである．

さらに，本書において中心的役割を果すエントロピーの立場からみても Gauss 分布が特別な位置を占めていることがわかる．まずエントロピーを求める．

定理 1.3.1　$X=(X_1, \cdots, X_d)$ が d 次元 Gauss 分布 $N(m, V)$ に従うとき

$$h(X)=\frac{1}{2}\log\{(2\pi e)^d|V|\} \tag{1.3.3}$$

である．特に X が 1 次元 Gauss 分布 $N(m, \sigma^2)$ に従うときは

$$h(X)=\frac{1}{2}\log(2\pi e\sigma^2) \tag{1.3.4}$$

である．

証明　X の密度関数 $g(x)$ は(1.3.1)で与えられるから

$$\begin{aligned} h(X)=&\int_{R^d}g(x)\log\{(2\pi)^{d/2}\sqrt{|V|}\}dx \\ &+\frac{1}{2}\int_{R^d}g(x)(x-m)V^{-1}(x-m)'dx \end{aligned} \tag{1.3.5}$$

である．共分散が $v_{ij}=\int_{R^d}g(x)(x_i-m_i)(x_j-m_j)dx$ であることから

$$\int_{R^d}g(x)(x-m)V^{-1}(x-m)'dx=d \tag{1.3.6}$$

となることが容易にわかる．(1.3.5), (1.3.6) より (1.3.3) を得る．(1.3.4) は (1.3.3) で $d=1$, $|V|=\sigma^2$ とおけばよい．　▮

Gauss 分布のエントロピーは次のような特徴がある．

定理 1.3.2　与えられた平均ベクトル $m=(m_1, \cdots, m_d)$, 共分散行列 $V=(v_{ij})_{i,j=1,\cdots,d}$ をもつ d 次元連続分布の中で，連続エントロピーが最大なものは Gauss 分布 $N(m, V)$ である．

証明　$p(x)$ を平均ベクトル m, 共分散行列 V をもつ d 次元連続分布の密度関数とする．

$$\begin{aligned} &\int_{R^d}x_ip(x)dx=m_i \\ &\int_{R^d}(x_i-m_i)(x_j-m_j)p(x)dx=v_{ij} \end{aligned} \tag{1.3.7}$$

である．$g(x)$ を Gauss 分布 $N(m, V)$ の密度関数とする．(h.3) と (1.3.1) より不等式

$$h(p) \leqq -\int_{R^d} p(x)\log g(x)dx$$
$$= \int p(x)\log\{(2\pi)^{d/2}\sqrt{|V|}\}dx + \frac{1}{2}\int p(x)(x-m)V^{-1}(x-m)'dx$$

が成り立つ．ところが(1.3.7)より(1.3.6)と同様に $\int p(x)(x-m)V^{-1}(x-m)'dx = d$ がわかり，上の不等式と(1.3.5)より

$$h(p) \leqq h(g)$$

を得る．しかも等号が成り立つのは $p(x)=g(x)$ のときのみである．　❙

§1.4　確率過程のエントロピー

本節では確率過程のエントロピーについて述べる．

確率変数の系 $\{X_t;\ t\in \boldsymbol{T}\}$ はパラメーターの集合 $\boldsymbol{T}$ が時間パラメーターの空間(順序集合)のとき**確率過程**という．$\boldsymbol{T}$ が整数全体，$\boldsymbol{Z}\equiv\{0, \pm1, \pm2, \cdots\}$，またはその部分集合のとき離散時間確率過程，$\boldsymbol{T}$ が実数全体またはその部分区間のとき連続時間確率過程という．各 X_t が複素確率変数のときは複素確率過程，実確率変数のときは実確率過程という．本書では，特にことわらない限り，確率過程は複素確率過程とする．

ここで本書でよく使われる Gauss 過程と定常過程の定義を与えておく．

定義 1.4.1　$\{X_t;\ t\in \boldsymbol{T}\}$ は実確率変数の系で任意の有限個の $t_1, \cdots, t_n \in \boldsymbol{T}$ に対し $(X_{t_1}, \cdots, X_{t_n})$ が Gauss 分布に従うとき **Gauss 型確率変数系**という．特に $\boldsymbol{T}$ が時間パラメーター空間のときには **Gauss 過程**という．

Gauss 型確率変数系は平均 $m(t)=E[X_t]$ および共分散 $V(t,s)=E[(X_t-m(t))(X_s-m(s))]$ $(s, t\in \boldsymbol{T})$ を与えれば決まる．

例 4.1　$\boldsymbol{T}=[0,\infty)$ で平均が $E[B(t)]=0$，共分散が $E[B(t)B(s)]=t\wedge s$ $(=\min(t,s))$ である Gauss 過程 $B=\{B(t);\ t\geqq 0\}$ を **Brown 運動**という．

定義 1.4.2　$\boldsymbol{T}=\boldsymbol{Z}$ または $\boldsymbol{T}=\boldsymbol{R}$ とする．確率過程 $\{X_t;\ t\in \boldsymbol{T}\}$ は，

1°)　分布が時間をずらしても変らない，すなわち任意の $t, t_1, \cdots, t_n \in \boldsymbol{T}$ に対し $(X_{t_1}, \cdots, X_{t_n})$ と $(X_{t_1+t}, \cdots, X_{t_n+t})$ の分布が同じとき**定常過程**(stationary process)という；

2°)　平均および共分散が存在しそれらが時間をずらしても変らない，すなわち平均 $E[X_t]\equiv a$ および共分散 $E[(X_{t+s}-a)\overline{(X_t-a)}]$*) $\equiv\gamma_s$ が t に無関係のとき**弱定常過程**(weakly stationary process)という．

もし2次のモーメントが存在する(すなわち $E[|X_t|^2]<\infty$)ならば，明らかに定常過程は弱定常過程である．Gauss 過程の場合は定常過程と弱定常過程は一致する．

まず離散時間確率過程 $X=\{X_n;\ n\in\boldsymbol{Z}^+\}$ の場合に，エントロピーをどう定義すべきかを考察する．ただし $\boldsymbol{Z}^+$ は自然数の全体である．各 n に対し X_n が離散分布に従うときでも $(X_1,\cdots,X_n)$ のエントロピー $H(X_1,\cdots,X_n)$ は，性質(H.4)からも予想されるように，多くの場合 n を大きくするとき無限大に発散してしまう．この場合確率過程 $\{X_n;\ n\in\boldsymbol{Z}^+\}$ は無限大のエントロピーをもつことになる．そこで $\frac{1}{n}H(X_1,\cdots,X_n)$ の $n\to\infty$ のときの極限，言い換えると $n\to\infty$ のときの無限大に発散する速さでもってエントロピーを比較することにする．連続分布に従う場合には $H(X_1,\cdots,X_n)$ の代りに $h(X_1,\cdots,X_n)$ を考える．

定義 1.4.3　(i)各 $n\in\boldsymbol{Z}^+$ に対し X_n が離散分布に従う場合は

$$\bar{H}(X)=\overline{\lim_{n\to\infty}}\frac{1}{n}H(X_1,\cdots,X_n) \tag{1.4.1}$$

を，(ii)各 $n\in\boldsymbol{Z}^+$ に対し $(X_1,\cdots,X_n)$ が連続分布に従う場合には

$$\bar{h}(X)=\overline{\lim_{n\to\infty}}\frac{1}{n}h(X_1,\cdots,X_n) \tag{1.4.2}$$

を確率過程 $X=\{X_n;\ n\in\boldsymbol{Z}^+\}$ の**エントロピー・レート**(entropy rate)または**単位時間当りのエントロピー**という．

§1.2 の連続エントロピーと同様，エントロピー・レートの値がそのまま不確定の度合を表わしているというわけではないが，2つの確率過程の不確定の度合はエントロピー・レートによって比較することができる．

---

*)　複素数 z に対し，$\bar{z}$ は z の共役複素数を表わす．

一般には $n\to\infty$ のとき $\dfrac{1}{n}H(X_1,\cdots,X_n)$ あるいは $\dfrac{1}{n}h(X_1,\cdots,X_n)$ が収束するとは限らないので，エントロピー・レートを上極限でもって定義した．しかし定常過程の場合には極限が存在する．

定理 1.4.1 $X=\{X_n;\ n\in\boldsymbol{Z}\}$ は定常過程とする．

1°) X_n が離散分布に従う場合，$\dfrac{1}{n}H(X_1,\cdots,X_n)$ の極限が存在し

$$\overline{H}(X)=\lim_{n\to\infty}\frac{1}{n}H(X_1,\cdots,X_n)=H(X_1|X_0^-) \tag{1.4.3}$$

である．ただし $X_0^-=(X_0,X_{-1},X_{-2},\cdots)$ で $H(X_1|X_0^-)=\lim\limits_{n\to\infty}H(X_1|X_0,\cdots,X_{-n})$ である．

2°) 各 $n\geqq 1$ に対し $(X_1,\cdots,X_n)$ は連続分布に従い $h(X_1,\cdots,X_n)$ が存在するとき，$\dfrac{1}{n}h(X_1,\cdots,X_n)$ の極限が存在し

$$\bar{h}(X)=\lim_{n\to\infty}\frac{1}{n}h(X_1,\cdots,X_n)=h(X_1|X_0^-) \tag{1.4.4}$$

である．ここで $h(X_1|X_0^-)=\lim\limits_{n\to\infty}h(X_1|X_0,\cdots,X_{-n})$ である．

証明 1°), 2°) とも同じように証明できるので，2°) だけ示す．定常性より $h(X_k|X_1,\cdots,X_{k-1})=h(X_1|X_{-k+2},\cdots,X_0)$ だから，(h.6) より

$$h(X_1,\cdots,X_n)=h(X_1)+h(X_1|X_0)+\cdots+h(X_1|X_0,\cdots,X_{-n+2})$$

である．ところが (h.5) より $h(X_1)\geqq h(X_1|X_0)\geqq\cdots\geqq h(X_1|X_0,\cdots,X_{-n+2})$ だから，$\dfrac{1}{n}h(X_1,\cdots,X_n)$ は単調減少列 $\{h(X_1|X_0,\cdots,X_{-k+2})\}$ の第 n 項までの算術平均である．したがって，この算術平均も n とともに単調に減少するから極限が存在 ($-\infty$ の場合を含む) し

$$\lim_{n\to\infty}\frac{1}{n}h(X_1,\cdots,X_n)=\lim_{n\to\infty}h(X_1|X_0,\cdots,X_{-n+2})=h(X_1|X_0^-)$$

である． ∎

このように定常過程の場合には，エントロピー・レートは“過去” $X_0^-=(X_0,X_{-1},X_{-2},\cdots)$ を知ったときの1時刻“未来” X_1 の条件付エントロピーに等しい．

$\{X_n;\ n\in\boldsymbol{Z}\}$ が Gauss 定常過程のときには，より具体的にエントロピー・レ

ートが計算できる．このことについては§3.2で述べる．

連続時間確率過程のエントロピーないしはエントロピー・レートの十分納得のいく定義はまだ得られておらず，いかに定義すべきかは今後に残された問題である．

§1.5 最大エントロピー原理

偶然性を伴う現象を取り扱うとき，いったんその系の確率分布すなわち各事象の起こる確率がわかれば，われわれは平均値，分散の計算をはじめその系の諸々の統計的性質を調べ上げることができる．しかし実際には確率分布がきちんと知られているのではなく，確率分布を定めるための部分的な情報しか与えられていないことが多い．たとえば起こる事象に依存して定まるいくつかの確率変数の平均値だけが与えられているといったことも多い．統計力学を例にとると，粒子の系の微視的状態は観測できずわれわれが観測するのは巨視的状態であり，測定可能なものは温度，圧力などであるがこれらは平均量である(§2.3参照)．このように部分的な情報(条件)しか与えられていない場合，この情報(条件)に合っている多くの確率分布の中から何らかの方法で特定の一つの分布を選び出し，その分布に基づいて考えているランダムな現象の統計的解析を行うのである．このことは母集団より標本を抽出しそれに基づいて母集団分布を推測する統計的推論(statistical inference)と本質的に同じことである．問題は与えられた部分的な情報(条件)の下でいかにして最適な確率分布を選出するかである．いかなる規準，原理に基づいて選出すべきかといってもよい．本節の主題である最大エントロピー原理はまさにこの求める原理である．

P. S. Laplaceは起こり得る場合がn通りある試行に対し，他に考慮に入れるべきことが何もないときにはn個の事象に等しい確率が指定されるべきとした．これは先験的等確率の原理とよばれている．Laplace(1749-1827)以来，最大エントロピー原理が提唱されるまで，与えられた情報に合致している確率分布の中で特定の一つが他より良いとする根拠を与える普遍的原理は見出されなかったといってもよい．はっきりとした認識の下で最大エントロピー原理を最初に提唱したのは E. T. Jaynes[*] である.

与えられた情報(条件)に合致する確率分布の中で，エントロピー最大の分布を求める分布と推定する，のが**最大エントロピー原理**(maximum entropy principle)である．以後簡単のため，最大エントロピー原理を ME 原理と略記する．またエントロピー最大の分布を**最大エントロピー分布**といい ME 分布と略記する.

いま起こり得る場合が $a_1, \cdots, a_n$ の試行を考える．各場合の起こる確率 $p_1, \cdots, p_n$ に関しある情報 A が与えられたとする．情報 A に合致する確率分布の中での ME 分布を $(p_1^*, \cdots, p_n^*)$ とする．つまり情報 A をみたす任意の確率分布 $(p_1, \cdots, p_n)$ に対し，$H(p_1^*, \cdots, p_n^*) \geqq H(p_1, \cdots, p_n)$ である．これに対し他の何らかの規準によって，$(p_1^*, \cdots, p_n^*)$ よりエントロピーの小さい分布 $(q_1, \cdots, q_n)$ を選出したとする．エントロピーは不確定の度合を測る量であるから，$(p_1^*, \cdots, p_n^*)$ に比べ $(q_1, \cdots, q_n)$ は不確定の度合が小さく，それだけより特定された分布である．したがって $(p_1^*, \cdots, p_n^*)$ でなく $(q_1, \cdots, q_n)$ を選出するためには，情報 A 以外にさらにエントロピーの差，$H(p_1^*, \cdots, p_n^*) - H(q_1, \cdots, q_n)$ の分だけより特定するための情報が実は必要である．結局，与えられた情報のみを使って，それ以外の条件を使うようなことなく為し得る唯一の推定は ME 分布をこの試行の分布と推定することである．これが ME 原理である.

以上の話は，基本的には離散分布以外の場合でも同じことである.

ME 原理を適用するためには，二つの分布のエントロピーの差が計算できればよい．それ故連続分布の場合には，§1.2 の議論からわかるように，連続エントロピー $h(X) = h(p)$ が最大なものが ME 分布である．また離散時間確率過程の場合には §1.4 のエントロピー・レート $\overline{H}(X)$, $\bar{h}(X)$ が最大なものを求めればよい.

ここで離散分布の場合の例をあげておこう.

例 5.1　起こり得る場合が $a_1, \cdots, a_n$ の n 通りである，ということ以外に何の

---

*)　Jaynes[37].

情報も与えられていないとする．このとき(H.7)より勝手な分布$(p_1, \cdots, p_n)$に対し$H(p_1, \cdots, p_n) \leqq H\left(\frac{1}{n}, \cdots, \frac{1}{n}\right) = \log n$だから，等確率分布$\left(\frac{1}{n}, \cdots, \frac{1}{n}\right)$がME分布である．

このように先験的等確率の原理も，その正当性はME原理から説明されるのである．

もう一つ重要な例をあげる．Xは取り得る値が$a_1, \cdots, a_n$の確率変数で，Xの関数$f_1(X), \cdots, f_l(X)$の平均値が与えられているとする(たとえば$f_1(X)=X$, $f_2(X)=(X-E(X))^2$のときにはその平均値$E[X]$, $E[(X-E(X))^2]$はXの平均値と分散だから，平均値あるいは分散がわかっている場合はこの特別の場合として扱える)．このときME分布は次で得られる．

定理 1.5.1 確率変数$f_1(X), \cdots, f_l(X)$の平均値

$$E[f_j(X)] = m_j, \qquad j=1, \cdots, l \tag{1.5.1}$$

が与えられているとする．ただしm_j, $j=1, \cdots, l$, は連立方程式

$$\begin{cases} \Phi = \sum_{i=1}^{n} \exp\left\{-\sum_{k=1}^{l} \lambda_k f_k(a_i)\right\} & (1.5.2) \\ \frac{1}{\Phi} \sum_{i=1}^{n} f_j(a_i) \exp\left\{-\sum_{k=1}^{l} \lambda_k f_k(a_i)\right\} = m_j, \qquad j=1, \cdots, l & (1.5.3) \end{cases}$$

が解$\Phi, \lambda_1, \cdots, \lambda_l$をもつような値とする．このときエントロピー最大の，Xの確率分布$(p_1^*, \cdots, p_n^*)$は

$$p_i^* = \frac{1}{\Phi} \exp\left\{-\sum_{k=1}^{l} \lambda_k f_k(a_i)\right\}, \qquad i=1, \cdots, n \tag{1.5.4}$$

で与えられる．

証明 Xの分布が$(p_1, \cdots, p_n)$のとき(1.5.1)は

$$\sum_{i=1}^{n} f_j(a_i) p_i = m_j, \qquad j=1, \cdots, n \tag{1.5.5}$$

と書ける．条件(1.5.5)をみたす確率分布$(p_1, \cdots, p_n)$の全体を$\mathcal{P}$とする．$(p_1^*, \cdots, p_n^*) \in \mathcal{P}$であることは(1.5.3)より明らか．任意の$(p_1, \cdots, p_n) \in \mathcal{P}$に対し，(H.6)より

$$H(p_1, \cdots, p_n) \leqq -\sum_{i=1}^{n} p_i \log p_i^* = -\sum_{i=1}^{n} p_i \left\{-\log \Phi - \sum_{k=1}^{l} \lambda_k f_k(a_i)\right\}$$
$$= \log \Phi + \sum_{k=1}^{l} \lambda_k m_k = H(p_1^*, \cdots, p_n^*)$$

である(等号は $p_i = p_i^*$, $i=1, \cdots, n$, のときのみ). よって $(p_1^*, \cdots, p_n^*)$ は $\mathcal{P}$ におけるただ一つのME分布である. ▮

[**注意**]　(1.5.2)の $\Phi \equiv \Phi(\lambda_1, \cdots, \lambda_l)$ を λ_j で微分し(1.5.3)を用いれば,

$$\frac{\partial}{\partial \lambda_j} \log \Phi = -m_j, \qquad j=1, \cdots, l \tag{1.5.6}$$

がわかる. よって $\Phi, \lambda_1, \cdots, \lambda_l$ を求めるためには連立方程式(1.5.2), (1.5.6)を解けばよい.

連続分布の場合にも同様のことが証明できる.

定理 1.5.2　X は $\boldsymbol{R}^d$ のある領域 S 上の連続分布に従う d 次元確率変数とする. $f_1(x), \cdots, f_l(x)$ は S 上で定義された実関数で, 確率変数 $f_1(X), \cdots, f_l(X)$ の平均値

$$E[f_j(X)] = m_j, \qquad j=1, \cdots, n \tag{1.5.7}$$

が与えられたとする. ただし m_j, $j=1, \cdots, l$, は, 連立方程式

$$\begin{cases} \Phi = \displaystyle\int_S \exp\left\{-\sum_{k=1}^{l} \lambda_k f_k(x)\right\} dx & (1.5.8) \\ \dfrac{1}{\Phi} \displaystyle\int_S f_j(x) \exp\left\{-\sum_{k=1}^{l} \lambda_k f_k(x)\right\} dx = m_j, \qquad j=1, \cdots, l & (1.5.9) \end{cases}$$

が解 $\Phi, \lambda_1, \cdots, \lambda_l$ をもつような値とする. このとき(連続)エントロピー最大の, X の分布の密度関数 $p^*(x)$ は

$$p^*(x) = \frac{1}{\Phi} \exp\left\{-\sum_{k=1}^{l} \lambda_k f_k(x)\right\}, \qquad x \in S \tag{1.5.10}$$

で与えられる.

証明は(H.6)の代わりに(h.3)を用いれば, 定理1.5.1と全く同様なので省略する.

連続分布の場合の具体的な例をあげておく．

例 5.2 1°) $\boldsymbol{R}$ 上の長さ l の区間 $[a, a+l]$ 上に分布する連続分布の中では，ME 分布は一様分布である．

2°) 与えられた平均ベクトル $m=(m_1, \cdots, m_d)$，共分散行列 $V=(v_{ij})_{i,j=1,\cdots,d}$ をもつ d 次元連続分布の中では，ME 分布は Gauss 分布 $N(m, V)$ である．

3°) $\boldsymbol{R}^d$ の領域 S 上に連続分布する確率変数 X に対し，$\varphi(X)$ の平均値 $E[\varphi(X)]=m$ が与えられているとき，エントロピー最大の X の分布は例 2.2 の指数型分布である．

2°)はすでに定理 1.3.2 で述べた．3°)は定理 1.5.2 の特別の場合である．1°)は例 5.1 に対応するものである．証明は(h.3)を用いて同様にできる．

§1.1 で強調したようにエントロピーは不確定の度合を表わす普遍的な概念である．それ故 ME 原理も，情報理論とか統計力学に固有なものではなく普遍的な原理で，偶然性を伴う現象を取り扱うどの分野においても確率分布の推定の指針となるものである．

最初に ME 原理を提唱した Jaynes は，その普遍性を強調するとともに統計力学との関連について論じ，たとえばカノニカル分布が ME 原理の適用によって導かれることを示した．これらのことについては第 2 章でさらに詳しく述べる．

定常過程の推定においても ME 原理が極めて有効なことが知られつつあり，その応用範囲も広がりつつある．このことについては第 3 章で述べる．

この他ランダムな現象を取り扱ういろいろな分野で，今後ますます ME 原理が応用されるようになるであろう．

§1.6 エントロピーの一般化*)

§1.1～§1.4 ではエントロピーを離散分布，連続分布，確率過程の場合に各々どう定めたら良いかを論じてきた．数学的にはこれら異なる場合のエントロ

---

*) 先を急ぐ読者は，本節の定理等の証明の部分はとばして読んでよい．特に第 2 章は本節および次節に関係なく読める．

ピーを統一的に扱うことが可能である．本節では，二つの測度μ, νに対し，νに関するμのエントロピーという概念を導入する．これは§1.1〜§1.4のエントロピーの一般化になっているばかりでなく，二つの測度の“近さ”を測る一つの尺度ともなっており確率論，情報理論，統計学などで使われている．

μ, νを可測空間$(\Omega, \mathcal{B})$上の有限測度とする．たがいに交わりがなくかつ$\bigcup_{i=1}^{n} A_i=\Omega$なる有限個の集合$A_i \in \mathcal{B}$，$i=1, \cdots, n$，の集まり$\{A_i\}$を$(\Omega, \mathcal{B})$の有限可測分割，あるいは単に$\Omega$の有限分割という．$\Omega$の有限分割$\Delta=\{A_i;\ i=1, \cdots, n\}$に対して

$$H_\Delta(\mu;\ \nu)=\sum_{i=1}^{n} \mu(A_i) \log \frac{\mu(A_i)}{\nu(A_i)} \tag{1.6.1}$$

とおく．

定義1.6.1　可測空間$(\Omega, \mathcal{B})$のすべての有限可測分割Δについての$H_\Delta(\mu; \nu)$の上限，

$$H(\mu;\ \nu)=\sup_{\Delta}\{H_\Delta(\mu;\ \nu);\ \Delta \text{ は } \Omega \text{ の有限分割}\} \tag{1.6.2}$$

を**測度νに関する測度μのエントロピー**という．

［**注意**］　$H(\mu;\ \nu)$は統計学においてKullbackの情報量とよばれているものと同じである．

まず$H(\mu;\ \nu)$の次の性質に注意しておく．

定理1.6.1　$\mu(\Omega)=\nu(\Omega)<\infty$のとき，$H(\mu;\ \nu) \geqq 0$であり，$H(\mu;\ \nu)=0$となるのは$\mu=\nu$のときただそのときのみである．

証明　不等式(1.1.12)を使えば，Ωの勝手な有限分割$\Delta=\{A_i\}$に対し

$$\begin{aligned} H_\Delta(\mu;\ \nu) &= -\sum_i \mu(A_i) \log \frac{\nu(A_i)}{\mu(A_i)} \geqq -\sum_i \mu(A_i)\left(\frac{\nu(A_i)}{\mu(A_i)}-1\right) \\ &= \sum_i \mu(A_i)-\sum_i \nu(A_i)=\mu(\Omega)-\nu(\Omega)=0 \end{aligned} \tag{1.6.3}$$

である．よって定義より$H(\mu;\ \nu) \geqq 0$である．$H(\mu;\ \nu)=0$ならばΩのすべての有限分割$\Delta=\{A_i\}$に対し$H_\Delta(\mu;\ \nu)=0$である．ところが(1.6.3)が等式となるのはすべてのiで$\mu(A_i)=\nu(A_i)$となる場合である．したがって$\mu=\nu$である．

逆に $\mu=\nu$ のとき $H(\mu;\ \nu)=0$ となるのは明らかである．▮

大雑把にいえば，$H(\mu;\ \nu)$ は測度 ν を規準として測度 μ が ν とどのくらい異なるかを測る一つの尺度であり，$H(\mu;\ \nu)=0$ ならば μ は ν に一致し，$H(\mu;\ \nu)$ が大きい程 μ は ν との違いが大きいといえる．

Ω の二つの有限分割 $\varDelta=\{A_i;\ i=1,\cdots,m\}$，$\Gamma=\{B_j;\ j=1,\cdots,n\}$ において，どの $B_j\in\Gamma$ に対しても $A_i\supset B_j$ なる $A_i\in\varDelta$ が存在するとき Γ は $\varDelta$ の細分であるという．このとき $\Gamma=\{B_j\}$ は適当に並び替え $\Gamma=\{A_{ij};\ i=1,\cdots,m,\ j=1,\cdots,k_i\}$ とし，$\bigcup_{j=1}^{k_i} A_{ij}=A_i$ であるようにできる．

補題 1.6.2　Ω の有限分割 $\varDelta=\{A_i;\ i=1,\cdots,m\}$ に対し，$\Gamma=\{A_{ij};\ i=1,\cdots,m,\ j=1,\cdots,k_i\}$ を $\varDelta$ の細分とすると

$$H_\varDelta(\mu;\ \nu)\leqq H_\Gamma(\mu;\ \nu) \tag{1.6.4}$$

である．

証明　$\alpha_i=\dfrac{\mu(A_i)}{\nu(A_i)}, \alpha_{ij}=\dfrac{\mu(A_{ij})}{\nu(A_{ij})}, i=1,\cdots,m, j=1,\cdots,k_i$ とおくと，$\sum_{i,j}\alpha_i\nu(A_{ij})=\sum_{i,j}\alpha_{ij}\nu(A_{ij})=\mu(\Omega)<\infty$ だから (H.6) と同様にして

$$\begin{aligned}\sum_{i,j}\alpha_{ij}\nu(A_{ij})\log\{\alpha_i\nu(A_{ij})\}&\leqq\sum_{i,j}\alpha_{ij}\nu(A_{ij})\log\{\alpha_{ij}\nu(A_{ij})\}\\&=\sum_{i,j}\mu(A_{ij})\log\mu(A_{ij})\end{aligned}$$

がわかる．しかるに

$$\sum_{i,j}\alpha_{ij}\nu(A_{ij})\log\{\alpha_i\nu(A_{ij})\}=\sum_i\mu(A_i)\log\frac{\mu(A_i)}{\nu(A_i)}+\sum_{i,j}\mu(A_{ij})\log\nu(A_{ij})$$

だから，両式より (1.6.4) を得る．▮

この補題はエントロピー $H(\mu;\ \nu)$ の定義式 (1.6.2) において，上限はできるだけ細かい分割についてとればよいことを示している．

$\Omega=\{\omega_1,\cdots,\omega_n\}$ が有限集合の場合には，最も細かい分割は各点分割 $\mathcal{E}\equiv\{\{\omega_1\},\cdots,\{\omega_n\}\}$ だから

$$H(\mu;\ \nu)=H_{\mathcal{E}}(\mu;\ \nu)=\sum_{i=1}^n\mu(\{\omega_i\})\log\frac{\mu(\{\omega_i\})}{\nu(\{\omega_i\})} \tag{1.6.5}$$

である($\mathscr{B}$ は Ω の部分集合の全体とする). このことを使い, §1.1で扱った離散分布のエントロピーと $H(\mu;\ \nu)$ との関係を調べる.

例 6.1　起こり得る場合が $\omega_1, \cdots, \omega_n$ で各 ω_i の起こる確率を p_i とする. $\Omega=\{\omega_1, \cdots, \omega_n\}$ 上の確率測度 μ を $\mu(\{\omega_i\})=p_i,\ i=1, \cdots, n,$ で与える. ν を Ω 上の他の確率測度とし $\nu(\{\omega_i\})=q_i,\ i=1, \cdots, n,$ とおくと, (1.6.5)より

$$H(\mu;\ \nu) = -\sum_{i=1}^{n} p_i \log q_i - H(p_1, \cdots, p_n) \tag{1.6.6}$$

である. 特に規準となる測度 ν_0 を $\nu_0(\{\omega_i\})=\dfrac{1}{n},\ i=1, \cdots, n,$ で与えると, (1.6.6)より

$$H(p_1, \cdots, p_n) = \log n - H(\mu;\ \nu_0) \tag{1.6.7}$$

を得る. このようにエントロピー $H(p_1, \cdots, p_n)$ は確率分布 $(p_1, \cdots, p_n)$ が等確率分布 $\left(\dfrac{1}{n}, \cdots, \dfrac{1}{n}\right)$ とどのくらい異なっているかを測っているといってもよい.

Ω が一般の場合には補題1.6.2を使い $H(\mu;\ \nu)$ の積分表示が得られる. このことは測度の絶対連続性と関係している. $(\Omega, \mathscr{B})$ 上の二つの測度 μ, ν に対し, $\nu(A)=0\ (A\in\mathscr{B})$ ならば $\mu(A)=0$ であるとき μ は ν に関し**絶対連続**であるといい, $\mu\prec\nu$ と書くことにする. ν が σ 有限測度*) で $\mu\prec\nu$ のときには

$$\mu(A) = \int_A \varphi(x) d\nu(x), \qquad \forall A \in \mathscr{B}$$

なる可測関数 $\varphi(x)$ が存在する(Radon-Nikodym の定理). この関数 $\varphi(x)$ のことを **Radon-Nikodym の導関数**といい,

$$\varphi(x) = \frac{d\mu}{d\nu}(x)$$

と書く. またこのことを $d\mu(x)=\varphi(x)d\nu(x)$ と表わすこともある.

定理 1.6.3　μ, ν を $(\Omega, \mathscr{B})$ 上の有限測度とする.

1°)　μ が ν に関し絶対連続でなければ

$$H(\mu;\ \nu) = \infty \tag{1.6.8}$$

---

*)　$\Omega=\bigcup_{n=1}^{\infty}\Omega_n,\ \nu(\Omega_n)<\infty$ なる可測集合列 $\{\Omega_n\}$ が存在するとき, 測度 ν は σ 有限であるという.

である．

2°) $\mu \prec \nu$ ならば $\varphi(x)=\dfrac{d\mu}{d\nu}(x)$ とおくと

$$H(\mu;\ \nu) = \int_{\Omega} \log \varphi(x) d\mu(x) \tag{1.6.9}$$

である(上式は $\infty=\infty$ の場合も含む).

証明　1°) 仮定より $\nu(A)=0$ かつ $\mu(A)>0$ なる $A \in \mathscr{B}$ が存在する．よって分割 $\Delta=\{A, A^c\}$ を考えれば

$$H(\mu;\ \nu) \geqq H_{\Delta}(\mu;\ \nu) = \mu(A) \log \frac{\mu(A)}{\nu(A)} + \mu(A^c) \log \frac{\mu(A^c)}{\nu(A^c)} = \infty$$

となり(1.6.8)が成立する．

2°) $\Delta=\{A_i;\ i=1, \cdots, n\}$ を Ω の勝手な有限分割とする．可測関数 $\psi(x)$ を

$$\psi(x) = \frac{\mu(A_i)}{\nu(A_i)}, \qquad x \in A_i \quad (i=1, \cdots, n)$$

で定義すると $\int_{\Omega} \varphi(x) d\nu(x) = \int_{\Omega} \psi(x) d\nu(x) = \mu(\Omega)$ である．したがって(h.3)と同様に

$$\int_{\Omega} \varphi(x) \log \psi(x) d\nu(x) \leqq \int_{\Omega} \varphi(x) \log \varphi(x) d\nu(x) = \int_{\Omega} \log \varphi(x) d\mu(x)$$

が成り立つ．ところが $\psi(x)$ の定め方から

$$\int_{\Omega} \varphi(x) \log \psi(x) d\nu(x) = \int_{\Omega} \log \psi(x) d\mu(x) = H_{\Delta}(\mu;\ \nu)$$

である．よって $H_{\Delta}(\mu;\ \nu) \leqq \int_{\Omega} \log \varphi(x) d\mu(x)$ である．Δ は勝手な分割だったら不等式

$$H(\mu;\ \nu) \leqq \int_{\Omega} \log \varphi(x) d\mu(x) \tag{1.6.10}$$

が成り立つ．次に(1.6.10)と逆向きの不等式を示す．$C_m=\{x \in \Omega;\ |\log \varphi(x)| > m\}$ とおく．$m \to \infty$ のとき $\mu(C_m) \to 0$ である．したがって任意の正数 ε に対しある M が存在し，$m \geqq M$ ならば

$$\mu(C_m)\log\frac{\mu(C_m)}{\nu(C_m)} \geqq \mu(C_m)\log\frac{\mu(C_m)}{\nu(\Omega)} \geqq -\varepsilon \tag{1.6.11}$$

とできる．$m(\geqq M)$を固定し有限分割$\Delta=\{A_i;\ i=0, \pm 1, \cdots, \pm n\}$を

$$A_i = \left\{x\in\Omega;\ \frac{(i-1)m}{n}<\log\varphi(x)\leqq\frac{im}{n}\right\}, \qquad -n+2 \leqq i \leqq n$$

$$A_{-n+1} = \left\{x\in\Omega;\ -m\leqq\log\varphi(x)\leqq\frac{(-n+1)m}{n}\right\}, \qquad A_{-n} = C_m$$

で与えると，$x\in A_i$, $-n<i\leqq n$のとき

$$\log\varphi(x) \leqq \frac{im}{n} \leqq \log\frac{\mu(A_i)}{\nu(A_i)}+\frac{m}{n} \tag{1.6.12}$$

が容易にわかる．したがって(1.6.11)と(1.6.12)より

$$\begin{aligned}\int_{C_m^c}\log\varphi(x)d\mu(x) &\leqq \sum_{i=-n+1}^{n}\mu(A_i)\log\frac{\mu(A_i)}{\nu(A_i)}+\frac{m}{n}\mu(\Omega)\\ &\leqq H_\Delta(\mu;\ \nu)+\varepsilon+\frac{m}{n}\mu(\Omega) \leqq H(\mu;\ \nu)+\varepsilon+\frac{m}{n}\mu(\Omega)\end{aligned}$$

である．ここでまず$n\to\infty$とし，ついで$\varepsilon\to 0$として求める不等式

$$\int_\Omega \log\varphi(x)d\mu(x) \leqq H(\mu;\ \nu)$$

を得る． ∎

これまでμ, νは有限測度の場合のみ扱ってきた．そうでないと(1.6.1)の右辺の和に$a\log\dfrac{a}{\infty}$あるいは$\infty\log\dfrac{\infty}{b}$の項が現われ，$H_\Delta(\mu;\ \nu)$がしたがって$H(\mu;\ \nu)$が定義できないからである．しかし積分表示(1.6.9)を使って無限測度の場合にも$H(\mu;\ \nu)$を定義することができる．

定義1.6.2　μ, νは$(\Omega, \mathcal{B})$上の測度でνはσ有限とする．もしμがνに関し絶対連続でなければ，νに関するμのエントロピー$H(\mu;\ \nu)$は無限大とし，$\mu\prec\nu$のときには$H(\mu;\ \nu)$を(1.6.9)で定義する．

§1.2の連続エントロピーとの関係を調べよう．

例6.2　μ, νは$\boldsymbol{R}^d$上の測度で，ともにLebesgue(ルベーグ)測度dxに関し

絶対連続とし，その Radon-Nikodym の導関数を $p(x), q(x)$ とする（μ が確率測度の場合は $p(x)$ は確率密度関数に他ならない）．$\mu \prec \nu$ ならば $\frac{d\mu}{d\nu}(x)=\frac{p(x)}{q(x)}$ だから定義 1.6.2 より

$$H(\mu;\ \nu) = \int_{R^d} \log \frac{d\mu}{d\nu}(x) d\mu(x) = \int_{R^d} p(x) \log \frac{p(x)}{q(x)} dx$$

である．特に μ は確率測度で，規準の測度 ν_0 として Lebesgue 測度（このとき上において $q(x) \equiv 1$ である）をとると

$$H(\mu;\ \nu_0) = \int_{R^d} p(x) \log p(x) dx = -h(p)$$

である．このように連続エントロピー $h(p)$ は Lebesgue 測度を規準としたエントロピー（の符号を変えたもの）といえる．

§1.7 相互情報量

Shannon は情報の大きさを量的に測るところの相互情報量（単に情報量ということもある）という概念を導入した．このことが通信の数学的理論，すなわち情報理論の確立を可能にしたといっても過言ではない．本節では相互情報量を定義しその性質を調べる．

相互情報量はエントロピーから自然に導かれる．具体的な例によってこのことを説明しよう．§1.1 の例（ハ）において，にせ金貨を見つけるためにまず天秤の左右の皿に 2 枚ずつ金貨をのせてみる．このとき「秤が右に傾いた」（この情報を A とする）とする．情報 A はどれだけの量の情報をもたらしたことになるだろうか？ 最初 6 枚のうちどれがにせかわからなかったのが，情報 A により左の皿にのせた 2 枚の中の 1 枚がにせということがわかる．すなわち最初 $H\left(\frac{1}{6}, \cdots, \frac{1}{6}\right)=\log 6$ のあいまいさがあったものが，情報 A によりあいまいさが $H\left(\frac{1}{2}, \frac{1}{2}\right)=\log 2$ に減ったのである．したがって情報 A を受け取ることによって減少したエントロピー（あいまいさ）

$$H\left(\frac{1}{6}, \cdots, \frac{1}{6}\right)-H\left(\frac{1}{2}, \frac{1}{2}\right) = \log 3$$

が情報 A のもたらした情報の量である．

いま X をとり得る値が $a_1, \cdots, a_m$ の確率変数とする．X を直接観測することはできず，われわれが観測できるのは別の確率変数 Y であるとしよう．Y のとり得る値は $b_1, \cdots, b_n$ とする．最初 X はエントロピー $H(X)$ のあいまいさをもっている．$Y=b_j$ であることを知ると，X のあいまいさは条件付エントロピー $H(X|Y=b_j)$ となる．そして上の例のように，$Y=b_j$ という情報のもたらす X に関する情報の量は

$$H(X)-H(X|Y=b_j) \tag{1.7.1}$$

である．Y の観測結果によってもたらされる情報量は変るが，(1.7.1)を Y について平均した

$$\sum_{j=1}^{n}\{H(X)-H(X|Y=b_j)\}P(Y=b_j) = H(X)-H(X|Y)$$

はわれわれが期待してよい Y のもたらす X に関する情報量である．あるいは Y に含まれる X に関する情報量といってもよい．これを $I(X, Y)$ と書く：

$$I(X, Y) = H(X)-H(X|Y) \tag{1.7.2}$$

$I(X, X)=H(X)$ であることに注意しておく．$p_i=P(X=a_i)$，$q_j=P(Y=b_j)$，$r_{ij}=P(X=a_i, Y=b_j)$，$(i=1, \cdots, m,\ j=1, \cdots, n)$ とおくと(1.1.3)と(1.1.7)より

$$I(X, Y) = \sum_{j=1}^{n}\sum_{i=1}^{m} r_{ij}\log\frac{r_{ij}}{p_i q_j} \tag{1.7.3}$$

がわかる．上式より明らかに $I(X, Y)=I(Y, X)$ である．つまり

Y に含まれる X に関する情報量 $=$ X に含まれる Y に関する情報量

である．このこと故 $I(X, Y)$ を X と Y の間の相互情報量という．

エントロピー $H(X)$，$H(X|Y)$ は X, Y が離散型でない場合へはそのまま拡張して定義することはできなかった．しかしその差 $H(X)-H(X|Y)$ $(=I(X, Y))$ は有限次元確率変数の場合のみならず，確率過程の場合をも含む全く一般の場合に拡張して定義することができる．このためには，$X=(X_1, \cdots, X_d)$ が d 次元確率変数の場合には X を $\boldsymbol{R}^d$ の値を，$X=\{X_t;\ t\in \boldsymbol{T}\}$ が確率過程の

場合には X を $\boldsymbol{R}^T$ の値をとる確率変数と考えるのが便利である．そこで $\boldsymbol{G}$ を第二可算公理をみたす局所コンパクト位相空間とし，$\mathcal{G}$ を $\boldsymbol{G}$ の Borel 集合族(開集合を含む最小の完全加法族)とする*)．そして X は確率空間 $(\Omega, \mathcal{B}, P)$ 上で定義された $\boldsymbol{G}(\mathcal{G})$ 値確率変数**)とする．X の確率分布**)を μ_X とする．μ_X は $(\boldsymbol{G}, \mathcal{G})$ 上の確率測度である．同様に $(\boldsymbol{H}, \mathcal{H})$ は可測空間とし Y を $\boldsymbol{H}(\mathcal{H})$ 値確率変数とする．$\mathcal{G}\times\mathcal{H}$ を $\{A\times B;\ A\in\mathcal{G},\ B\in\mathcal{H}\}$ を含む $\boldsymbol{G}\times\boldsymbol{H}\equiv\{(x,y);\ x\in\boldsymbol{G},\ y\in\boldsymbol{H}\}$ の最小の完全加法族とする．μ_X と Y の確率分布 μ_Y の直積測度を $\mu_X\times\mu_Y$ とする．$\mu_X\times\mu_Y$ は

$$\mu_X\times\mu_Y(A\times B) = \mu_X(A)\mu_Y(B) = P(X\in A)P(Y\in B)$$

$(A\in\mathcal{G},\ B\in\mathcal{H})$ をみたす $(\boldsymbol{G}\times\boldsymbol{H},\ \mathcal{G}\times\mathcal{H})$ 上の確率測度である．X と Y の結合分布***)を μ_{XY} とする．μ_{XY} も $(\boldsymbol{G}\times\boldsymbol{H},\ \mathcal{G}\times\mathcal{H})$ 上の確率測度である．X と Y が独立のときは $\mu_{XY}=\mu_X\times\mu_Y$ である．

定義 1.7.1 測度 $\mu_X\times\mu_Y$ に関する測度 μ_{XY} のエントロピーを

$$I(X, Y) = H(\mu_{XY};\ \mu_X\times\mu_Y) \tag{1.7.4}$$

とおき，**X と Y の間の相互情報量**(mutual information)という．

離散型の場合この定義は(1.7.3)のものと一致する．

例 7.1 X, Y はとり得る値が各々 $a_1, \cdots, a_m$ と $b_1, \cdots, b_n$ で $p_i=P(X=a_i)$, $q_j=P(Y=b_j)$, $r_{ij}=P(X=a_i, Y=b_j)$ とする．このとき $\boldsymbol{G}=\{a_1, \cdots, a_m\}$, $\boldsymbol{H}=\{b_1, \cdots, b_n\}$ で $\boldsymbol{G}\times\boldsymbol{H}$ の各点分割は $\mathcal{E}=\{\{(a_i, b_j)\};\ i=1, \cdots, m,\ j=1, \cdots, n\}$ だから(1.6.5)より

$$I(X, Y) = H(\mu_{XY};\ \mu_X\times\mu_Y) = \sum_{j=1}^{n}\sum_{i=1}^{m} r_{ij}\log\frac{r_{ij}}{p_i q_j} \tag{1.7.5}$$

となり，(1.7.3)と(1.7.4)は一致する．

一般の場合，上の定義は離散型の場合の自然な拡張であり，相互情報量の定

---

*) 後で条件付確率分布を考えるとき必要なので，G の位相についてこのような仮定をおく(§A.2 参照)．応用上興味のある場合はほとんどこの仮定はみたされている．以下本節で扱う可測空間はすべてこの条件をみたすものとする．

**) §A.1 参照．

***) §A.2 参照．

義として妥当なことが以下の考察によってわかる．一般の場合を考える．$\{A_i;\ i=1,\cdots,m\}$, $\{B_j;\ j=1,\cdots,n\}$ を各々 $(\boldsymbol{G},\mathcal{G})$, $(\boldsymbol{H},\mathcal{H})$ の有限分割とする．このとき

$$\Delta=\{A_i\times B_j;\ i=1,\cdots,m,\ j=1,\cdots,n\} \tag{1.7.6}$$

は $(\boldsymbol{G}\times\boldsymbol{H},\ \mathcal{G}\times\mathcal{H})$ の分割である．適当に A_i の代表点 $a_i\in A_i$, B_j の代表点 $b_j\in B_j$ を定め，離散型確率変数 X_Δ, Y_Δ を

$$X\in A_i \quad \text{のとき} \quad X_\Delta=a_i, \qquad Y\in B_j \quad \text{のとき} \quad Y_\Delta=b_j$$

と定める．分割を十分細かくしていけば，X_Δ, Y_Δ は X, Y を近似し，それ故相互報情量 $I(X,Y)$ は $I(X_\Delta, Y_\Delta)$ の極限となっているのが自然である．このことが次の形で証明できる．

定理 1.7.1　次のことが成り立つ．

$$I(X,Y)=\sup_\Delta I(X_\Delta, Y_\Delta) \tag{1.7.7}$$

ここで上限は(1.7.6)の形の矩形集合による $\boldsymbol{G}\times\boldsymbol{H}$ の有限分割 Δ の全体についてとる．

証明　(1.7.5)と X_Δ, Y_Δ の定義より，容易に

$$I(X_\Delta, Y_\Delta)=H(\mu_{X_\Delta Y_\Delta};\ \mu_{X_\Delta}\times\mu_{Y_\Delta})=H_\Delta(\mu_{XY};\ \mu_X\times\mu_Y) \tag{1.7.8}$$

がわかる．したがって(1.7.7)は(1.7.4), (1.6.2), (1.7.8)よりわかる．ただし上限をとる範囲が $(\boldsymbol{G}\times\boldsymbol{H},\ \mathcal{G}\times\mathcal{H})$ のすべての有限分割でなく矩形集合による有限分割に限ってもよいことを示さねばならないが，この部分の証明は省略する*)．∎

定理1.6.3の特別な場合として，相互情報量についての次の表現を得る．

定理 1.7.2　もし μ_{XY} が $\mu_X\times\mu_Y$ に関し絶対連続でなければ $I(X,Y)=\infty$ である．もし $\mu_{XY}\prec\mu_X\times\mu_Y$ ならば

$$I(X,Y)=\int_{G\times H}\log\frac{d\mu_{XY}}{d\mu_X\times\mu_Y}(x,y)d\mu_{XY}(x,y) \tag{1.7.9}$$

---

*) Dobrushin[15]参照．

である.

［注意］ 上式の右辺の積分を Ω 上の積分に直すことにより，$\mu_{XY} \prec \mu_X \times \mu_Y$ のとき相互情報量は

$$I(X, Y) = \int_\Omega \log \frac{d\mu_{XY}}{d\mu_X \times \mu_Y}(X(\omega), Y(\omega))dP(\omega)$$

$$= E\left[\log \frac{d\mu_{XY}}{d\mu_X \times \mu_Y}(X, Y)\right] \tag{1.7.10}$$

とも表わされる.

上の定理を使い連続分布に従う場合の相互情報量の計算公式を求めよう.

定理 1.7.3 X, Y は各々 k, l 次元連続分布に従う確率変数でその密度関数を $p(x), q(y)$ とする．また (X, Y) も連続分布に従うものとしその密度関数を $r(x, y)$ とする．このとき

$$I(X, Y) = \int_{\boldsymbol{R}^l}\int_{\boldsymbol{R}^k} r(x, y) \log \frac{r(x, y)}{p(x)q(y)} dxdy \tag{1.7.11}$$

である．さらに離散型の場合の(1.7.2)に対応する関係

$$I(X, Y) = h(X) - h(X|Y) = h(X) + h(Y) - h(X, Y) \tag{1.7.12}$$

が成り立つ.

証明 仮定より $d\mu_X(x) = p(x)dx$, $d\mu_Y(y) = q(y)dy$, $d\mu_{XY}(x, y) = r(x, y)dx\,dy$ であり，$p(x)q(y) = 0$ ならば $r(x, y) = 0$ だから $\mu_{XY} \prec \mu_X \times \mu_Y$ で

$$\frac{d\mu_{XY}}{d\mu_X \times \mu_Y}(x, y) = \frac{r(x, y)}{p(x)q(y)}, \qquad x \in \boldsymbol{R}^k,\ y \in \boldsymbol{R}^l$$

である．したがって(1.7.11)は(1.7.9)より明らか．また(1.7.12)は(1.2.1), (1.2.10)より容易に導かれる. ∎

Gauss 分布に従う場合にはさらに具体的に相互情報量が計算できる.

定理 1.7.4 $X, Y, (X, Y)$ は各々 $k, l, k+l$ 次元 Gauss 分布に従う確率変数とし，各々の共分散行列を A, B, C とする．このとき相互情報量は

$$I(X, Y) = \frac{1}{2} \log \frac{|A||B|}{|C|} \tag{1.7.13}$$

である($|A|$ は A の行列式). 特に $k=l=1$ のときには

$$I(X, Y) = -\frac{1}{2}\log(1-\rho(X, Y)^2) \tag{1.7.14}$$

である. ただし $\rho(X, Y)$ は X と Y の相関係数である.

証明　式(1.7.13)は(1.7.12)と(1.3.3)より明らかである. $k=l=1$ のときは X, Y の分散を各々 σ^2, τ^2 とし $\rho=\rho(X, Y)$ とおくと,

$$C = \begin{pmatrix} \sigma^2 & \sigma\tau\rho \\ \sigma\tau\rho & \tau^2 \end{pmatrix}$$

である. したがって(1.7.13)において $|A|=\sigma^2$, $|B|=\tau^2$, $|C|=\sigma^2\tau^2(1-\rho^2)$ とおいて(1.7.14)を得る.　∎

[**注意**]　(X, Y) が退化した Gauss 分布に従う場合, $\tilde{A}, \tilde{B}$ を各々 $|\tilde{A}|\neq 0$, $|\tilde{B}|\neq 0$ なる A, B の主小行列の中で最高次のものとし $\tilde{C}$ を $\tilde{A}, \tilde{B}$ を含む C の最低次の主小行列とすれば, 相互情報量 $I(X, Y)$ は(1.7.13)で A, B, C を各々 $\tilde{A}, \tilde{B}, \tilde{C}$ で置き換えた式で与えられる.

X, Y が確率過程の場合でも(1.7.9)を使って相互情報量が具体的に求まることがある. このことについては第5, 6章で述べる.

ここで相互情報量の, 定義から容易に導ける性質をあげておく.

定理 1.7.5　以下の諸性質が成り立つ.

(I. 1)　$$I(X, Y) = I(Y, X)$$

(I. 2)　$$I(X, Y) \geqq 0 \tag{1.7.15}$$

$I(X, Y)=0$ となるのは X と Y が独立のときただそのときのみである.

(I. 3)　f を可測空間 $(\boldsymbol{H}, \mathscr{H})$ から可測空間 $(\boldsymbol{K}, \mathscr{K})$ への可測写像とし, 確率変数 Z を $Z(\omega)=f(Y(\omega))$, $\omega\in\Omega$, で与える(このとき $Z=f(Y)$ と書く)と

$$I(X, Y) \geqq I(X, Z) \tag{1.7.16}$$

である. もし f が1対1で逆写像 f^{-1} もまた可測ならば(1.7.16)は等式となる.

証明　(I. 1)は自明. (I. 2)　定理1.6.1より, 一般に(1.7.15)が成り立ち, さらに $I(X, Y)=0$ となるのは $\mu_{XY}=\mu_X\times\mu_Y$ のとき, すなわち X と Y が独立のときである.

(I.3) $(\boldsymbol{G}\times\boldsymbol{K},\ \mathcal{G}\times\mathcal{K})$の矩形集合による有限分割$\varDelta=\{A_i\times C_j\}$に対し，$B_j=\{y\in\boldsymbol{H};\ f(y)\in C_j\}$とすると$\Gamma=\{A_i\times B_j\}$は$(\boldsymbol{G}\times\boldsymbol{H},\ \mathcal{G}\times\mathcal{H})$の有限分割であり，$I(X_\Gamma, Y_\Gamma)=I(X_\varDelta, Z_\varDelta)$である．したがって定理1.7.1より(1.7.16)が成り立つ．fが1対1でf^{-1}も可測ならば逆向きの不等式$I(X,Z)\geqq I(X,f^{-1}(Z))=I(X,Y)$も成り立ち，$I(X,Y)=I(X,Z)$である． ∎

次に条件付相互情報量を考える．X, Y, Zは各々可測空間$(\boldsymbol{G},\mathcal{G})$, $(\boldsymbol{H},\mathcal{H})$, $(\boldsymbol{K},\mathcal{K})$の値をとる確率変数とする．いま$Z$の値が観測され$Z=z$であったとする．このときの$X, Y, (X,Y)$の条件付確率分布*)を$\mu_{X|Z}(\cdot|z)$, $\mu_{Y|Z}(\cdot|z)$, $\mu_{XY|Z}(\cdot|z)$とする．このとき

$$I(X,Y|Z=z)=H(\mu_{XY|Z}(\cdot|z);\ \mu_{X|Z}(\cdot|z)\times\mu_{Y|Z}(\cdot|z)) \quad (1.7.17)$$

は$Z=z$であることを知ったときのXとYの間の相互情報量を表わしている．そこで次のように定義する．

定義1.7.2 $I(X,Y|Z=z)$をZについて平均した

$$I(X,Y|Z)=\int_K I(X,Y|Z=z)d\mu_Z(z) \quad (1.7.18)$$

を，Zが与えられたときのX**と**Y**の間の条件付相互情報量**(conditional mutual information)という．

ここで相互情報量および条件付相互情報量の性質をまとめておく(X_i, Y_i, $i=1,\cdots,n$, もある可測空間の値をとる確率変数とする)．

定理1.7.6 以下の諸性質が成り立つ．

(I.4)
$$I(X,Y|Z)\geqq 0 \quad (1.7.19)$$

$I(X,Y|Z)=0$となるための必要十分条件は，Zが与えられたときXとYが独立，すなわちX, Z, Yがマルコフ鎖をなすことである．

(I.5) (X,Y)とZが独立ならば

$$I(X,Y|Z)=I(X,Y) \quad (1.7.20)$$

(I.6)
$$I(X,Y|Z)=I(X,(Y,Z))-I(X,Z) \quad (1.7.21)$$

*) §A.2参照.

(I. 7)　X, Y, Z が離散分布に従うならば

$$\begin{aligned} I(X, Y \mid Z) &= H(X \mid Z) - H(X \mid Y, Z) \\ &= H(X \mid Z) + H(Y \mid Z) - H(X, Y \mid Z) \end{aligned} \tag{1.7.22}$$

(I. 8)　(X, Y, Z) が有限次元連続分布に従うならば

$$\begin{aligned} I(X, Y \mid Z) &= h(X \mid Z) - h(X \mid Y, Z) \\ &= h(X \mid Z) + h(Y \mid Z) - h(X, Y \mid Z) \end{aligned} \tag{1.7.23}$$

(I. 9)

$$I(X, (Y_1, \cdots, Y_n) \mid Z) = \sum_{i=1}^{n} I(X, Y_i \mid Z, (Y_1, \cdots, Y_{i-1})) \tag{1.7.24}$$

(I. 10)　$(X_1, Y_1), \cdots, (X_n, Y_n)$ がたがいに独立ならば

$$I((X_1, \cdots, X_n), (Y_1, \cdots, Y_n)) = \sum_{i=1}^{n} I(X_i, Y_i) \tag{1.7.25}$$

証明　扱う情報量がすべて有限の場合に証明するが，そうでないときも各等式は $\infty = \infty$ の意味で成り立つ．

(I. 4)　(1.7.19)は定義より明らかである．X, Z, Y がマルコフ鎖をなすとき，$\mu_{XY|Z}(\cdot|z) = \mu_{X|Z}(\cdot|z) \times \mu_{Y|Z}(\cdot|z)$ である．このための必要十分条件が $I(X, Y|Z) = 0$ であることは，定理1.6.1と(1.7.17), (1.7.18)より容易にわかる．

(I. 5)　(X, Y) と Z が独立ならば条件付確率分布 $\mu_{X|Z}(\cdot|z)$，$\mu_{Y|Z}(\cdot|z)$，$\mu_{XY|Z}(\cdot|z)$ は z によらず各々 μ_X, μ_Y, μ_{XY} に等しい．したがって(1.7.20)が成り立つ．

(I. 6)　$I(X, Z), I(X, Y|Z)$ が有限のとき，定理1.7.2より Radon-Nikodym の導関数

$$\begin{aligned} \alpha(x, z) &= \frac{d\mu_{XZ}}{d\mu_X \times \mu_Z}(x, z) \\ \beta(x, y, z) &= \frac{d\mu_{XY|Z}(\cdot|z)}{d\mu_{X|Z}(\cdot|z) \times \mu_{Y|Z}(\cdot|z)}(x, y) \end{aligned} \tag{1.7.26}$$

が存在する．このとき $\mu_{XYZ} \prec \mu_X \times \mu_{YZ}$ であり

$$\frac{d\mu_{XYZ}}{d\mu_X \times d\mu_{YZ}}(x, y, z) = \alpha(x, z)\beta(x, y, z) \qquad (1.7.27)$$

である．したがって定理 1.7.2 と (1.7.26), (1.7.27) より

$$\begin{aligned} I(X, (Y, Z)) &= \int_{G\times H\times K} \log \alpha(x, z) d\mu_{XYZ}(x, y, z) \\ &\quad + \int_{G\times H\times K} \log \beta(x, y, z) d\mu_{XYZ}(x, y, z) \\ &= I(X, Z) + I(X, Y | Z) \end{aligned}$$

がわかり，(1.7.21) を得る．

(I.7)　(1.7.22) の第 1 式は (I.6) と (1.7.2) より明らかである．第 2 式は条件付エントロピーの定義より容易に導かれる．

(I.8) は (1.7.2) の代りに (1.7.12) を用いて，(I.7) と同様に証明できる．

(I.9) は (1.7.21) を繰返し用いることにより示される．

(I.10)　$\tilde{X}_i = (X_i, \cdots, X_n)$,　$\tilde{Y}_i = (Y_i, \cdots, Y_n)$ とおくと (I.6) より

$$\begin{aligned} I((X_1, \cdots, X_n), (Y_1, \cdots, Y_n)) &= I((X_1, \tilde{X}_2), (Y_1, \tilde{Y}_2)) \\ &= I(X_1, Y_1) + I(X_1, \tilde{Y}_2 | Y_1) + I(\tilde{X}_2, Y_1 | X_1) + I(\tilde{X}_2, \tilde{Y}_2 | X_1, Y_1) \end{aligned}$$

である．ところが仮定と (I.5) より $I(\tilde{X}_2, \tilde{Y}_2 | X_1, Y_1) = I(\tilde{X}_2, \tilde{Y}_2)$ である．さらに仮定と (I.4) より $I(X_1, \tilde{Y}_2 | Y_1) = I(\tilde{X}_2, Y_1 | X_1) = 0$ である．次々と $I(\tilde{X}_i, \tilde{Y}_i)$ に同じことを行い，最後に (1.7.25) を得る．　∎

上に示した諸性質が相互情報量のもつ性質として自然なものであることは，あらためて説明するまでもないであろう．(I.7) 以後の性質はすべて (I.6) より導かれた．このように (1.7.21) 式は相互情報量と条件付相互情報量を結ぶ一番基本的な式であり，(1.7.21) が条件付相互情報量の定義式と思ってもよい．

第2章　統計力学とエントロピー

エントロピーはもともと物理学における概念である．それは熱力学第二法則の説明のために導入された．エントロピーを使えば，熱力学第二法則はエントロピー増大の法則によって置き換えられるのである．

物理系はエントロピーの増大する方向に変化し，エントロピーが最大に達すると系は平衡状態，すなわち巨視的には変化の止まった状態になる．平衡状態でも系の微視的状態は変動している．平衡分布，すなわち平衡状態における微視的状態の確率分布，はカノニカル分布に従っている．統計力学においてよく行われているカノニカル分布の導き方に，先験的等確率の原理を仮定して導く方法がある．これに対しE. T. Jaynesがカノニカル分布は，先験的等確率の原理を仮定することなく，§1.5で述べた最大エントロピー原理を使って導かれることを示した．

本章の一番の目的はカノニカル分布を最大エントロピー原理を使って導くことであり，これを§2.3で行う．もう一つの目的は統計力学におけるエントロピーについて概説し，第1章で述べたエントロピーとの関連を調べることである．このため§2.1でカノニカル分布について説明し，§2.2ではエントロピー増大の法則について述べる．

なおここでの目的はエントロピーについて論じることであって，統計力学そのものについて論じることではないので，エントロピーに関する部分については丁寧に説明するが，そうでない部分については物理学でよく知られている事実は証明なしで使うことがある．これらについては統計力学の専門書を参照してほしい．

§2.1　カノニカル分布

物理系はミクロな粒子からなりたっている．それ故，われわれが観測する物理的諸現象に対して成り立つ法則，すなわち巨視的物理法則をミクロな粒子の世界で成り立つ法則，すなわち微視的物理法則から導こうと考えることは自然である．巨視的物体は莫大な数の粒子からなり，この粒子系の自由度の数だけの運動方程式をつくり，それらを解くことによってこの系の運動を記述することは実際上できないことである．そこで粒子の数が莫大であるが故に適用できる統計的性質を使って，微視的法則から巨視的法則を導くのが統計力学である．

外力が働いていないとき，一般に物理系の運動は時間がたてばしだいにゆるやかになり，巨視的にみればついには静止する．このように巨視的状態に全く変化がなくなったときの物理系は**平衡状態**にあるという．たとえ平衡状態にあってもその系を構成する個々の粒子の運動が止っているわけではない，つまり微視的状態は変化している．平衡状態において，どのような微視的状態がどれだけの割合で出現するかを示す，微視的状態に対する確率分布を**平衡分布**という．

本節では平衡分布を与えるところのミクロカノニカル分布，カノニカル分布，グランドカノニカル分布について説明する．

またミクロカノニカル分布に対してはそのエントロピーを定義する．

微視的状態の記述は基本的に量子力学によらねばならないので，量子力学に基礎をおいた取り扱いをしていく．

最初にミクロカノニカル分布について述べる．N個の同種の粒子からなる孤立系を考える．各粒子のもつエネルギーに較べ，粒子間の相互作用によるエネルギーは無視できるくらい小さい場合だけを扱う．量子力学によれば各粒子のエネルギーはとびとびの値しかとり得ない．1個の粒子のエネルギーのとり得る値をエネルギー準位という．いまこれを$e_1, \cdots, e_L$とする．エネルギー準位によりその粒子の状態が決まるので，これをその粒子の量子状態あるいは固有状態という．第k番目の粒子の量子状態がe_{n_k}であるとすると，N個の粒子からなる系の微視的状態は$(e_{n_1}, \cdots, e_{n_N})$(あるいは簡単のため$(n_1, \cdots, n_N)$で表わすこともある)によって記述される．このとき系全体のエネルギーEは

$$E = \sum_{k=1}^{N} e_{n_k} \tag{2.1.1}$$

である．系のエネルギーEが与えられたとき，この系のとり得る微視的状態，すなわち(2.1.1)をみたす整数の組$(n_1, \cdots, n_N)$の総数をW(Eを明記したいときは$W(E)$と記す)とする．そして可能な微視的状態を$a_1, \cdots, a_W$とする．

エネルギー保存の法則により孤立系のエネルギーは一定に保たれる．この孤立系の平衡分布を考えよう．平衡状態にあるとき，微視的状態がa_i $(i=1, \cdots, W)$である確率をp_i^*とする．ただしここでいう確率は，同じ条件下の孤立系がたくさんあり，それらの微視的状態が観測できるものとしたとき，状態がa_iである孤立系の割合がp_i^*であるという意味である．一つの系の微視的状態が時間とともにどう変っていったかが観測できるものとし，十分長い時間の観測における各状態の出現の時間的割合を求める．上の確率がこの時間的割合に等しいとするのが**エルゴード仮説**である．しかし実際にこの確率p_i^*を定める量子力学的方法は知られていない．そこでどの状態も特に他と区別する理由がないとして，§1.5で述べた先験的等確率の原理を基本的な仮説として採用し，どの状態$a_1, \cdots, a_W$もすべて等しい出現確率をもつ：

$$p_1^* = \cdots = p_W^* = \frac{1}{W} \tag{2.1.2}$$

とするのである．(2.1.2)の分布を**ミクロカノニカル分布**(micro canonical distribution)といい，この分布に従う粒子系を**ミクロカノニカル集団**(micro canonical ensemble)という．

第1章では統計力学のエントロピーとの共通性から(1.1.3)の$H(p_1, \cdots, p_m)$をエントロピーというと述べたが，統計力学のエントロピーはミクロカノニカル集団に対しては次のように定義する．

定義 2.1.1　上のミクロカノニカル集団の**エントロピー**Sは

$$S = k \log W \tag{2.1.3}$$

である．ここに k は Boltzmann(ボルツマン)定数である．エントロピー S が系のエネルギー E の関数であることを明記したいときは $S(E)$ と書く．

他の物理系のエントロピーについては次節で述べる．またエントロピー S の意味や性質についても後で述べることにして，ここでは定数 k 倍の違いを除けば S とミクロカノニカル分布の定義1.1.1のエントロピーは一致する((1.1.4)参照)ことだけを注意しておく．

具体的な例をあげよう．

例1.1(振動子系)　振動数が ν の N 個の振動子からなる孤立系を考える．振動数 ν の振動子のとり得るエネルギー準位は

$$\frac{1}{2}\hbar\nu,\quad \frac{3}{2}\hbar\nu,\quad \cdots,\quad \left(n+\frac{1}{2}\right)\hbar\nu,\quad \cdots$$

である．ここで $\hbar$ は Planck(プランク)定数である．$e_j=\left(j+\frac{1}{2}\right)\hbar\nu$ $(j=0,1,2,\cdots)$ とおく．N 個の振動子系はその微視的状態が $(n_1,\cdots,n_N)$ のときエネルギー

$$E=\sum_{k=1}^{N}e_{n_k}=\sum_{k=1}^{N}\left(n_k+\frac{1}{2}\right)\hbar\nu=\sum_{k=1}^{N}n_k\hbar\nu+\frac{1}{2}N\hbar\nu$$

をもつ．したがって系のエネルギーが $E=\left(M+\frac{N}{2}\right)\hbar\nu$ のとき，可能な微視的状態の総数 W は $\sum_{k=1}^{N}n_k=M$ をみたす非負整数の組 $(n_1,\cdots,n_N)$ の総数に等しく，それは

$$W=\frac{(N+M-1)!}{(N-1)!\,M!} \tag{2.1.4}$$

で与えられる*)．Stirling(スターリング)の公式

$$\log n!=n\log n-n+O(\log n)^{**)}$$

を使えば，エントロピーは M,N が十分大きいとき

---

*)　M 個の白球を一列に並べておき，その列の途中に $N-1$ 個の黒球を挿入する．第 $k-1$ 番目と第 k 番目の黒球の間にある白球の個数 n_k と k 番目の振動子の量子状態を対応させると，$N-1$ 個の黒球の配置と振動子系の微視的状態が1対1に対応することがわかる．したがって W は $N+M-1$ 個(球の総数)の中から $N-1$ 個(黒球の個数)を取り出す方法の数に等しく，それは(2.1.4)で与えられる．

**)　x が十分大きいとき $|g(x)|<A|f(x)|$ (A は定数)となっているとき $g(x)=O(f(x))$ と書く．

$$\frac{1}{k}S = \log W$$
$$= (N+M)\log(N+M) - N\log N - M\log M^{*)} \qquad (2.1.5)$$

となる．

次にカノニカル分布について述べる．二つの力学系 A, B からなる結合系を $A+B$ で表わす．結合系 $A+B$ は外部からは孤立し，A, B 間では熱交換だけが行われ，各系の粒子数，体積は一定に保たれるものとする．結合系のエネルギー E_{A+B} は各系のエネルギー E_A, E_B の和，

$$E_{A+B} = E_A + E_B$$

であるとしてよいくらいにこの結合は弱いものとする．結合系 $A+B$ が平衡状態にあるものとする．このときの系 A に注目する．平衡状態でも微視的状態は変化しているし，さらに今の場合は A, B 間に熱交換があるので各系のエネルギー E_A, E_B も変化している．したがってこの場合，$A+B$ が平衡状態にあるということは系 A, B のエネルギーの平均値 $\bar{E}_A, \bar{E}_B = E_{A+B} - \bar{E}_A$ が与えられたということに相当する**)．$A+B$ が平衡状態にあり，系 A のエネルギーが E_A のとき，A はエネルギー E_A のミクロカノニカル分布に従うと考えてよい***)．このことから $A+B$ が平衡状態にあるとき，A がそのエネルギーが E である一つの微視的状態にある確率（A のエネルギーが E である確率ではない）は

$$\frac{1}{\Phi}e^{-\lambda E} \qquad (2.1.6)$$

---

*) 正確にいえば，(2.1.5) では $O(\log(M+N))$ の項を無視している．第2章にかぎりこのような意味で等号を用いることがある．

**) 平均値 $\bar{E}_A$ は，今考えている結合系 $A+B$ と全く同じ構造をもつ系をたくさん考え，それらにおける系 A のエネルギー E_A の値が測定できたとしたときのこれらたくさんの系についての E_A の平均であり，いわゆる位相的平均といわれるものである．エルゴード仮説を認めれば，一つの結合系における E_A の値を長時間にわたって観測して得られる E_A についての時間的平均に等しい．なおエネルギーの平均値の測定は温度の測定と同等であることを§2.3で説明する．

***) 系 A はエネルギーの変動により平衡状態がくずれても，極く短時間のうちに平衡状態に達するのでこう考えてよい．

であることが導かれる．ここで λ は定数，Φ は規格化のためのもので

$$\Phi = \sum e^{-\lambda E} \tag{2.1.7}$$

で与えられ，分配関数とよばれる．ただし右辺の和は系 A のとり得るすべてのエネルギー準位 E と，その E に対応するすべての可能な微視的状態についての和である．分布(2.1.6)を**カノニカル分布**といい，カノニカル分布に従う粒子系を**カノニカル集団**という．カノニカル分布の導き方は統計力学の書物に譲るが，先験的等確率の原理を使う方法が一般的であることに注意しておく．

エネルギーがちょうど E である系 A の微視的状態の総数を $W(E)$ とすると，(2.1.7)の和は

$$\Phi = \sum_{E} W(E) e^{-\lambda E} \tag{2.1.8}$$

と書ける．ただし和は系 A のとり得るすべてのエネルギー準位についてとったものである．また系 A のエネルギーが E のときの A のエントロピーは $S \equiv S(E) = k \log W(E)$ である．ところで系 A のとり得るエネルギー準位の値がとびとびといっても，それは非常に密に存在する．可能なエネルギーの値 E を全部求め，対応する微視的状態の総数 $W(E)$ を厳密に計算することは大変煩わしい作業である．$W(E)$ の代りに，E に幅をもたせてエネルギーが E と $E+\Delta E$ $(0<\Delta E \ll E$*$)$ の間である微視的状態の総数 $\Omega(E)\Delta E$ を計算する方が実際的である．この $\Omega(E)$ のことを**状態密度**という．幅 ΔE を物理的に意味のあるとり方をすれば，$\Omega(E)$ は実際上 ΔE のとり方によらずに定まり，さらにエントロピーも ΔE のとり方による誤差は無視でき

$$S(E) = k \log [\Omega(E) \Delta E] \tag{2.1.9}$$

としてよい**)．系 A のエネルギーが0から E の間である微視的状態の総数を $W(0, E)$ とすると，$\Omega(E)$ は $W(0, E)$ を微分して求められる：

---

*)　a が b より非常に小さいとき $a \ll b$ と書く．

**)　このことを示すためには量子力学的考察が必要であるがここでは省略する．たとえば久保[45] 4.2節を参照してほしい．以後でも ΔE はこのことが成り立つようにとれているものとする．

$$\Omega(E) = \frac{dW(0, E)}{dE} \tag{2.1.10}$$

ここで理想気体の場合に具体的にみていこう．(2.1.1)をみたしている気体を理想気体という．十分希薄な気体は，気体分子が相互作用による力はほとんど無視できるくらいたがいに離れて存在しているので，理想気体とみなせる．一辺の長さ L の立方体の容器に入っている重さ m の N 個の同種の分子からなる理想気体 A を考え，その状態密度 $\Omega(E)$ を求めよう．各分子のとり得るエネルギー準位は

$$\varepsilon(n_x, n_y, n_z) = \frac{h^2}{8mL^2}(n_x^2+n_y^2+n_z^2),$$
$$n_x, n_y, n_z = 1, 2, \cdots \tag{2.1.11}$$

であることが知られている．したがって1個の分子の量子状態は (n_x, n_y, n_z) によって表わすことができ，N 個の分子からなる系 A の量子状態は

$$(n_{x_1}, n_{y_1}, n_{z_1}),\quad \cdots,\quad (n_{x_N}, n_{y_N}, n_{z_N}) \tag{2.1.12}$$

によって表わされる．このとき A のエネルギー E は

$$E = \frac{h^2}{8mL^2}\sum_{k=1}^{N}(n_{x_k}^2+n_{y_k}^2+n_{z_k}^2) \tag{2.1.13}$$

である．まず A のエネルギーが E 以下である微視的状態の総数 $W^*(0, E)$ を計算する．(2.1.13)より $W^*(0, E)$ は

$$\sum_{k=1}^{N}(n_{x_k}^2+n_{y_k}^2+n_{z_k}^2) \leqq \frac{8mL^2E}{h^2} \tag{2.1.14}$$

をみたす $3N$ 次元空間 $\boldsymbol{R}^{3N}$ の格子点の総数であるが，それは $\boldsymbol{R}^{3N}$ における半径 $\sqrt{\frac{8mL^2E}{h^2}}$ の球の体積を 2^{3N} で割ったものにほぼ等しい．したがって

$$W^*(0, E) = \frac{1}{\Gamma\left(\frac{3}{2}N+1\right)}\left(\frac{2\pi m}{h^2}\right)^{(3/2)N} V^N E^{(3/2)N}$$

である．ここで $V=L^3$ は容器の体積，$\Gamma(x)$ はガンマ関数である．ところで今の場合，N 個の分子をおたがいに識別することは不可能である．系の状態が

(2.1.12)のとき，その並び順だけを替えた量子状態は元の状態と区別できず同じ状態とみるべきである．(2.1.12)においては，(a) $(n_{x_k}, n_{y_k}, n_{z_k})$, $k=1, \cdots, N$, はすべて異なる；(b) $(n_{x_k}, n_{y_k}, n_{z_k})$, $k=1, \cdots, N$, の中に同じものがある；の2通りがある．(a)の場合には k についての並び順を入れ替えた全部で $N!$ 個のものが一つの状態に対応している．(b)の場合には $N!$ 個より少ない．N に比べ $8mL^2/h^2$ が十分大きいとする(十分希薄な気体はこうなっている)と(2.1.14)をみたす格子点の大部分に対して(a)が成り立っている．このときエネルギーが E 以下の微視的状態の総数 $W(0, E)$ としては $W^*(0, E)$ ではなく，これを $N!$ で割ったものとすべきである．よって

$$
\begin{aligned}
W(0, E) &= \frac{W^*(0, E)}{N!} \\
&= \frac{1}{N!\Gamma\left(\frac{3}{2}N+1\right)}\left(\frac{2\pi m}{h^2}\right)^{(3/2)N} V^N E^{(3/2)N} \qquad (2.1.15)
\end{aligned}
$$

である．したがって(2.1.10)と(2.1.15)より状態密度 $\Omega(E)$ は

$$
\begin{aligned}
\Omega(E) &= \frac{dW(0, E)}{dE} \\
&= \frac{1}{N!\Gamma\left(\frac{3}{2}N\right)}\left(\frac{2\pi m}{h^2}\right)^{(3/2)N} V^N E^{(3/2)N-1} \qquad (2.1.16)
\end{aligned}
$$

である．ここで $x\Gamma(x)=\Gamma(x+1)$ であることを使った．エネルギーが E のときの A のエントロピーは(2.1.9)と(2.1.16)より

$$
\begin{aligned}
S(E) &= k\left(\frac{3}{2}N-1\right)\log E \\
&\quad + k\log\left[\frac{1}{N!\Gamma\left(\frac{3}{2}N\right)}\left(\frac{2\pi m}{h^2}\right)^{(3/2)N} V^N\right] + k\log \Delta E \qquad (2.1.17)
\end{aligned}
$$

である．

この理想気体 A がカノニカル分布に従っているものとする．A が(2.1.12)で表わされる状態にある確率は(2.1.6), (2.1.11), (2.1.13)より

$$\exp\left\{-\lambda\sum_{k=1}^{N}\varepsilon(n_{x_k}, n_{y_k}, n_{z_k})\right\} = \prod_{k=1}^{N}\exp\{-\lambda\varepsilon(n_{x_k}, n_{y_k}, n_{z_k})\} \tag{2.1.18}$$

に比例する(分配関数 Φ で割って規格化すれば確率になる). 各分子の運動はたがいに独立と考えてよいから, (2.1.18)より1個の分子の量子状態が(n_x, n_y, n_z)である確率は

$$\exp\{-\lambda\varepsilon(n_x, n_y, n_z)\}$$

に比例することがわかる. 分子の量子状態が(n_x, n_y, n_z)のときの分子の運動の速度を $v\equiv(v_x, v_y, v_z)$*) $\in \boldsymbol{R}^3$ とすると

$$v_x = \frac{\hbar}{2mL}n_x, \quad v_y = \frac{\hbar}{2mL}n_y, \quad v_z = \frac{\hbar}{2mL}n_z \tag{2.1.19}$$

だから, 分子の速度が $v=(v_x, v_y, v_z)$ である確率は

$$\exp\left\{-\frac{\lambda m}{2}(v_x^2+v_y^2+v_z^2)\right\} \tag{2.1.20}$$

に比例する. n_x, n_y, n_z は自然数であるが Planck 定数 $\hbar$ は m, L に較べ非常に小さく, 分子のとり得る速度 $v=(v_x, v_y, v_z)$ は $\boldsymbol{R}^3$ において非常に密に存在する. したがって(2.1.20)で与えられる離散分布は近似的には連続分布で置き換えてよい. その連続分布の密度関数は

$$f(v) = \left(\frac{\lambda m}{2\pi}\right)^{3/2}\exp\left\{-\frac{\lambda m}{2}(v_x^2+v_y^2+v_z^2)\right\},$$
$$v \equiv (v_x, v_y, v_z) \in \boldsymbol{R}^3 \tag{2.1.21}$$

である. この分布は **Maxwell 分布**といわれているものである. 以上のことをまとめ, カノニカル分布に従う理想気体の分子の速度は Maxwell 分布に従うことがわかった. ところで Maxwell 分布(2.1.21)は3次元 Gauss 分布 $N(0, \Sigma)\left(\Sigma=(\sigma_{ij})_{i,j=1,2,3},\ \sigma_{ij}=\frac{1}{\lambda m}\delta_{ij}\right)$**) に他ならない. 理想気体 A のエネル

---

*) v_x は速度の x 軸方向の成分, v_y, v_z も同様.

**) δ_{ij} は $i=j$ か $i\neq j$ かに応じて1か0となるクロネッカの δ である.

ギーの平均を $\bar{E}$ とすると，(2.1.13), (2.1.19), (2.1.21) と各分子の運動の独立性より

$$\bar{E}=\frac{Nm}{2}\int_{R^3}(v_x^2+v_y^2+v_z^2)f(v)dv=\frac{Nm}{2}\sum_{i=1}^{3}\sigma_{ii}=\frac{3N}{2\lambda} \qquad (2.1.22)$$

である．したがって定理1.3.2より，平衡状態における速度分布，Maxwell分布は，系のエネルギーの平均値が与えられたとき連続エントロピーを最大にする分布である，と特徴づけられる．

最後にグランドカノニカル分布について述べる．今度は孤立した結合系 $A+B$ の部分系 A, B の間でエネルギーのほか，粒子の交換も行われるものとする．たとえば液体とその蒸気が接触している場合である．結合系 $A+B$ が平衡状態にあるとき，系 A がそのエネルギーが E，粒子の個数が N の一つの微視的状態にある確率は

$$\frac{1}{\Phi}\exp\{-\lambda(E-\mu N)\} \qquad (2.1.23)$$

であることが導かれる．ここで λ, μ は定数で，Φ は規格化のためのもので

$$\Phi=\sum\exp\{-\lambda(E-\mu N)\}$$

であり，やはり分配関数とよばれる．上式の和は可能なすべてのエネルギー準位 E，粒子数 N およびそれに対応する微視的状態についての和である．分布(2.1.23)を**グランドカノニカル分布**(grand canonical distribution)といい，この分布に従う系を**グランドカノニカル集団**という．

より一般には，結合系 $A+B$ の A, B 間でいくつかの物理量 $\alpha_1, \cdots, \alpha_l$ が交換可能な場合のグランドカノニカル分布が同様に考えられる．

§2.2　エントロピー増大の法則

本節では統計力学のエントロピーについて詳しくみていく．そのために，まずエントロピーのふるさとともいうべきエントロピー増大の法則について説明する．つづいて統計力学のエントロピーと，第1章で導入した不確定の度合を表わす量としてのエントロピーとの関係について述べる．

エントロピーという概念は，熱力学第二法則を説明するために，R. Clausius*) により導入された.「外になんらの変化を残すことなく，低温の物体から高温の物体へ熱を移すことはできない」という熱力学第二法則が，エントロピーを使い「物理系はエントロピーの増大する方向に変化し，エントロピーが減少することは決してない」というエントロピー増大の法則で置き換えられるのである．後で述べるエントロピーに対する Clausius の表現を使っての上の二つの法則の同等性についての説明は他の書物に譲り，ここでは結合系の場合の両法則の同等性を示す.

二つの力学系 A, B からなる結合系 $A+B$ を考える．$A+B$ は外界からは孤立しており，A, B 間では熱交換だけが行われ，各系の粒子数，体積は一定に保たれるものとする．またこの結合においては系 $A+B$ のエネルギー E_0 は各系のエネルギー E_A, E_B の和

$$E_0 = E_A + E_B \tag{2.2.1}$$

で与えられるとする．さらにここでは，系 A に較べ系 B がはるかに大きく，全体のエネルギーの大部分は B にある場合を考える．このとき B は A の環境を規定しており，熱浴(heat bath)といわれる．最初系 A, B は離れていてそれぞれに平衡状態にあるものとし，この両系を接触させる．接触後十分時間が経過すれば結合系 $A+B$ は平衡状態に達する．途中の段階では系 $A+B$ は平衡状態にはない．しかし系 A は全体 $A+B$ に比し非常に小さな系なので，平衡状態に到達するのに要する時間が非常に短かいことから，また系 B は小さな系 A との接触によって平衡状態はほんの僅かしかくずれないことから，部分系 A, B はそれぞれに平衡状態にあるとみなせる．A のエネルギー E をパラメーターにとり，エントロピーと温度の変化を調べる．A のエネルギーが E のときのミクロカノニカル集団 A のエントロピーを $S_A(E)$ とする．このとき A の絶対温度 $T_A(E)$ は

*) Clausius の導入したエントロピーの表現は(2.1.3)とは異なり，後で述べる(2.2.16)である.

$$S'_A(E) \equiv \frac{dS_A}{dE}(E) = \frac{1}{T_A(E)} \tag{2.2.2}$$

で与えられる．A のエネルギーが E のとき，B のエネルギーは(2.2.1)より E_0-E であり，B のエントロピーを $S_B(E_0-E)$，絶対温度を $T_B(E_0-E)$ とする．熱力学第二法則によれば，$T_A(E)$ が $T_B(E_0-E)$ より大きいか小さいかに応じ，A のエネルギーの変化 dE が負であったり正であったりする．つまり熱力学第二法則は

$$T_A(E) \gtreqless T_B(E_0-E) \iff dE \lesseqgtr 0 \qquad (\text{複号同順}) \tag{2.2.3}$$

と表現される．

ここで結合系 $A+B$ のエントロピーを定義する．

定義 2.2.1　系 A のエネルギーが E のときの結合系 $A+B$ の**エントロピー**を

$$S(E) \equiv S(E;\ E_0) = S_A(E)+S_B(E_0-E) \tag{2.2.4}$$

で定義する．

(2.2.4)の両辺を E で微分し(2.2.2)を使えば

$$\frac{dS(E)}{dE} = S'_A(E)-S'_B(E_0-E) = \frac{1}{T_A(E)}-\frac{1}{T_B(E_0-E)} \tag{2.2.5}$$

である．よってエントロピーの変化 $dS(E)$ を使えば(2.2.3)は

$$dS(E) \geqq 0 \tag{2.2.6}$$

と同値である．(2.2.6)は結合系 $A+B$ のエントロピーが非減少なこと，すなわちエントロピー増大の法則が成り立つことを示している．

上の結合系が平衡状態に到達したとしよう．このときでも系 A のエネルギーは変動してはいるが，実はあるエネルギー E^* の極く近くでのみ変動し，E^* から離れたエネルギーの値をとる確率は非常に小さい．$A+B$ が平衡状態にあるとき，A のエネルギーが E と $E+\varDelta E$ の間にある確率を $\varPi(E)\varDelta E$ とする．A はカノニカル分布に従うから，A の状態密度を $\varOmega_A(E)$ とすれば(2.1.6)より

$$\varPi(E) = \frac{1}{\varPhi}e^{-\lambda E}\varOmega_A(E) \tag{2.2.7}$$

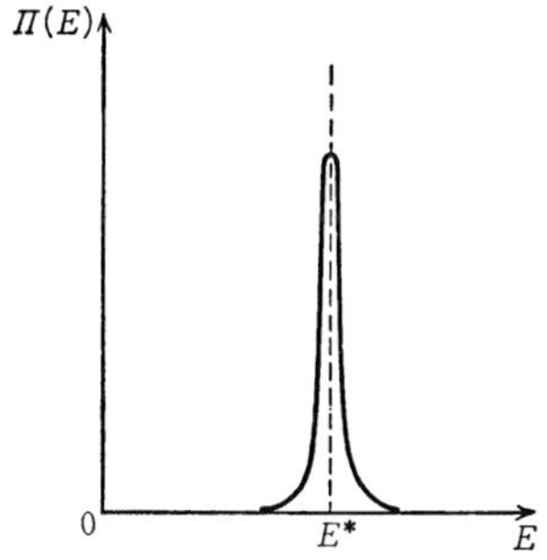

図 2.1　$\Pi(E)$ のグラフ

である．$\Pi(E)$ は $E=E^*$ で最大となり，しかも図 2.1 のように極めて鋭い最大となっているのである．

このことを理想気体の場合に証明しておこう．理想気体 $A+B$ において系 A は同種の N 個の分子からなるものとする．このとき (2.1.16) より

$$\Omega_A(E) = CE^{(3/2)N-1} \tag{2.2.8}$$

である．ここで C は E には関係しない数である．よって

$$\Pi(E) = \frac{C}{\Phi}e^{-\lambda E}E^{(3/2)N-1} \tag{2.2.9}$$

だから，$\Pi(E)$ の挙動を調べるためには，関数

$$f(x) = e^{-\lambda x}x^n, \qquad 0 < x < \infty$$

の挙動を調べればよい．

$$f'(x) = e^{-\lambda x}x^{n-1}(n-\lambda x)$$

だから，$x^*=\dfrac{n}{\lambda}$ において $f'(x^*)=0$ で $f(x)$ は最大値 $f(x^*)=\left(\dfrac{n}{\lambda e}\right)^n$ をとる．x^* を少しはずれた $x^*+\delta$ では

$$f'(x^*+\delta) = -\frac{\lambda\delta}{x^*+\delta}e^{-\lambda\delta}\left(1+\frac{\delta}{x^*}\right)^n f(x^*)$$

であり，n が十分大きければ $\left(1+\dfrac{\delta}{x^*}\right)^n$ はほぼ $\exp\left(\dfrac{n}{x^*}\delta\right)=\exp(\lambda\delta)$ に等しいから，近似的には

$$f'(x^*+\delta) = -\frac{\lambda\delta}{x^*}f(x^*) = -\frac{\lambda^2}{n}\left(\frac{n}{\lambda e}\right)^n\delta$$

である．したがって δ の正，負に応じて $f'(x^*+\delta)$ は負，正となり，n が十分大きければたとえ δ が小さくても $|f'(x^*+\delta)|$ は極めて大きい．$n=\frac{3}{2}N-1$ だから，分子数 N が十分大きければ，$\Pi(E)$ は $E=E^*$,

$$E^* = \frac{1}{\lambda}\left(\frac{3}{2}N-1\right) \tag{2.2.10}$$

において非常に鋭い最大をとる．

話を再び系 A が熱浴 B に接触している場合に戻し，結合系 $A+B$ が平衡状態に達したときの絶対温度とエントロピーの様子を調べる．結合系 $A+B$ が平衡状態にあれば，上でみたように圧倒的に大きな確率で系 A のエネルギーは E^* の近くの値をとっているから，実際上 A のエネルギーは E^* としてよい．結合系が平衡状態にあるとき，A, B の温度は等しく，$A+B$ の絶対温度を T_{A+B} とすれば

$$T_{A+B} = T_A(E^*) = T_B(E_0-E^*) \tag{2.2.11}$$

である．一方 $A+B$ のエントロピー $S(E)=S_A(E)+S_B(E_0-E)$ は $A+B$ が平衡状態に到達するまで増加し続け*)，$E=E^*$ で最大になる．このことは(2.1.9)より状態密度の積 $\Omega_A(E)\Omega_B(E_0-E)$ が $E=E^*$ で最大となることを意味する．一般には $\Omega_A(E)\Omega_B(E_0-E)$ の $E=E^*$ における最大も極めて鋭くなっている．$A+B$ が平衡状態に達したとき，$A+B$ はミクロカノニカル集団だから，ミクロカノニカル集団としてのエントロピー $S_{A+B}(E_0)$ が定まる．$A+B$ に対する二つのエントロピー $S(E^*)\equiv S(E^*;\ E_0)$ と $S_{A+B}(E_0)$ が一致していること，つまり定義 2.2.1 は定義 2.1.1 の拡張となっていることを確かめよう．$A+B$ の状態密度 Ω_{A+B} は

$$\Omega_{A+B}(E_0) = \int_0^{E_0} \Omega_A(E)\Omega_B(E_0-E)dE$$

によって計算される．しかるに上で述べたように $\Omega_A(E)\Omega_B(E_0-E)$ は E^* の近くだけで極端に大きな値をとっているから

*)　正確にいえば，圧倒的に大きな確率でこのことが成り立っているのである．

$$\Omega_{A+B}(E_0) = \Omega_A(E^*)\Omega_B(E_0-E^*)\Delta E$$

である．したがって(2.1.9)と(2.2.4)より

$$S_{A+B}(E_0) = S_A(E^*)+S_B(E_0-E^*) = S(E^*) \equiv S(E^*;\ E_0)$$

である．

これまでのところ統計力学のエントロピーを二つの場合に定義したが，ここで一般の場合の定義を与えておこう．とり得る微視的状態が $a_1, \cdots, a_W$ で，状態 $a_i\,(i=1, \cdots, W)$ の起こる確率が p_i の力学系を考える．ここでも確率は同じ構造の力学系をたくさん考え，それらの微視的状態が観測できるとしたときの各状態の出現の割合の意味である．

定義 2.2.2 この力学系の**エントロピー** S を

$$S = -k\sum_{i=1}^{W} p_i \log p_i \tag{2.2.12}$$

で定義する．

系がミクロカノニカル集団の場合にはこの定義は定義 2.1.1 と一致する．

系 A と熱浴 B とからなる結合系 $A+B$ に対してはこの定義は定義 2.2.1 と一致することがわかる．系 A のとり得る微視的状態が $a_1, \cdots, a_{W_A}$ で a_i の起こる確率を p_i，系 B のとり得る微視的状態が $b_1, \cdots, b_{W_B}$ で b_j の起こる確率は q_j とする．結合系 $A+B$ のとり得る微視的状態は (a_i, b_j)，$i=1, \cdots, W_A$，$j=1, \cdots, W_B$ であり，(a_i, b_j) の起こる確率は p_iq_j としてよい．よって系 $A, B, A+B$ のエントロピーを S_A, S_B, S_{A+B} とすると(2.2.12)より明らかに

$$S_{A+B} = S_A+S_B \tag{2.2.13}$$

である．系 A のエネルギーが E のとき，$S_A=S_A(E)$，$S_B=S_B(E_0-E)$ だから(2.2.13)と(2.2.4)は一致する．

またあらためて注意するまでもなく，定義 2.2.2 のエントロピー S は定義 1.1.1 のエントロピー $H(p_1, \cdots, p_n)$ を k 倍したものである．

このようにエントロピーは全く一般の場合に定義することができる．しかし一般の場合に，平衡状態への移行につれてエントロピーが単調に増加することを示すことができるかというと，これは大変困難な問題である．この方向での

重要な結果として Boltzmann の ***H*-定理**がある．H-定理は概略次のような定理である．エネルギーが運動エネルギーだけからなる理想気体を考える．分子の運動の力学的考察から分子の速度分布は Boltzmann 方程式とよばれる微分方程式をみたすことが導かれる．そして速度分布が Boltzmann 方程式に従って変化するとき，そのエントロピーは単調に増大することが示される．エントロピーが最大になったときの速度分布が Maxwell 分布である(§2.1参照).

最後にエントロピーに対する Clausius の表現を与えよう．巨視的状態が内部エネルギー E と体積 V によって決まる均質な系を考える．エントロピーを S，絶対温度を T，圧力を p とすると

$$\left(\frac{\partial S}{\partial E}\right)_V = \frac{1}{T}, \qquad \left(\frac{\partial S}{\partial V}\right)_E = \frac{p}{T} \tag{2.2.14}$$ *)

が知られている．巨視的状態が (E, V) から $(E+dE, V+dV)$ へと変化したとき，外部から与えられた熱量を $\tilde{d}Q$ (ここで dQ とせず $\tilde{d}Q$ としたのは熱量は状態量でない，すなわち変化の始めと終りを指定しただけでは定まらず変化の道筋にも依存する量だからである) とすると

$$dE = \tilde{d}Q - pdV \tag{2.2.15}$$

であることが知られている．よって(2.2.14), (2.2.15)より

$$dS = \frac{dE+pdV}{T} = \frac{\tilde{d}Q}{T}$$

を得る．これよりエントロピーに対する別の表現

$$S = \int \frac{\tilde{d}Q}{T} \tag{2.2.16}$$

を得る．上式はもう少し正確にいえば，系の巨視的状態が α から β へ変化するとき，状態 α, β におけるエントロピーを S_α, S_β とすると

$$S_\beta - S_\alpha = \int_\alpha^\beta \frac{\tilde{d}Q}{T}$$

---

*)　$\left(\frac{\partial S}{\partial E}\right)_V$ は V を固定しての E による偏微分を表わす．

ということである．なお $\tilde{d}Q$ と違って，$\dfrac{\tilde{d}Q}{T}$ による積分は始めと終りの状態 α, β を定めれば途中の変化の道筋にはよらない．

§2.3　最大エントロピー原理とカノニカル分布

平衡状態においてはその微視的状態はカノニカル分布に従うことを§2.1で述べた．一方§1.5では，部分的情報しか与えられていないときの確率分布の推定の最良の方法を与える最大エントロピー原理(ME 原理)について述べた．本節の目的はカノニカル分布が，§2.1のように先験的等確率の原理を仮定するのではなく，ME 原理を適用することによって導かれることを示すことである．E. T. Jaynes が ME 原理の意義を明らかにするとともにこのことを示した(1967年)．なお先験的等確率の原理を使うカノニカル分布の導き方に較べ，ME 原理によるそれははるかに簡明なこともわかる．

最初にミクロカノニカル分布をとりあげよう．§2.1と同様エネルギーが E の孤立系を考える．この系のとり得る微視的状態は $a_1, \cdots, a_W$ の W 通りとする．この系の平衡分布を $(p_1^*, \cdots, p_W^*)$ とする．すなわち系が平衡状態にあるときその微視的状態が a_i である確率が p_i^* である．§2.1では先験的等確率の原理により平衡分布は

$$p_1^* = \cdots = p_W^* = \frac{1}{W} \tag{2.3.1}$$

であるとしたが，ここではこのことは仮定しない．ME 原理によれば，与えられた条件をみたす分布の中で第1章の意味でのエントロピーが最大な分布(ME 分布)を求める平衡分布とすればよい．今の場合平衡分布に関してわかっている情報は「起こり得る状態は $a_1, \cdots, a_W$ である」ということだけでそれ以外には何もない．よって第1章例5.1より，このときの平衡分布，すなわち ME 分布は(2.3.1)で与えられる．

次にカノニカル分布(2.1.6)もまた ME 原理により導かれることを示そう．二つの力学系 A, B からなる結合系 $A+B$ を考える．§2.1で扱ったときと同様に，A, B 間ではエネルギーの交換だけが可能で両系の粒子数，体積は一定

に保たれ，結合系 $A+B$ は外部から孤立しているものとする．この結合系が平衡状態にあるときの系 A の微視的状態の確率分布を問題にする．系 A のとり得るエネルギー準位を $E_1<\cdots<E_L$ とし，エネルギー準位が E_j である A の可能な微視的状態を $a_{j1}, \cdots, a_{jW_j}$ とする．今の場合系 A の平衡分布に関して与えられている情報は§2.1で述べたように「A のエネルギーの平均値 $\bar{E}$ が与えられた」である．状態が a_{jk} である確率を p_{jk} とすると，このことは条件

$$\sum_{j=1}^{L}\sum_{k=1}^{W_j} E_j p_{jk} = \bar{E} \tag{2.3.2}$$

によって表わされる．したがってME原理によれば，A の平衡分布として採択すべき分布は(2.3.2)をみたす確率分布 $\{p_{jk};\ j=1,\cdots,L,\ k=1,\cdots,W_j\}$ の中でエントロピー $H(\{p_{jk}\})$ を最大にする分布 $\{p^*_{jk}\}$ である．そして定理1.5.1よりそれは

$$p^*_{jk} = \frac{1}{\Phi}\exp(-\lambda E_j), \qquad j=1,\cdots,L,\ \ k=1,\cdots,W_j \tag{2.3.3}$$

で与えられる．ただし Φ, λ は次式から決まる．

$$\begin{aligned}\Phi &= \sum_{j=1}^{L}\sum_{k=1}^{W_j}\exp(-\lambda E_j)\\ &= \sum_{j=1}^{L} W_j\exp(-\lambda E_j)\end{aligned} \tag{2.3.4}$$

$$\begin{aligned}\bar{E} &= \frac{1}{\Phi}\sum_{j=1}^{L}\sum_{k=1}^{W_j} E_j\exp(-\lambda E_j)\\ &= \frac{1}{\Phi}\sum_{j=1}^{L} E_j W_j\exp(-\lambda E_j)\end{aligned} \tag{2.3.5}$$

(定理1.5.1で $l=1$, $f_1(a_{jk})=E_j$ とすればよい)．$\{p^*_{jk}\}$ は§2.1で述べたカノニカル分布(2.1.6)にほかならない．

［**注意**］ (2.3.4)より Φ を λ の関数とみて $\Phi(\lambda)$ と記すとき，(1.5.6)より(2.3.5)をみたす λ は

$$\frac{d}{d\lambda}\log\Phi(\lambda) = -\bar{E} \tag{2.3.6}$$

の解として定まる．$E_1<\overline{E}<E_L$ ならば(2.3.6)の解 λ は一意的に存在することが証明できる*)．また簡単な計算により

$$H(\{p_{jk}^*\}) = \log \Phi(\lambda) + \lambda \overline{E} \tag{2.3.7}$$

であることがわかる．

ME原理によりカノニカル分布を導くにあたって，エネルギーの平均値 $\overline{E}$ が与えられたとした．しかし実際にはエネルギーの値を測定することはまれである．これにひきかえ温度は普通容易に測定でき，前節でもそうであった((2.2.11)式参照)ように，平衡状態を規定する巨視的状態量として温度を考えることは多い．それ故エネルギーの平均値が与えられたとする前提条件には疑問をいだくかも知れない．この疑問に答え，エネルギーの平均値が測定されることと温度が測定されることとは同等であることを示そう．まず(2.3.4)～(2.3.6)より $\overline{E}$ の値を知ることとパラメーター λ の値を知ることは同値であることに注意しておく．$\lambda, \Phi(\lambda)$ は $\overline{E}$ から決まるから，$H(\{p_{jk}^*\})$ もまた $\overline{E}$ の関数とみてよい．そこで $H^*(\overline{E})=H(\{p_{jk}^*\})$ とおく．このとき(2.3.6), (2.3.7)より

$$\frac{dH^*(\overline{E})}{d\overline{E}} = \frac{d\lambda}{d\overline{E}}\frac{d}{d\lambda}\log \Phi(\lambda) + \frac{d\lambda}{d\overline{E}}\overline{E} + \lambda = \lambda \tag{2.3.8}$$

である．前節でみたように，系 A がカノニカル分布に従っているとき，A のエネルギーはほとんどの場合ある値 E^* の極く近くの値をとっているから，エネルギーの平均値 $\overline{E}$ は E^* に等しいとみてよい:

$$\overline{E} = E^* \tag{2.3.9}$$

このことから系 A の状態密度を $\Omega_A(E)$ とし，小さな幅 ΔE を使い

$$\begin{aligned}\Phi(\lambda) &= \sum_{j=1}^{L} W_j \exp(-\lambda E_j) = \int_{E_1}^{E_L} \Omega_A(E) \exp(-\lambda E) dE \\ &= \Omega_A(\overline{E}) \exp(-\lambda \overline{E}) \Delta E \end{aligned} \tag{2.3.10}$$

を得る．系 A のエントロピーを $S_A(E)$ とすると, (2.3.7), (2.3.10), (2.1.9)より

$$H^*(\overline{E}) = \log[\Omega_A(\overline{E})\Delta E] = \frac{1}{k} S_A(\overline{E}) \tag{2.3.11}$$

---

*) 証明はそんなに難しくない．Guiașu[21] (§16)に証明がある．

である．上式の両辺を微分すれば，(2.3.8)と(2.2.2)より

$$\lambda = \frac{1}{kT_A} \tag{2.3.12}$$

を得る．ここで T_A は A の絶対温度であるが，結合系 $A+B$ が平衡状態にあるので(2.2.11)より T_A は $A+B$ の絶対温度 T としてもよい．このようにパラメーター λ の意味が明らかにされたと同時に，エネルギーの平均値を知ることと，λ の値を知ることと，絶対温度を知ることがたがいに同等であることが示された．

ME原理によりカノニカル分布(2.3.3)を導いた議論はもっと一般の場合にもそのまま適用できる．二つの系 A, B からなる孤立系 $A+B$ において，A と B の間では物理量 $\alpha_1, \cdots, \alpha_l$ が交換可能であるとする．この結合系が平衡状態にあるときの系 A の平衡分布を求める．平衡状態にあるということは，A における物理量 $\alpha_1, \cdots, \alpha_l$ の平均値 $\bar{\alpha}_1, \cdots, \bar{\alpha}_l$ が与えられていることを意味する．ただし $\bar{\alpha}_1, \cdots, \bar{\alpha}_l$ の値が測定値として具体的に知られているということでは必ずしもなく，観測値としてこれらと同等なパラメーターの値が得られていればよい．A のとり得る微視的状態を $a_1, \cdots, a_W$ とし，状態が a_i のときの物理量 α_j の値を $\alpha_j(a_i)$ とする．状態が a_i である確率を p_i とすると与えられた条件は

$$\sum_{i=1}^{W} \alpha_j(a_i) p_i = \bar{\alpha}_j, \qquad j = 1, \cdots, l \tag{2.3.13}$$

となる．ME原理によれば，A の平衡分布は条件(2.3.13)をみたす確率分布 $(p_1, \cdots, p_W)$ の中でエントロピー $H(p_1, \cdots, p_W)$ を最大にする分布 $(p_1^*, \cdots, p_W^*)$ であり，それは定理1.5.1より

$$p_i^* = \frac{1}{\Phi} \exp\left\{-\sum_{j=1}^{l} \lambda_j \alpha_j(a_i)\right\}, \qquad i = 1, \cdots, W \tag{2.3.14}$$

で与えられる．ただし $\Phi, \lambda_1, \cdots, \lambda_l$ は次式から決まる*)．

---

*)　(2.3.15), (2.3.16)をみたす $\Phi, \lambda_1, \cdots, \lambda_l$ はいつでも存在するわけではないが，ここではその存在を仮定する．物理的に意味のある場合はこうしてよい．

$$\Phi = \sum_{i=1}^{W} \exp\left\{-\sum_{j=1}^{l} \lambda_j \alpha_j(a_i)\right\} \tag{2.3.15}$$

$$\frac{1}{\Phi}\sum_{i=1}^{W} \alpha_j(a_i) \exp\left\{-\sum_{k=1}^{l} \lambda_k \alpha_k(a_i)\right\} = \bar{\alpha}_j, \qquad j=1,\cdots,l \tag{2.3.16}$$

前節で述べたグランドカノニカル分布(2.1.23)は，(2.3.15)において $l=2$, α_1＝エネルギー，α_2＝粒子数として得られる．もう一つ別の例をあげておく．

例 3.1 二つの系 A, B の境界面が固定されてなく動き得る場合を考える．つまり A, B 間ではエネルギーと体積のやりとりが可能である．上の議論において，α_1＝エネルギー，α_2＝体積の場合である．系 A のエネルギーを E，体積を V とする．系 A のとり得るエネルギー準位は体積 V に応じて決まり，それを $E_j(V)\,(j=1,\cdots,L(V))$ とする．平衡状態における系 A のエネルギーの平均値 $\bar{E}$ と体積の平均値 $\bar{V}$ が与えられたとする．このとき A の平衡分布は(2.3.14)より

$$\frac{1}{\Phi}\exp\{-\lambda E_j(V)-\mu V\} \tag{2.3.17}$$

で与えられる．分配関数 $\Phi \equiv \Phi(\lambda, \mu)$ は(2.3.15)より

$$\Phi(\lambda, \mu) = \int_0^\infty \sum_j \exp\{-\lambda E_j(V)-\mu V\} dV \tag{2.3.18}$$

である．平衡状態においては系 A, B の絶対温度および圧力が釣り合っている．それらを各々 T, p とする．パラメーター λ, μ のうち λ についてはやはり(2.3.12)が成り立つ．圧力 p に対しては

$$p = -\overline{\left[\frac{\partial E}{\partial V}\right]} \tag{2.3.19}$$

(物理量 F に対し，$\bar{F}$ はその平均値を表わす)が知られている．(2.3.18)の両辺を V で微分し

$$0 = \int_0^\infty \sum_j \left\{-\lambda\frac{\partial E_j(V)}{\partial V}-\mu\right\} \exp\{-\lambda E_j(V)-\mu V\} dV$$

を得るが，この式は

$$-\lambda\overline{\left[\frac{\partial E}{\partial V}\right]}=\mu \tag{2.3.20}$$

を意味する．したがって(2.3.19), (2.3.20)より

$$\mu=\lambda p=\frac{p}{kT}$$

を得る．よって測定値として$T, \bar{E}$のいずれかと$\frac{p}{T}, \bar{V}$のいずれかが与えられれば，その他のことは何も仮定することなく，系Aの平衡分布が

$$\frac{1}{\Phi}\exp\left\{-\frac{E_j(V)+pV}{kT}\right\}$$

であることが導かれる．

上でみてきたように，先験的等確率の原理を使うことなく，ME原理によりカノニカル分布を導くことができた．ここで本質的に重要なことは，同じ原理という言葉でよんではいるが，先験的等確率の原理は**仮定**であるのに対してME原理は**仮定ではない**ことである．

エントロピーという概念は1世紀以上も前に物理学において導入された．そして1948年にShannonによりエントロピーは，「不確定の度合」あるいは「あいまいさの大きさ」を表わす，物理学的意味とは独立な普遍的な量としてとらえ直された．この普遍性はそのままME原理の普遍性を保証する．そしてJaynesが指摘しているように，この普遍化されたエントロピーは物理学の世界でも重要な意味をもち，統計的推定における普遍的な原理であるME原理は統計力学を先験的等確率の原理という仮説から解放したといってよい．

第3章　定常過程のエントロピー解析

時間とともにランダムに変動し，しかも時間に関する定常性の認められる現象に対する数学的モデルである定常過程は，確率過程論の中で重要な位置を占め，スペクトル表現，標準表現等の表現の問題，予測の問題，Markov 性についての問題等，理論的にも古くからよく研究されているし，またその結果はいろいろな分野で広く応用されている．本章の目的はエントロピーあるいは情報理論の側面から定常過程を解析することである．

定常過程に関し本章以降で必要な諸性質を，離散時間の場合は§3.1に，連続時間の場合は§3.4にまとめておく．

応用の場合，観測によって得られたデータに基づいてモデルとしてどのような定常過程を当てはめるかという，モデルの選定が最初に問題となる．§3.3で，本章の主題の一つである，最大エントロピー原理によるモデルの選定について述べる．なお§3.2では定常 Gauss 過程のエントロピー・レートを計算する．

連続時間定常過程を一定時間間隔で観測して得られる離散時間定常過程に，元の定常過程の性質がどれだけ反映するかについて，特に Markov 性を中心に，§3.5で述べる．このことは帯域制限過程を考えることとも関連している．§3.6で帯域制限過程について述べる．

§3.1　離散時間定常過程

本節では離散時間の定常過程，特に定常 Gauss 過程の性質について，情報理論と関連する部分を中心に調べておく．証明のいくつかは他の書物に譲り，ここでは省略する．定常過程の解析にあたってはスペクトル表現が，また Gauss 過程の場合には Brown(ブラウン)運動を基準にとって表現するところの標準表現が重要な手段となっていることに予め注意しておこう．

以下，離散時間弱定常過程，すなわち時間パラメーターの空間が $\boldsymbol{Z}=\{0,\pm 1,\pm 2,\cdots\}$ の弱定常過程 $X=\{X_n;\ n\in\boldsymbol{Z}\}$ を考える．スペクトル表現を考えるにあたっては複素確率過程の中で議論する方が都合が好いので，各 X_n は確率空間 $(\Omega,\mathcal{B},P)$ 上で定義された複素確率変数とする．X が Gauss 過程の場合には，X は実確率過程である*)（定義 1.4.1 参照）が，いうまでもなくこれからの議論はこのような実確率過程に対してもそのまま当てはまる．弱定常性より X_n の平均値

$$E[X_n]\equiv\int_{\Omega}X_n(\omega)dP(\omega)=a \tag{3.1.1}$$

は $n\in\boldsymbol{Z}$ に無関係であり，X_{n+k} と X_k の共分散

$$E[(X_{n+k}-a)\overline{(X_k-a)}]=\gamma_n,\qquad n\in\boldsymbol{Z} \tag{3.1.2}$$

は $k\in\boldsymbol{Z}$ には依らず上式のように γ_n と書ける．以下特に断らないかぎり，平均値は $E[X_n]=a=0$ と仮定する．これからの話は，$a\neq 0$ のときには X_n-a をあらためて X_n と考えてそのまま成り立つので，このように仮定して差し支えない．γ_n, $n\in\boldsymbol{Z}$, を n の関数とみて，X の**共分散関数**という．明らかに

$$\gamma_n=\bar{\gamma}_{-n},\qquad n\in\boldsymbol{Z} \tag{3.1.3}$$

である．共分散関数 γ_n, $n\in\boldsymbol{Z}$, は

$$\gamma_n=\int_{-\pi}^{\pi}e^{in\lambda}dF(\lambda),\qquad n\in\boldsymbol{Z} \tag{3.1.4}$$

と表現される．ここに $F(\lambda)\,(-\pi\leqq\lambda\leqq\pi)$ は $F(-\pi)=0$, $F(\pi)=\gamma_0$ をみたす右連続な単調非減少関数で，γ_n, $n\in\boldsymbol{Z}$, から一意的に決まる．(3.1.4) を共分散関数の**スペクトル分解** (spectral decomposition) といい，$F(\lambda)$ を**スペクトル分布関数**という．特に $F(\lambda)$ が絶対連続，すなわち $F(\lambda)=\int_{-\pi}^{\lambda}f(x)dx$ であるとき $f(\lambda)\,(-\pi\leqq\lambda\leqq\pi)$ を**スペクトル密度関数**という．このとき (3.1.4) は

---

*)　複素 Gauss 過程を考えることは理論的には重要であり，応用面からも必要なことがあるが，本書では Gauss 過程は実過程の範囲で扱う．複素 Gauss 過程については飛田–櫃田 [23] が詳しい．

$$\gamma_n = \int_{-\pi}^{\pi} e^{in\lambda} f(\lambda) d\lambda, \qquad n \in \boldsymbol{Z} \tag{3.1.5}$$

となる．さらに弱定常過程 X 自身が次の形に**スペクトル表現**(spectral representation)される．

$$X_n = \int_{-\pi}^{\pi} e^{in\lambda} d\zeta(\lambda), \qquad n \in \boldsymbol{Z} \tag{3.1.6}$$

ただし $d\zeta$ は普通の意味の測度ではなく，右辺の積分は普通の意味の積分ではない．$\{\zeta(\lambda);\ -\pi \leqq \lambda \leqq \pi\}$ は，各 $\zeta(\lambda) \equiv \zeta(\lambda, \omega)$ は平均 0 の複素確率変数で，区間 $\varDelta = (a, b] \subset [-\pi, \pi]$ に対して $\zeta(\varDelta) = \zeta(b) - \zeta(a)$ とおくと

$$\varDelta_1 \cap \varDelta_2 = \phi \quad \text{ならば} \quad E[\zeta(\varDelta_1)\overline{\zeta(\varDelta_2)}] = 0 \tag{3.1.7}$$

をみたす．このとき $\{d\zeta(\lambda);\ -\pi \leqq \lambda \leqq \pi\}$ をランダム測度という．Ω 上で定義され P に関し 2 乗可積分，$\int_{\Omega} |\xi(\omega)|^2 dP(\omega) < \infty$，な関数 ξ の全体を $L^2(\Omega, P)$*)，同様に $\int_{-\pi}^{\pi} |\varphi(\lambda)|^2 dF(\lambda) < \infty$ なる関数 φ の全体を $L^2([-\pi, \pi], F)$ と書く．付録§A.3 の Wiener 積分と同様に，ランダム測度による確率積分 $\int_{-\pi}^{\pi} \varphi(\lambda) d\zeta(\lambda)$ $(\varphi \in L^2([-\pi, \pi], F))$ が定義され $\int_{-\pi}^{\pi} \varphi(\lambda) d\zeta(\lambda) \in L^2(\Omega, P)$ である．(3.1.6) の右辺はこの意味での積分である．なお $\varphi, \psi \in L^2([-\pi, \pi], F)$ に対し

$$E\left[\int_{-\pi}^{\pi} \varphi(\lambda) d\zeta(\lambda) \overline{\int_{-\pi}^{\pi} \psi(\lambda) d\zeta(\lambda)}\right] = \int_{-\pi}^{\pi} \varphi(\lambda) \overline{\psi(\lambda)} dF(\lambda) \tag{3.1.8}$$

が成り立つ．特に $\varDelta = (a, b]$ の定義関数 $1_{\varDelta}(\lambda)$ ($\lambda \in \varDelta$ のとき $1_{\varDelta}(\lambda) = 1$，$\lambda \notin \varDelta$ のとき $1_{\varDelta}(\lambda) = 0$) に対し $\int_{-\pi}^{\pi} 1_{\varDelta}(\lambda) d\zeta(\lambda) = \zeta(\varDelta)$ であり

$$E[|\zeta(\varDelta)|^2] = F(\varDelta) \equiv F(b) - F(a) \tag{3.1.9}$$

が成り立つ．

つぎに標準表現の話へ進もう．$X = \{X_n;\ n \in \boldsymbol{Z}\}$ を弱定常過程とする．X_k, $k \leqq n$，の張る $L^2(\Omega, P)$ の部分空間を $\mathcal{M}_n(X)$ と書く．あきらかに $\mathcal{M}_n(X) \subset \mathcal{M}_{n+1}(X)$ である．もし

---

*) $L^2(\Omega, P)$ は内積 $\langle \xi, \eta \rangle = \int_{\Omega} \xi(\omega) \overline{\eta(\omega)} dP(\omega)$ による Hilbert(ヒルベルト)空間である．なお $\langle \xi, \eta \rangle = 0$ のとき，ξ と η は直交するという．

$$\mathcal{M}_n(X) = \mathcal{M}_{n+1}(X), \qquad n \in \boldsymbol{Z}$$

であれば X は**決定的**(deterministic)であるという．これに対し

$$\bigcap_{n\in\boldsymbol{Z}} \mathcal{M}_n(X) = \{0\} \tag{3.1.10}$$

が成り立っているときには X は**純非決定的**(purely nondeterministic)であるという．X が純非決定的ならば

$$\mathcal{M}_n(X) \subsetneqq \mathcal{M}_{n+1}(X), \qquad n \in \boldsymbol{Z}$$

が成り立ち，各時刻 n において X_n はそれより過去の X_k, $k<n$, には含まれていない真に新たな情報をもたらすことがわかる．弱定常過程 $X=\{X_n;\ n\in\boldsymbol{Z}\}$ は純非決定的弱定常過程 $X'=\{X_n';\ n\in\boldsymbol{Z}\}$ とそれとは直交する決定的弱定常過程 $X''=\{X_n'';\ n\in\boldsymbol{Z}\}$ とにより

$$X_n = X_n' + X_n'', \qquad n \in \boldsymbol{Z} \tag{3.1.11}$$

と一意的に分解される．X が Gauss 過程の場合には X' と X'' はたがいに独立な Gauss 過程である．上の分解を **Wold の分解**という．これにより関心の薄い決定的な成分を取り除くことができ，結局純非決定的な場合さえ調べればよいことがわかる．弱定常過程が純非決定的であるためには，スペクトル分布関数が絶対連続でその密度関数 $f(\lambda)$ が

$$\left| \int_{-\pi}^{\pi} \log f(\lambda) d\lambda \right| < \infty \tag{3.1.12}$$

をみたすことが必要かつ十分であることが知られている．$\mathcal{M}_n(X) \ominus \mathcal{M}_{n-1}(X)$ で $\mathcal{M}_n(X)$ における $\mathcal{M}_{n-1}(X)$ の直交補空間($\mathcal{M}_{n-1}(X)$ と直交する $\mathcal{M}_n(X)$ の元全体からなる部分空間)を表わすと，$\mathcal{M}_n(X) \ominus \mathcal{M}_{n-1}(X)$ は1次元部分空間である．そこで $\xi_n \in \mathcal{M}_n(X) \ominus \mathcal{M}_{n-1}(X)$ を $E[|\xi_n|^2]=1$ となるようにとる．このとき $\{\xi_n;\ n\in\boldsymbol{Z}\}$ はたがいに直交する確率変数列である．特に X が Gauss 過程の場合には $\{\xi_n;\ n\in\boldsymbol{Z}\}$ は，各 ξ_n が標準正規分布 $N(0,1)$ に従う，独立確率変数列となる．$X_n \in \mathcal{M}_n(\xi)$ ($\mathcal{M}_n(\xi)$ は ξ_k, $k \leqq n$, の張る $L^2(\Omega, P)$ の部分空間)がわかる．よって定常性に注意すると

$$X_n = \sum_{k=-\infty}^{n} c_{n-k}\xi_k, \qquad n \in \boldsymbol{Z} \tag{3.1.13}$$

と表現できる．ここで c_k, $k \geqq 0$, は $\sum_{k=0}^{\infty} |c_k|^2 < \infty$ をみたす定数で絶対値1の定数倍を除いて一意的に定まる．X に対する表現(3.1.13)を移動平均表現(moving average representation)という．上でみたように

$$\mathcal{M}_n(X) = \mathcal{M}_n(\xi), \qquad n \in \boldsymbol{Z} \tag{3.1.14}$$

である．

必ずしも定常でない Gauss 過程 $X=\{X_n\}$ についても，標準正規分布に従う独立確率変数列 $\xi=\{\xi_n\}$ によって

$$X_n = \sum_{k \leqq n} a_{n,k}\xi_k \qquad \left(\sum_{k \leqq n} |a_{n,k}|^2 < \infty\right) \tag{3.1.15}$$

と表現でき(3.1.14)が成り立っているとき，(3.1.15)を離散時間 Gauss 過程の**標準表現**(canonical representation)*)という．移動平均表現(3.1.13)は定常過程の場合の標準表現に他ならない．直観的にいえば，(3.1.14)は各時刻 n において $\{\xi_k;\ k \leqq n\}$ と $\{X_k;\ k \leqq n\}$ は同じ情報を含んでいることを意味しており，ξ_n は時刻 n において過去とは独立に新たに X_n によりもたらされた情報を表わしている．$\xi=\{\xi_n\}$ を**新生過程**(innovation process)という．

各 ξ_n の平均が0，分散が $\sigma^2>0$ で，たがいに直交する確率変数列 $\xi=\{\xi_n;\ n \in \boldsymbol{Z}\}$ は弱定常過程で，その共分散は

$$E[\xi_{n+k}\bar{\xi}_k] = \sigma^2\delta_{n,0} = \frac{\sigma^2}{2\pi}\int_{-\pi}^{\pi} e^{in\lambda}d\lambda \tag{3.1.16}$$

である．したがって ξ のスペクトル密度関数は

$$f(\lambda) = \frac{\sigma^2}{2\pi}, \qquad -\pi \leqq \lambda \leqq \pi$$

である．このようにスペクトルがフラット(一様)であることから $\xi=\{\xi_n\}$ のことを**離散時間ホワイトノイズ**(white noise)ということがある．ξ が Gauss 過

*) 時間パラメーターの空間は必ずしも $\boldsymbol{Z}$ である必要はない．$\boldsymbol{Z}^+=\{1,2,\cdots\}$ の場合を考えることもある．

程のときはGauss型ホワイトノイズという．ホワイトノイズ，とりわけGauss型ホワイトノイズは最も基本的な確率過程であり，すべての純非決定的弱定常過程が(3.1.13)のように表現されるということは，ホワイトノイズが最も豊かな情報を内包した確率過程であることを示している．

予測の問題はいろいろな分野に現われ，古くから研究されている重要な問題である．この問題を解くにあたって標準表現は極めて有効である．$X=\{X_n;\ n\in\boldsymbol{Z}\}$を定常Gauss過程とする．最も典型的な予測の問題は時刻nまでのX_j, $j\leqq n$, を観測し，これに基づいてさらにk時刻未来のX_{n+k}を予測する問題である．予測の誤差は2乗平均で測ることとすると，問題はX_j, $j\leqq n$, の関数$\hat{X}=\hat{X}(X_j;\ j\leqq n)$の中で誤差

$$E[|X_{n+k}-\hat{X}|^2]$$

を最小にする$\hat{X}$を求めることである．この最小にするものを**最良予測値**(best predictor)，最小の誤差を**最小予測誤差**(minimum prediction error)という．付録§A.2で述べるように最良予測値はX_j, $j\leqq n$, が与えられたときのX_{n+k}の条件付平均値$E[X_{n+k}|X_j,\ j\leqq n]$に等しい．しかし今の場合，標準表現を使うと最良予測値および最小予測誤差が具体的に求まる．Xを(3.1.13)のように標準表現し，

$$\begin{aligned}\hat{X}_{n,k} &= \sum_{j=-\infty}^{n} c_{n+k-j}\xi_j \\ \tilde{X}_{n,k} &= X_{n+k}-\hat{X}_{n,k} \\ &= \sum_{j=n+1}^{n+k} c_{n+k-j}\xi_j\end{aligned}$$

とおく．$\hat{X}_{n,k}\in\mathcal{M}_n(\xi)=\mathcal{M}_n(X)$だから$\hat{X}_{n,k}$は$X_j$, $j\leqq n$, の関数であり，一方$\tilde{X}_{n,k}$は$\mathcal{M}_n(\xi)=\mathcal{M}_n(X)$と直交，したがって$X_j$, $j\leqq n$, と独立である．故に勝手な関数$\hat{X}=\hat{X}(X_j;\ j\leqq n)$に対し

$$\begin{aligned}E[|X_{n+k}-\hat{X}|^2] &= E[|\tilde{X}_{n,k}|^2]+E[|\hat{X}_{n,k}-\hat{X}|^2] \\ &\geqq E[|\tilde{X}_{n,k}|^2] = \sum_{j=0}^{k-1}|c_j|^2\end{aligned}$$

が成り立つ．上式は $\hat{X}=\hat{X}_{n,k}$ のときに限って等式となる．このことは最良予測値は

$$E[X_{n+k}|X_j,\ j\leqq n]=\hat{X}_{n,k}=\sum_{j=-\infty}^{n}c_{n+k-j}\xi_j \tag{3.1.17}$$

であり，最小予測誤差 ε_k^2 は

$$\varepsilon_k^2=E[|X_{n+k}-\hat{X}_{n,k}|^2]=\sum_{j=0}^{k-1}|c_j|^2$$

であることを示している．なお係数 c_j は，X のスペクトル密度関数を $f(\lambda)$ とするとき，単位円内の解析関数

$$\sqrt{2\pi}\exp\left\{\frac{1}{4\pi}\int_{-\pi}^{\pi}\frac{e^{-i\lambda}+z}{e^{-i\lambda}-z}\log f(\lambda)d\lambda\right\}\equiv\sum_{j=0}^{\infty}c_jz^j \tag{3.1.18}$$

の Taylor 展開の係数として与えられることが知られている．特に上式で $z=0$ とおき

$$c_0=\sqrt{2\pi}\exp\left\{\frac{1}{4\pi}\int_{-\pi}^{\pi}\log f(\lambda)d\lambda\right\} \tag{3.1.19}$$

を得る．ここで最小予測誤差と相互情報量の関係について触れておく．X_{n+k} と $X_n^-\equiv(X_n, X_{n-1}, \cdots)$ の間の相互情報量は

$$I(X_{n+k}, X_n^-)=I(X_{n+k}, \hat{X}_{n,k})=\frac{1}{2}\log\frac{\gamma_0^2}{\varepsilon_k^2} \tag{3.1.20}$$

であることがわかる．ただし γ_0^2 は X_n の分散である．実際，$\hat{X}_{n,k}$ が与えられたとき X_{n+k} と X_n^- は独立だから，$\rho=\rho(X_{n+k}, \hat{X}_{n,k})$ とおくと，(I.4), (I.6) と (1.7.14) より

$$\begin{aligned}I(X_{n+k}, X_n^-)&=I(X_{n+k}, (X_n^-, \hat{X}_{n,k}))\\&=I(X_{n+k}, \hat{X}_{n,k})=-\frac{1}{2}\log(1-\rho^2)\end{aligned} \tag{3.1.21}$$

である．しかるに容易にわかるように $\rho^2=\dfrac{E[\hat{X}_{n,k}^2]}{E[X_{n+k}^2]}$ であるから，

$$1-\rho^2=\frac{E[X_{n+k}^2]-E[\hat{X}_{n,k}^2]}{E[X_{n+k}^2]}=\frac{\varepsilon_k^2}{\gamma_0^2}$$

であり(3.1.21)より(3.1.20)を得る．

次に定常過程の中で，理論的にもまた応用の面でも重要な位置を占めている移動平均過程と自己回帰過程について述べよう．$X=\{X_n;\ n\in \boldsymbol{Z}\}$を弱定常過程とする．

定義3.1.1　1°)　Xの移動平均表現が

$$X_n=\sum_{k=0}^{m} b_k \xi_{n-k}, \qquad n\in \boldsymbol{Z} \qquad (b_0 b_m \neq 0) \tag{3.1.22}$$

のとき，Xをm**次移動平均過程**(moving average process of order m)という．簡単のために**MA**(m)**過程**ということにする．ただし(3.1.22)において$\xi=\{\xi_k;\ k\in \boldsymbol{Z}\}$は分散1のホワイトノイズである．

2°)　X_nがそれ自身のl時刻にわたる過去，X_k，$n-l\leqq k\leqq n-1$，の1次結合とそれらとは直交するη_nとの和となっている，すなわち

$$X_n=\sum_{j=1}^{l} a_j X_{n-j}+\eta_n, \qquad n\in \boldsymbol{Z} \qquad (a_l \neq 0) \tag{3.1.23}$$

と表わされているとする．ここで$\eta=\{\eta_n;\ n\in \boldsymbol{Z}\}$は分散$\sigma_0^2>0$のホワイトノイズで，$\eta_n$は$X_j$，$j\leqq n-1$，と直交している．このとき$X$を$l$**次自己回帰過程**(autoregressive process of order l)，あるいは簡単に**AR**(l)**過程**という．

3°)　(3.1.22)と(3.1.23)を合せた形

$$X_n=\sum_{j=1}^{l} a_j X_{n-j}+\sum_{k=0}^{m} b_k \xi_{n-k} \qquad (a_l b_0 b_m \neq 0) \tag{3.1.24}$$

で与えられるXを(l,m)**次自己回帰-移動平均過程**，あるいは**ARMA**(l,m)**過程**という．ただし$\xi=\{\xi_k;\ k\in \boldsymbol{Z}\}$は(3.1.14)をみたす分散1のホワイトノイズで，ξ_nはX_j，$j\leqq n-1$，と直交している．

大雑把にいえば，ARの項は過去への従属性を表わし，MAの項は各時刻で新たに加わるランダムな変動を表わしている．後で述べるように，ARMA過程の数学的構造は一般の定常過程の場合に較べ相当簡単である．特にAR過程の場合は解析が容易になる．またすべての純非決定的弱定常過程は(3.1.13)のように表現されるから，次数mを大きくとればMA(m)過程で近似できる．

こういったことが，定常性の認められる現象に対しその確率モデルとしてARMA過程を想定する根拠となっている．さらに§3.3では最大エントロピー原理を用いて，ARモデルを想定する一つの根拠を与える．歴史的にみても，G. U. Yuleが太陽の黒点のWolf数の観測データを解析し，それがAR(2)過程とみなせることを1927年に発表している*)．この研究はその後の定常過程の研究に大きな影響を与えている．なお最近ではARMAモデルの選定に関しては赤池氏の重要な研究があるが，本書ではそれについては触れない．

ARMA過程 $X=\{X_n;\ n\in\boldsymbol{Z}\}$ はスペクトル密度関数 $f(\lambda)$ をもち，そのスペクトル密度関数の型によりMAかARかARMAかが完全に分類できる．

定理 3.1.1 1°) X が(3.1.22)のMA(m)過程のとき

$$f(\lambda)=\frac{1}{2\pi}|B(e^{i\lambda})|^2 \tag{3.1.25}$$

である．ただし $B(z)$ は m 次多項式

$$B(z)=\sum_{k=0}^{m}b_{m-k}z^k \tag{3.1.26}$$

である．

2°) X が(3.1.23)のAR(l)過程のとき

$$f(\lambda)=\frac{\sigma_0^2}{2\pi|A(e^{i\lambda})|^2} \tag{3.1.27}$$

である．ここで $A(z)$ は l 次多項式

$$A(z)=\sum_{j=0}^{l}a_{l-j}z^j \tag{3.1.28}$$

である．ただし $a_0=-1$.

3°) X が(3.1.24)のARMA(l,m)過程のとき

$$f(\lambda)=\frac{1}{2\pi}\left|\frac{B(e^{i\lambda})}{A(e^{i\lambda})}\right|^2 \tag{3.1.29}$$

---

*) Yule[73].

である．ここで $A(z), B(z)$ は (3.1.28), (3.1.26) で与えられる多項式である．

4°)　1°)～3°) はその逆のことも成り立つ．すなわち，X が (3.1.29) のスペクトル密度関数をもてば，X は ARMA (l, m) 過程である．この場合，多項式 $A(z), B(z)$ の係数と表現 (3.1.24) の係数は必ずしも同じではない．ただし多項式 $A(z), B(z)$ を下の［注意］の (i)～(iii) をみたすようにとっておけば，その係数と表現 (3.1.24) の係数は同じである．

［**注意**］(i)　多項式 $A(z), B(z)$ は単位円外には根を持たないとしてよい．実際，任意の複素数 α に対して

$$|e^{i\lambda}-\alpha|^2 = |\alpha|^2\left|e^{i\lambda}-\frac{1}{\bar{\alpha}}\right|^2$$

が成り立つから，$A(z), B(z)$ が $|\alpha|>1$ なる根を持つ場合には，根 α の代りに根 $1/\bar{\alpha}$ を持つ多項式(を定数倍したもの)によって置き換えても $f(\lambda)$ は変らないからである．

(ii)　$A(z)$ は単位円周上には根を持たない．仮に $A(z)$ が $|\alpha|=1$ なる根 α を持つとすると，$E[|X_n|^2]=\gamma_0=\int_{-\pi}^{\pi}f(\lambda)d\lambda<\infty$ に反するからである．

(iii)　3°) において，$A(z)$ と $B(z)$ は共通根を持たないとしてよい．共通根を持つ場合は，実はもっと次数の低い ARMA 過程となっている．

定理 3.1.1 の証明　1°), 2°), 3°) の証明は対応する表現を用いれば同じようにできるので 2°) だけ証明する．(3.1.23) の AR (l) 過程 X のスペクトル分布関数を $F(\lambda)$ とする．$\eta=\{\eta_n;\ n\in \boldsymbol{Z}\}$ はホワイトノイズだからその共分散関数 ρ_n は (3.1.16) より

$$\rho_n = E[\eta_{n+k}\bar{\eta}_k] = \frac{\sigma_0^2}{2\pi}\int_{-\pi}^{\pi} e^{in\lambda}d\lambda, \qquad n\in \boldsymbol{Z} \tag{3.1.30}$$

である．一方 (3.1.23) を使えば

$$\begin{aligned}\rho_n &= E\Big[\sum_{p=0}^{l} a_p X_{n+k-p}\sum_{q=0}^{l}\bar{a}_q\bar{X}_{k-q}\Big]\\ &= \int_{-\pi}^{\pi}|A(e^{i\lambda})|^2 e^{in\lambda}dF(\lambda), \qquad n\in \boldsymbol{Z}\end{aligned} \tag{3.1.31}$$

がわかる．(3.1.30), (3.1.31)はすべての n に対して成り立つから，$F(\lambda)$ は絶対連続でその密度関数 $f(\lambda)$ は(3.1.27)で与えられる．

4°)　X は(3.1.29)のスペクトル密度関数をもち，多項式 $A(z), B(z)$ は［注意］の(i)〜(iii)をみたすものとする．このとき

$$\eta_n = -\sum_{j=0}^{l} a_j X_{n-j}\,(a_0=-1), \qquad n \in \boldsymbol{Z}$$

とおくと，$\{\eta_n\}$ は $E[\eta_n \overline{X}_j]=0,\ j<n-m,\ E[\eta_n\overline{\eta}_j]=0,\ |n-j|>m$, および $E[\eta_n\overline{\eta}_{n-m}]\neq 0$ をみたす定常過程である．このことから $E[\xi_n\overline{X}_j]=0,\ j\leqq n-1$, なる分散1のホワイトノイズ $\{\xi_n\}$ があって $\eta_n=\sum_{k=0}^{m} b_k\xi_{n-k}$ とできることがわかる．よって X は(3.1.24)のように表現される．　∎

AR(l) 過程は l 次以下の共分散 $\gamma_0, \gamma_1, \cdots, \gamma_l$ を指定すればすべての共分散が決まってしまうことが示せる．X を(3.1.23)の AR(l) 過程とする．$E[\eta_n X_{n-k}]=0\,(k>0)$ だから(3.1.23)の両辺に $\overline{X}_{n-k}$ をかけて平均をとれば

$$\gamma_k = \sum_{j=1}^{l} a_j \gamma_{k-j}, \qquad k>0 \tag{3.1.32}$$

を得る．特に $k=1, \cdots, l+1$ として得られる連立方程式

$$\begin{cases} \gamma_1 \quad -a_1\gamma_0 - a_2\overline{\gamma}_1 \quad -\cdots - a_l\overline{\gamma}_{l-1} = 0 \\ \gamma_2 \quad -a_1\gamma_1 - a_2\gamma_0 \quad -\cdots - a_l\overline{\gamma}_{l-2} = 0 \\ \qquad \cdots \\ \gamma_{l+1} - a_1\gamma_l - a_2\gamma_{l-1} - \cdots - a_l\gamma_1 \quad = 0 \end{cases} \tag{3.1.33}$$

は **Yule-Walker 方程式**と呼ばれている((3.1.3)に注意)．$a_0=-1, a_1, \cdots, a_l$ を(3.1.33)の解とみれば，係数の作る行列式は0でなければならないから，

$$\begin{vmatrix} \gamma_1 & \gamma_0 & \overline{\gamma}_1 & \cdots & \overline{\gamma}_{l-1} \\ \gamma_2 & \gamma_1 & \gamma_0 & \cdots & \overline{\gamma}_{l-2} \\ & \cdots & & & \\ \gamma_{l+1} & \gamma_l & \gamma_{l-1} & \cdots & \gamma_1 \end{vmatrix} = 0 \tag{3.1.34}$$

である．故に γ_{l+1} は(3.1.34)により $\gamma_0, \cdots, \gamma_l$ から計算できる．同様に γ_{l+k} $(k\geqq 1)$ は $\gamma_{k-1}, \cdots, \gamma_{l+k-1}$ から計算でき，結局は $\gamma_0, \cdots, \gamma_l$ から決まる．

そこで今度は最初に $\gamma_0, \cdots, \gamma_l$ が与えられたとしよう．γ_{l+k} $(k \geqq 1)$ を上のようにして $\gamma_0, \cdots, \gamma_l$ から決める．$(\gamma_0, \cdots, \gamma_l)$ は正定値である[*]とする．このとき $(\gamma_0, \gamma_1, \gamma_2, \cdots)$ も正定値となり，γ_n, $n \in \boldsymbol{Z}$, が実数のときこれを共分散関数にもつ平均0の定常 Gauss 過程 $X=\{X_n;\ n \in \boldsymbol{Z}\}$ がただ一つ存在する．係数 $a_1, \cdots, a_l$ を(3.1.33)の解とすると(3.1.32)が成り立ち，X は表現(3.1.23)を持つ高々 l 次の AR 過程であることがわかる($a_l \neq 0$ ならばちょうど l 次である)．以上のことをまとめると次のようになる．

定理 3.1.2　$\gamma_0, \cdots, \gamma_l$ を $(\gamma_0, \cdots, \gamma_l)$ が正定値であるような実数とすると，γ_n $(n=0, \cdots, l)$ を n 次の共分散にもつ平均0の高々 l 次 AR の Gauss 過程 $X=\{X_n;\ n \in \boldsymbol{Z}\}$ がただ一つ存在する．

確率過程の重要な性質に Markov 性がある．定常過程の場合，多重 Markov 性と ARMA 過程とは密接な関係がある．直観的にいえば，確率過程 $X=\{X_n\}$ は $X_n, \cdots, X_{n-N+1}$ が与えられたときそれより“未来” X_{n+k} $(k>0)$ と“過去” X_{n-N-l} $(l \geqq 0)$ が独立のとき N 重 Markov 過程というのである．特に $N=1$ のときは，単に Markov 過程といわれとりわけよく研究されている．多重 Markov 過程の正確な定義を与えよう．Markov 性は定常性とは独立した概念なので，この定義において X は定常過程とは限らない．

定義 3.1.2　確率過程 $X=\{X_n\}$ は，任意の n, x に対し条件付確率が

$$P(X_{n+1} \leqq x \mid X_n, X_{n-1}, \cdots)$$
$$= P(X_{n+1} \leqq x \mid X_n, \cdots, X_{n-N+1}) \qquad (\text{a. e. } P) \qquad (3.1.35)$$

をみたすとき，**高々 N 重 Markov 過程**であるという．高々 N 重 Markov 過程であって高々 $N-1$ 重 Markov 過程でないものを N **重 Markov 過程**(N-ple Markov process)という．高々1重 Markov 過程のことを単純 Markov 過程，あるいは単に Markov 過程という．

［**注意**］　独立確率変数列 $X=\{X_n\}$ は，いうなれば0重 Markov 過程に相当す

---

*)　行列 $(\gamma_{i-j})_{i,j=0,\cdots,l}$ (ただし $\gamma_{-k}=\bar{\gamma}_k$) が正定値行列のとき $(\gamma_0, \cdots, \gamma_l)$ は正定値であるといい，すべての l に対し $(\gamma_0, \cdots, \gamma_l)$ が正定値のとき $(\gamma_0, \gamma_1, \gamma_2, \cdots)$ は正定値であるという．

る．普通これもMarkov過程に含める．

なお(3.1.35)から次式が導かれる．

$$P(X_{n+k} \leqq x | X_n, X_{n-1}, \cdots)$$
$$= P(X_{n+k} \leqq x | X_n, \cdots, X_{n-N+1}) \qquad (\text{a. e. } P), \qquad k = 1, 2, \cdots$$

定常Gauss過程の場合，N重Markov過程とAR(N)過程とは同じであることがわかる．$X=\{X_n\}$を表現(3.1.23)(で$l=N$としたもの)をもつAR(N) Gauss過程とすると，η_{n+1}はX_j，$j \leqq n$，と独立だから

$$P(X_{n+1} \leqq x | X_n, X_{n-1}, \cdots) = P\left(\eta_{n+1} \leqq x - \sum_{j=1}^{N} a_j X_{n+1-j} | X_n, \cdots, X_{n-N+1}\right)$$
$$= P(X_{n+1} \leqq x | X_n, \cdots, X_{n-N+1}) \qquad (\text{a. e. } P)$$

が成り立ち，XはN重Markov過程である．さらにこの逆のことも証明できる．それ故，純非決定的定常Gauss過程$X=\{X_n\}$に対し次の同値関係を得る．

　　XはN重Markov過程

$\Longleftrightarrow$　XはAR(N)過程

$\Longleftrightarrow$　Xのスペクトル密度関数は(3.1.27)の型をしている(ただし$l=N$)

連続時間確率過程の場合にも，単純Markov性は今と同じ考え方で定義することができる．しかしN重Markov性については自然に拡張できるとはいい難い．(3.1.35)での過去N時刻における$(X_n, \cdots, X_{n-N+1})$を連続時間の場合にどうとるかが問題となるのである．こういった事情もあって，連続時間の場合の広義N重Markov性の定義(§3.4参照)との関連と離散時間の場合の特殊性も考慮して，次のようなN重Markov性を考える．

定義3.1.3　Gauss過程$X=\{X_n;\ n\in \boldsymbol{Z}\}$は，任意の$n\in \boldsymbol{Z}$，$k\geqq 0$に対し，相続く$N$個の条件付平均値$E[X_{n+i}|X_{n-j},\ j\geqq 0]$，$i=k, \cdots, k+N-1$，は1次独立であるが，$N+1$個の$E[X_{n+i}|X_{n-j},\ j\geqq 0]$，$i=k, \cdots, k+N$，は1次従属であるとき，**広義$N$重Markov過程**という．

Gauss過程の場合，定義3.1.2と3.1.3のものをはっきり区別するために定義3.1.2のものを**狭義N重Markov過程**ということもある．

過去，X_{n-j}，$j\geqq 0$，の観測に基づいて未来，X_{n+i}，$i\geqq 0$，を予測するとき，過去全体を観測しなくとも実際にはある1次独立なN個の量を観測すればよいのが広義N重 Markov 過程である．このN個の量として特に$X_n, \cdots, X_{n-N+1}$がとれるのが狭義N重 Markov 過程である．

定常 Gauss 過程 $X=\{X_n\}$ が広義N重 Markov 過程であるとする．$\hat{X}_k=E[X_k|X_j,\ j\leqq 0]$，$k\geqq 0$，とおく．$\hat{X}_0, \cdots, \hat{X}_N$ は1次従属だから $(a_0, \cdots, a_N)\neq(0, \cdots, 0)$ なる定数 a_k が存在し

$$\sum_{k=0}^{N} a_k \hat{X}_{N-k} = 0 \tag{3.1.36}$$

とできる．$\hat{X}_0, \cdots, \hat{X}_{N-1}$ および $\hat{X}_1, \cdots, \hat{X}_N$ は1次独立だから $a_0 a_N \neq 0$ である．定常過程 $\{\eta_n\}$ を $\eta_n = -\sum_{k=0}^{N} a_k X_{n-k}$ で定義すると，(3.1.36)より $E[\eta_n \overline{X}_k]=0$，$k\leqq n-N$，である．以下定理3.1.1の4°)の証明と全く同じ論法でXが ARMA (N, M) 過程であることがわかる．ただし MA の次数Mは$E[\eta_n\bar{\eta}_{n-m}]\neq 0$なる最大の$m$で，$M<N$である．さらに逆に$X$が ARMA (N, M) 過程（ただし$M<N$）ならば，Xは広義N重 Markov 過程であることも証明できる．そして純非決定的定常 Gauss 過程 $X=\{X_n\}$ に対し次の同値関係が成り立つ．

Xは広義N重 Markov 過程
$\Longleftrightarrow$ $\hat{X}_k$，$k\geqq 0$，の張る $L^2(\Omega, P)$ の部分空間はN次元
$\Longleftrightarrow$ Xは ARMA (N, M) $(M<N)$ 過程
$\Longleftrightarrow$ Xのスペクトル密度関数は(3.1.29)の型をしている（ただし$l=N$，$m=M<N$）

§3.2　定常 Gauss 過程のエントロピー・レート

§1.4で述べたように，定常過程 $X=\{X_n;\ n\in \boldsymbol{Z}\}$ の不確定の度合（確率過程としてのランダムネスの大きさ）はエントロピー・レート $\bar{h}(X)$ によって比較することができる．定理1.3.2の帰結として，与えられた共分散関数（スペクトル分布関数が与えられたといってもよい）をもつ弱定常過程の中では Gauss 過程のエントロピー・レートが最大である．その定常 Gauss 過程のエントロ

ピー・レートはスペクトル密度関数を使って具体的に計算できる.

定理 3.2.1 定常 Gauss 過程 $X=\{X_n;\ n\in \boldsymbol{Z}\}$ を (3.1.11) のように $X_n=X'_n+X''_n$, $n\in\boldsymbol{Z}$, と Wold 分解する. $X''=\{X''_n\}$ は決定的, $X'=\{X'_n\}$ は純非決定的でそのスペクトル密度関数を $f(\lambda)$ とする. このとき

$$\bar{h}(X)=\bar{h}(X')=\frac{1}{4\pi}\int_{-\pi}^{\pi}\log\{4\pi^2 ef(\lambda)\}d\lambda \tag{3.2.1}$$

である.

証明 まず X が純非決定的の場合に証明する. X_n の平均は 0 としてよい. X を (3.1.13) のように移動平均表現する. このとき, 特に

$$X_1=c_0\xi_1+\sum_{j\leqq 0}c_{1-j}\xi_j$$

である. ここで ξ_1 は X_j, $j\leqq 0$, と独立であり, $\sum_{j\leqq 0}c_{1-j}\xi_j\in\mathcal{M}_0(X)$ は X_j, $j\leqq 0$, の関数である. したがって $X_0^-\equiv(X_0, X_{-1}, X_{-2},\cdots)$ が与えられたとき, X_1 は平均 $\sum_{j\leqq 0}c_{1-j}\xi_j$, 分散 $E[(c_0\xi_1)^2]=c_0^2$ の Gauss 分布に従う. 故に (1.4.4), (1.3.4), (3.1.19) より

$$\begin{aligned}\bar{h}(X)&=h(X_1|X_0^-)=h(c_0\xi_1)=\frac{1}{2}\log(2\pi ec_0^2)\\&=\frac{1}{4\pi}\int_{-\pi}^{\pi}\log\{4\pi^2 ef(\lambda)\}d\lambda\end{aligned}$$

を得る. 一般の場合 (3.1.11) のように Wold 分解すると, 任意の k に対し $\mathcal{M}_k(X'')=\bigcap_{n\in\boldsymbol{Z}}\mathcal{M}_n(X'')=\bigcap_{n\in\boldsymbol{Z}}\mathcal{M}_n(X)\subset\bigcap_{n\leqq 0}\mathcal{M}_n(X)$ だから $X_0^-=(X_0, X_{-1}, X_{-2},\cdots)$ が与えられたときすべての X''_k, $k\in\boldsymbol{Z}$, は確定し, それ故 $X'_k=X_k-X''_k$, $k\leqq 0$, も確定する. したがって (1.4.4) より

$$\begin{aligned}\bar{h}(X)&=h(X_1|X_0^-)=h(X'_1|X_0^-)\\&=h(X'_1|(X')_0^-)=\bar{h}(X')\end{aligned}$$

である. $\bar{h}(X')$ が (3.2.1) の右辺に等しいことは上で示した. ∎

［注意］ X が決定的ならば $\bar{h}(X)=0$ である.

ARMA 過程についてはさらに具体的にエントロピー・レートは計算できる.

X を ARMA(l, m) 過程とすると，そのスペクトル密度関数 $f(\lambda)$ は (3.1.29) で与えられる．多項式 $A(z)$ の根を $\alpha_1, \cdots, \alpha_l$, $B(z)$ の根を $\beta_1, \cdots, \beta_m$ とする．前節で注意したように，$|\alpha_j|<1$, $|\beta_k|\leqq 1$ で共通根はないとしてよい．このとき $f(\lambda)$ は

$$f(\lambda)=\frac{b_0^2}{2\pi}\frac{\prod_{k=1}^{m}|e^{i\lambda}-\beta_k|^2}{\prod_{j=1}^{l}|e^{i\lambda}-\alpha_j|^2} \tag{3.2.2}$$

と書ける．

定理 3.2.2　X は (3.2.2) のスペクトル密度関数をもつ ARMA(l, m) Gauss 過程とする．X のエントロピー・レートは次式で与えられる．

$$\bar{h}(X)=\frac{1}{2}\log(2\pi e b_0^2) \tag{3.2.3}$$

証明　(3.2.1), (3.2.2) より

$$\bar{h}(X)=\frac{1}{2}\log(2\pi e b_0^2)+\frac{1}{4\pi}\sum_{k=1}^{m}\int_{-\pi}^{\pi}\log|e^{i\lambda}-\beta_k|^2 d\lambda$$
$$-\frac{1}{4\pi}\sum_{j=1}^{l}\int_{-\pi}^{\pi}\log|e^{i\lambda}-\alpha_j|^2 d\lambda \tag{3.2.4}$$

である．ところが Poisson の積分公式より，$|\alpha|\leqq 1$ のとき

$$\int_{-\pi}^{\pi}\log|e^{i\lambda}-\alpha|^2 d\lambda=0 \tag{3.2.5}$$

である．(3.2.4), (3.2.5) より (3.2.3) を得る．　▮

ここで Gauss 型ホワイトノイズのエントロピー・レートによる特徴づけをしておく．

定理 3.2.3　$\xi=\{\xi_n;\ n\in \boldsymbol{Z}\}$ は分散 σ^2 の Gauss 型ホワイトノイズとする．$X=\{X_n;\ n\in \boldsymbol{Z}\}$ を各 X_n の分散は σ^2 で，すべての $n\geqq 1$ に対し $(X_1, \cdots, X_n)$ が連続分布に従うような確率過程とすると

$$\bar{h}(X)\leqq \bar{h}(\xi)=\frac{1}{2}\log(2\pi e\sigma^2) \tag{3.2.6}$$

である．

証明　エントロピーの性質(h.6)より各nで

$$h(X_1, \cdots, X_n) \leqq \sum_{i=1}^{n} h(X_i) \tag{3.2.7}$$

である(等号は$X_1, \cdots, X_n$が独立のとき)．さらに定理1.3.2と(1.3.4)より

$$h(X_i) \leqq h(\xi_i) = \frac{1}{2}\log(2\pi e\sigma^2) \tag{3.2.8}$$

である(等号はX_iがGauss分布に従うとき)．$\xi=\{\xi_n\}$に対しては(3.2.7), (3.2.8)はともに等号が成り立つ．したがってエントロピー・レートの定義より

$$\begin{aligned}\bar{h}(X) &\leqq \lim_{n\to\infty}\frac{1}{n}\sum_{i=1}^{n} h(\xi_i) = \bar{h}(\xi)\\ &= \frac{1}{2}\log(2\pi e\sigma^2)\end{aligned}$$

となり(3.2.6)が成り立つ．　∎

エントロピーの意味からして，上の定理はGauss型ホワイトノイズが最もランダムネスの高い，言い換えると最もたくさんの情報を内包した確率過程であることを示している．

§3.3　定常過程の最大エントロピー解析

時間とともにランダムに変動する現象を扱うとき，その数学的モデルとしてその現象に対応する確率過程を考える．応用の面からみるとき，その確率過程がどのような確率分布に従っているか完全にわかっていることは少なく，実際の観測によって得られたデータに基づいてこの確率過程の分布を推定することが最初に必要となる．これがモデルの選定の問題である．

時間に関する定常性が認められるランダムな現象を考える．普通観測時間は離散的だから，その数学的モデルとしては離散時間定常過程を考える．本節の目的は§1.5で述べた最大エントロピー原理(ME原理)に基づく定常過程のモ

デルの選定について述べることである．この定常過程の最大エントロピー解析は 1967 年 J. Burg によって提唱された．現在までに得られている結果は，理論的には下に述べる定理 3.3.1 につきるが，これは極めて重要な定理であり，現にいろいろな分野で応用されさらにその応用の範囲も広がりつつある．

定常過程 $X=\{X_n;\ n\in\boldsymbol{Z}\}$ のエントロピー＝不確定の度合はエントロピー・レート $\bar{h}(X)$ によって比較すればよかった．したがって ME 原理を適用する際，エントロピー・レート最大の確率過程をエントロピー最大のものといってよい．

定理 3.3.1　共分散関数 $\gamma_n,\ n\in\boldsymbol{Z}$, のうち $\gamma_0,\cdots,\gamma_l$ の値が知られているものとする．ただし $\gamma_0,\cdots,\gamma_l$ は実数とする．この $\gamma_k,\ 0\leqq k\leqq l$, を k 次の共分散にもつ弱定常過程の中で，エントロピー・レートが最大なものは定理 3.1.2 で定まる高々 l 次の AR Gauss 過程である．

証明　すでに注意したように，同じ共分散をもつ弱定常過程の中では Gauss 過程の場合にエントロピー・レートは最大になる．したがって条件をみたす定常 Gauss 過程の中でエントロピー・レート最大なものを見出せばよい．$X=\{X_n;\ n\in\boldsymbol{Z}\}$ を与えられた $\gamma_k,\ 0\leqq k\leqq l$, を k 次の共分散にもつ勝手な定常 Gauss 過程とする．X_1 は Gauss 分布 $N(0,\gamma_0)$ に従うから (1.4.4), (I.8), (1.3.4) より

$$\begin{aligned}\bar{h}(X) &= h(X_1|X_0^-) = h(X_1)-I(X_1,X_0^-)\\ &= \frac{1}{2}\log(2\pi e\gamma_0)-I(X_1,X_0^-)\end{aligned}\tag{3.3.1}$$

である．したがってエントロピー・レート $\bar{h}(X)$ を最大にすることは，“現在” X_1 と “過去” X_0^- との間の相互情報量 $I(X_1,X_0^-)$ を最小にすることと同値である．ところで $X_{-l}^-=(X_{-l},X_{-l-1},\cdots)$ とすると $X_0^-=((X_0,\cdots,X_{-l+1}),X_{-l}^-)$ だから (I.6) より

$$\begin{aligned}I(X_1,X_0^-) &= I(X_1,(X_0,\cdots,X_{-l+1}))\\ &\quad +I(X_1,X_{-l}^-|X_0,\cdots,X_{-l+1})\end{aligned}\tag{3.3.2}$$

である．仮定より $(X_1,X_0,\cdots,X_{-l+1})$ は共分散行列が $(\gamma_{i-j})_{i,j=1,0,\cdots,-l+1}$（ただし $\gamma_{-k}=\gamma_k$）の Gauss 分布に従うから，定理 1.7.4 より $I(X_1,(X_0,\cdots,X_{-l+1}))$ は

γ_k, $0 \leqq k \leqq l$, だけから決まることがわかる．したがって(3.3.2)と(I.4)より，$I(X_1, X_0^-)$が最小となるためには$I(X_1, X_{-l}^- | X_0, \cdots, X_{-l+1})=0$であればよく，このことは$(X_0, \cdots, X_{-l+1})$が与えられたとき$X_1$と$X_{-l}^-$が独立な場合にのみ成り立つ．この性質は高々$l$重のMarkov性に他ならない．§3.1でみたようにl重Markov過程はAR(l)過程だから定理が成り立つ． ∎

上の証明の要点は，l次までの共分散が与えられた定常Gauss過程に対し次の同値関係が成り立つことである．

エントロピー・レート$\bar{h}(X)$が最大

$\Longleftrightarrow$ 相互情報量$I(X_1, X_0^-)$が最小

$\Longleftrightarrow$ Xはl重Markov過程

$\Longleftrightarrow$ XはAR(l)過程

与えられたγ_k, $0 \leqq k \leqq l$, をk次の共分散にもつAR(l) Gauss過程に対する表現(3.1.23)における係数$a_1, \cdots, a_l$とη_nの分散σ_0^2は次のようにして求まる．$a_1, \cdots, a_l$は(3.1.33)で最後の式を除いたl次連立方程式の解である．よって$\Gamma = (\gamma_{i-j})_{i,j=0,\cdots,l-1}$, Γ_kはΓの第k列を$\begin{pmatrix} \gamma_1 \\ \vdots \\ \gamma_l \end{pmatrix}$で置き換えた行列とし，その行列式を$|\Gamma|, |\Gamma_k|$とすると

$$a_k = \frac{|\Gamma_k|}{|\Gamma|}, \qquad k = 1, \cdots, l$$

である．そして$\eta_n = -\sum_{j=0}^{l} a_j X_{n-j}$ $(a_0 = -1)$だから

$$\sigma_0^2 = \sum_{i,j=0}^{l} a_i a_j \gamma_{i-j}$$

である．さらにXのスペクトル密度関数は(3.1.27)で与えられ，$l+1$次以上の共分散はYule-Walker方程式(3.1.33)から導かれるところの(3.1.34)を使って逐次求めていけばよい．

定常性が認められる現象に対するモデルをAR過程あるいはより一般にARMA過程の中で探すことが実際には多い．しかしこのことの妥当性は，これまで実用的にはともかく理論的に保証されているとはいい難かった．しかる

に上の定理は，§1.5で述べたME原理の意味からして，l次までの共分散が与えられたときAR(l) Gauss過程を想定することが，他の情報は使うことなくしてなし得る唯一の推定であることを意味している．このように上の定理はモデルをAR過程の中から探すことの正当性のひとつの理論的根拠を与えている．この点で極めて重要な定理である．

しかし上の定理からはAR過程しか出てこない．したがって，定常過程のモデル選定にあたっていつでもこの定理を適用すれば良いというわけではない．このことはl次までの共分散の値だけがわかっていてそれ以外のことは何もわかっていないとした前提条件と関係がある．普通，われわれに与えられるのは実確率過程$X=\{X_n\}$をある時間観測して得られる観測値$x_1, \cdots, x_N$である．観測時間Nはlに較べ十分大きいとし，定理3.3.1を適用しようとすれば，その一つの方法は，まず平均値$E[X_n]$に対する推定値$\bar{x}=\frac{1}{N}\sum_{n=1}^{N} x_n$を求め，ついで共分散$\gamma_k$に対する推定値

$$\tilde{\gamma}_k=\frac{1}{N-l}\sum_{n=1}^{N-l}(x_{n+k}-\bar{x})(x_n-\bar{x})^{*)}, \qquad 0 \leqq k \leqq l$$

を計算し，$\gamma_k=\tilde{\gamma}_k$，$0\leqq k\leqq l$，が与えられたとして定理3.3.1を使う方法である**)．しかし観測値$x_1, \cdots, x_N$が与えられたということと，共分散$\gamma_0, \cdots, \gamma_l$の値が与えられたということの間には明らかに隔たりがある．さらには，われわれが直接観測できるのはX自身ではなくXから関連して決まる別の確率過程$Y=\{Y_n\}$であるという場合もあるであろう．このように定理3.3.1の前提条件がいつでも最も自然な前提条件というわけではない．この他に前提条件としてどのような条件が考えられるか？　その条件の下でME原理を適用したらどんな定常過程が得られるか？　これらは今後に残された重要な問題である．

この課題に対する手掛かりとして，ひとつの試みを展開しよう．われわれが観測するのは，もとの定常過程$X=\{X_n\}$ではなく，それをあるシステムに入力

*)　すべてのkに共通に$N-l$個についての平均をとったのは行列$(\tilde{\gamma}_{i-j})_{i,j=0,\dots,l}$が共分散行列となるための条件，正定値性を保証するためである．

**)　この他にもBurgによる方法がある．

したときの出力 $Y=\{Y_n\}$ である場合を考える．具体的にはたとえば，X はダムの上流における降水量，Y はそのダムに流入する水量，といった例を頭に思い浮べればよい．最も基本的かつ簡単なシステムは，β を $|\beta|<1$ なる定数とし，Y が

$$Y_n=\beta^n\sum_{k=-\infty}^{n}\beta^{-k}X_k, \qquad n\in\boldsymbol{Z} \tag{3.3.3}$$

で与えられる場合である．このシステムをパラメーター β の線形システムといおう．次のことがわかる．

補題 3.3.2　弱定常過程 $X=\{X_n\}$ に対し，$Y=\{Y_n\}$ を(3.3.3)で与えると Y も弱定常過程である．X がスペクトル密度関数 $f(\lambda)$ をもてば Y はスペクトル密度関数

$$g(\lambda)=\frac{f(\lambda)}{|1-\beta^{-1}e^{i\lambda}|^2} \tag{3.3.4}$$

をもつ．

証明　X のスペクトル分布関数を $F(\lambda)$ とすると，簡単な計算により(3.3.3)から，任意の $n,j\in\boldsymbol{Z}$ に対し

$$\begin{aligned}E[Y_{n+j}\overline{Y}_j]&=\int_{-\pi}^{\pi}e^{in\lambda}\left|\sum_{k\leqq 0}\beta^{-k}e^{ik\lambda}\right|^2dF(\lambda)\\&=\int_{-\pi}^{\pi}e^{in\lambda}\frac{1}{|1-\beta^{-1}e^{i\lambda}|^2}dF(\lambda)\end{aligned} \tag{3.3.5}$$

が成り立つことがわかる．よって Y は弱定常過程である．X がスペクトル密度関数をもつとき，(3.3.4)は(3.3.5)から明らかである．∎

話をより一般的にするため，図3.1のようにパラメーター β_j $(|\beta_j|<1)$, $j=1,\cdots,m$, の線形システムを直列につないだシステムを考える．最初の入力を定

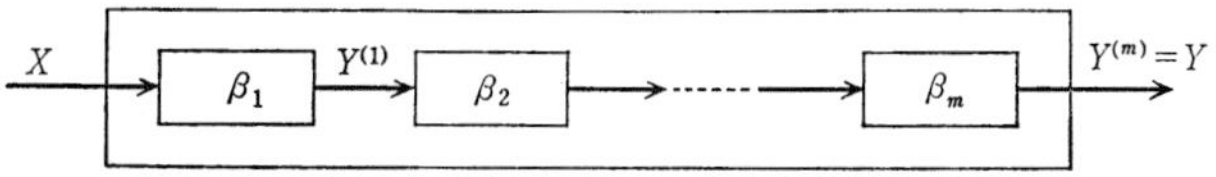

図 3.1　直列式システムの入力と出力

常過程 $X=\{X_n\}$ とし，順番に第 j 番目の出力 $Y^{(j)}=\{Y_n^{(j)}\}$ を第 $j+1$ 番目のシステムに入力し，最後の出力を $Y=\{Y_n\}$，すなわち $Y=Y^{(m)}$ とする．式で書けば

$$Y_n^{(j)}=\beta_j^n\sum_{k\leq n}\beta_j^{-k}Y_k^{(j-1)},\qquad n\in\boldsymbol{Z},\ \ j=1,\cdots,m \tag{3.3.6}$$

である．ただし $Y^{(0)}=X$．補題より出力 Y も定常過程である．出力 Y の l 次までの共分散がわかったとする．この前提条件をみたす入力 X の中でエントロピー最大のものを求める．

定理 3.3.3　上のシステムの出力 Y の共分散関数 ρ_n, $n\in\boldsymbol{Z}$, のうち $\rho_0,\cdots,\rho_l$ の値が知られているものとする．ただし $\rho_0,\cdots,\rho_l$ は実数とする．この条件をみたす Y をシステムの出力とする入力 X の中でエントロピー・レート最大の $X^*=\{X_n^*\}$ はスペクトル密度関数

$$f^*(\lambda)=\frac{c}{\prod_{j=1}^{m}|\beta_j|^2}\frac{\prod_{j=1}^{m}|e^{i\lambda}-\beta_j|^2}{\prod_{k=1}^{l}|e^{i\lambda}-\alpha_k|^2} \tag{3.3.7}$$

をもつ Gauss ARMA 過程である．ただし

$$g^*(\lambda)=\frac{c}{\prod_{k=1}^{l}|e^{i\lambda}-\alpha_k|^2} \tag{3.3.8}$$

は $k\,(0\leq k\leq l)$ 次の共分散が ρ_k の AR (l) 過程のスペクトル密度関数である．

証明　Y を条件をみたす出力とし，対する入力を X とする．エントロピー・レートを最大にするものとしては純非決定的な Gauss 過程だけを考えればよいから，X, Y は各々スペクトル密度関数 $f(\lambda), g(\lambda)$ をもつ Gauss 過程とする．補題 3.3.2 より

$$f(\lambda)=|\varphi(\lambda)|^2g(\lambda),\qquad \varphi(\lambda)=\prod_{j=1}^{m}\beta_j^{-1}(e^{i\lambda}-\beta_j) \tag{3.3.9}$$

である．$f^*(\lambda), g^*(\lambda)$ も上の関係をみたすから，入力 X^* に対する出力 $Y^*=\{Y_n^*\}$ は $g^*(\lambda)$ をスペクトル密度関数にもつ Gauss 過程である．さらに定理

3.3.1より，Y^*は条件をみたす出力Yの中でエントロピー・レート最大のものである：

$$\bar{h}(Y) \leqq \bar{h}(Y^*) \tag{3.3.10}$$

よって(3.2.1), (3.3.9), (3.3.10)より

$$\begin{aligned}\bar{h}(X) &= \bar{h}(Y)+\frac{1}{4\pi}\int_{-\pi}^{\pi}\log|\varphi(\lambda)|^2 d\lambda \\ &\leqq \bar{h}(Y^*)+\frac{1}{4\pi}\int_{-\pi}^{\pi}\log|\varphi(\lambda)|^2 d\lambda = \bar{h}(X^*)\end{aligned}$$

である．故にX^*が$\bar{h}(X)$を最大にするものである． ▍

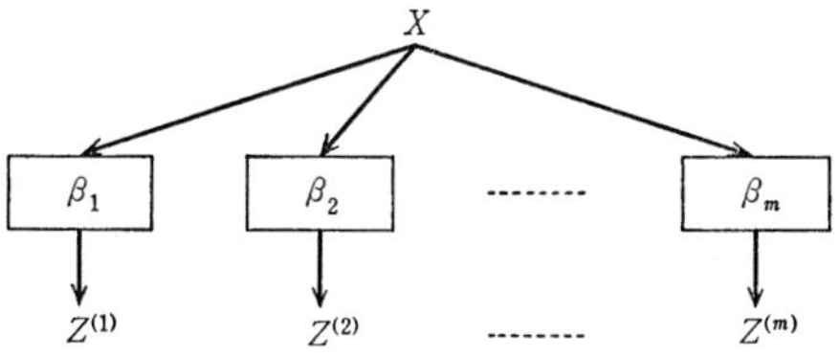

図3.2 並列式システムの入力と出力

この定理の前提条件については，別の解釈もできる．図3.1とは対照的に，図3.2のようにパラメーター$\beta_j\,(j=1,\cdots,m)$の線形システムを並列したものを考える．各システムに定常過程$X=\{X_n\}$を入力し，その出力を$Z^{(j)}=\{Z_n^{(j)}\}$とする：

$$Z_n^{(j)} = \beta_j^n \sum_{k\leqq n}\beta_j^{-k}X_k, \qquad n\in\boldsymbol{Z},\ j=1,\cdots,m$$

Xの共分散関数をγ_n, $n\in\boldsymbol{Z}$, $Z_n^{(j)}$の分散をσ_j^2とする．

$$\begin{aligned}\sigma_j^2 &= E|Z_n^{(j)}|^2 = \sum_{p,q\leqq 0}\beta_j^{-p}\bar{\beta}_j^{-q}\gamma_{p-q} \\ &= (1-|\beta_j|^2)^{-1}\{\gamma_0+\sum_{p\geqq 1}(\beta_j^p+\bar{\beta}_j^p)\gamma_p\}\end{aligned}$$

である．ρ_n, $n\in\boldsymbol{Z}$, を定理3.3.3のものとすると，実は$(\gamma_0,\cdots,\gamma_n,\sigma_1^2,\cdots,\sigma_m^2)$と$(\rho_0,\cdots,\rho_l)$, ただし$l=n+m$, の間には1対1の対応が成立している．したがって定理3.3.3の$\rho_0,\cdots,\rho_l$が与えられたとする前提条件は，$X=\{X_n\}$の言

葉でいえば X の n 次までの共分散 $\gamma_0, \cdots, \gamma_n$ および $\gamma_0 + \sum_{p\geqq 1}(\beta_j^p + \bar{\beta}_j^p)\gamma_p$, $j=1, \cdots, m$, が与えられたということと同等である．

§3.4　連続時間定常過程

本節では連続時間定常過程，特に定常 Gauss 過程の性質について述べる．離散時間定常過程の場合と異なる面も多いが，ある程度までは平行した議論ができる．ここでもいくつかの事実は証明なしに述べる．

$X=\{X(t);\ t\in \boldsymbol{R}\}$ は弱定常過程とする．各 $t\in \boldsymbol{R}$ に対し $X(t)\equiv X(t,\omega)$ $(\omega\in\Omega)$ は確率空間 $(\Omega, \mathcal{B}, P)$ 上で定義された複素確率変数とする．弱定常性より $X(t)$ の平均値

$$E[X(t)] = \int_\Omega X(t,\omega)dP(\omega) = a$$

は $t\in \boldsymbol{R}$ に無関係であり，$X(t+s)$ と $X(s)$ の共分散

$$E[(X(t+s)-a)\overline{(X(s)-a)}] = \gamma(t), \qquad t\in \boldsymbol{R}$$

は $s\in \boldsymbol{R}$ に依らない．なお議論の一般性を失うことなく平均値は $E[X(t)]=a=0$ と仮定してよい．$L^2(\Omega, P)$ において，$X(s)$, $s\in \boldsymbol{R}$, の張る部分空間を $\mathcal{M}(X)$, $X(s)$, $s\leqq t$, の張る部分空間を $\mathcal{M}_t(X)$ と記す．

スペクトル分解については，スペクトルの存在区間が $[-\pi, \pi]$ から $\boldsymbol{R}\equiv(-\infty, \infty)$ に変るだけで，離散時間の場合と同じことが成り立つ．共分散関数 $\gamma(t)$, $t\in \boldsymbol{R}$, は $F(-\infty)\equiv \lim_{\lambda\to-\infty} F(\lambda)=0$, $F(\infty)\equiv\lim_{\lambda\to\infty} F(\lambda)=\gamma(0)$ なる単調非減少右連続関数 $F(\lambda)$, $\lambda\in \boldsymbol{R}$, を使って

$$\gamma(t) = \int_{-\infty}^{\infty} e^{it\lambda}dF(\lambda), \qquad t\in \boldsymbol{R} \tag{3.4.1}$$

とスペクトル分解される．$F(\lambda)$ を X のスペクトル分布関数という．$F(\lambda)$ が絶対連続のときにはスペクトル密度関数 $f(\lambda)$ を使って

$$\gamma(t) = \int_{-\infty}^{\infty} e^{it\lambda}f(\lambda)d\lambda, \qquad t\in \boldsymbol{R}$$

と書ける．さらに X 自身が(3.1.7), (3.1.9)をみたすランダム測度 $\{d\zeta(\lambda);\ \lambda\in$

$\boldsymbol{R}\}$ を使い

$$X(t) = \int_{-\infty}^{\infty} e^{it\lambda} d\zeta(\lambda) \tag{3.4.2}$$

とスペクトル表現される．右辺の積分は(3.1.6)と同じ意味の確率積分である．弱定常過程 X は $\bigcap_{t\in\boldsymbol{R}} \mathcal{M}_t(X)=\{0\}$ のとき純非決定的，任意の $s,t\in\boldsymbol{R}$ に対し $\mathcal{M}_s(X)=\mathcal{M}_t(X)$ のとき決定的という．Wold の分解は離散時間の場合と同様にできる．X が純非決定的であるための必要十分条件は X が

$$\left|\int_{-\infty}^{\infty} \frac{\log f(\lambda)}{1+\lambda^2} d\lambda\right| < \infty \tag{3.4.3}$$

をみたすスペクトル密度関数 $f(\lambda)$ をもつことである．

純非決定的定常 Gauss 過程 $X=\{X(t);\ t\in\boldsymbol{R}\}$ は Wiener 積分(付録§A.3参照)により

$$X(t) = \int_{-\infty}^{t} G(t-u) dB(u), \qquad t \in \boldsymbol{R} \tag{3.4.4}$$

と表現できる．ここで，$G(t)$ は標準核とよばれる実関数，$\{B(t);\ t\in\boldsymbol{R}\}$ は Brown 運動であり，

$$\mathcal{M}_t(X) = \mathcal{M}_t(B), \qquad t \in \boldsymbol{R} \tag{3.4.5}$$

である．普通 Brown 運動は第1章例4.1のように $t\geqq 0$ だけで考えるが，ここでは Brown 運動は $E[B(t)]=0$,

$$E[(B(t)-B(s))^2] = |t-s|, \qquad s,t \in \boldsymbol{R} \tag{3.4.6}$$

かつ $s\leqq t\leqq u\leqq v$ のとき $B(t)-B(s)$ と $B(v)-B(u)$ は独立であるように $t\in\boldsymbol{R}$ にまで拡張した Gauss 過程である．直観的にいえば，(3.4.5)は $\{B(s);\ s\leqq t\}$ が $\{X(s);\ s\leqq t\}$ と同じ情報を含んでいることを意味している．表現(3.4.4)を定常 Gauss 過程 X の(Lévy-Hida-Cramér)の標準表現という．

離散時間の場合と同様に，標準表現を使って予測の問題を解くことができる．X を(3.4.4)と標準表現された定常 Gauss 過程とする．$X(s)$, $s\leqq 0$, を観測しそれに基づいて $X(t)$ $(t>0)$ の値を予測するものとする．予測誤差は2乗平均で測ることにする．$\int_0^t G(t-u)dB(u)$ が $B(s)$, $s\leqq 0$, と独立なことと(3.4.4)よ

り，予測誤差を最小にする $X(t)$ に対する最良予測値 $\hat{X}(t)$ は

$$\hat{X}(t) = E[X(t)\,|\,X(s),\ \ s\leqq 0] = \int_{-\infty}^{0} G(t-u)dB(u) \qquad (3.4.7)$$

で与えられ，このときの最小予測誤差 $\varepsilon(t)^2$ は

$$\begin{aligned}\varepsilon(t)^2 &= E[\,|X(t)-\hat{X}(t)|^2] = E\left[\left|\int_0^t G(t-u)dB(u)\right|^2\right] \\ &= \int_0^t |G(t-u)|^2 du \qquad (3.4.8)\end{aligned}$$

であることがわかる．

さらに，“未来” $X(t)$ $(t>0)$ と “過去” $X_0^- = \{X(s);\ s\leqq 0\}$ の間の相互情報量 $I(X(t), X_0^-)$ が上の予測誤差 $\varepsilon(t)^2$ を使って計算できる．

定理 3.4.1　$X=\{X(t);\ t\in \boldsymbol{R}\}$ を (3.4.4) で標準表現された純非決定的定常 Gauss 過程とすると

$$\begin{aligned}I(X(t), X_0^-) &= \frac{1}{2}\log\frac{\gamma(0)}{\varepsilon(t)^2} \\ &= \frac{1}{2}\log\frac{\gamma(0)}{\displaystyle\int_0^t |G(u)|^2 du}, \qquad t>0 \qquad (3.4.9)\end{aligned}$$

である．ただし $\gamma(t)$ は X の共分散関数である．

証明　条件付平均値 $\hat{X}(t)$ が与えられたとき $X(t)$ と X_0^- は独立であるから，(I.4) と (I.6) より

$$I(X(t), X_0^-) = I(X(t), (\hat{X}(t), X_0^-)) = I(X(t), \hat{X}(t)) \qquad (3.4.10)$$

である．$X(t)-\hat{X}(t)$ と $\hat{X}(t)$ が独立なことから，$X(t)$ と $\hat{X}(t)$ の相関係数 $\rho(X(t), \hat{X}(t))$ に対し

$$\rho(X(t), \hat{X}(t))^2 = \frac{\gamma(0)-\varepsilon(t)^2}{\gamma(0)} \qquad (3.4.11)$$

であることが容易にわかる．したがって，(3.4.10), (1.7.14), (3.4.11) より (3.4.9) を得る．　∎

ところで連続時間の場合エントロピーあるいはエントロピー・レートの十分

納得のいく定義はこれまでのところ得られていない．最大エントロピー解析を連続時間の場合にまで拡げるためにも，連続時間定常過程のエントロピーをどう定義するかは残された重要な問題である．

多重 Markov 性についても，離散時間の場合とは異なる面が現われる．Gauss 過程 $X=\{X(t);\ t\in\boldsymbol{R}\}$（定常過程とは限らない）の多重 Markov 性については次のように二通りの定義がある．

定義 3.4.1　1°）任意の $t\in\boldsymbol{R}$ において $X(t)$ の $L^2(\Omega, P)$ の意味での $N-1$ 回までの微分 $X'(t), X^{(2)}(t), \cdots, X^{(N-1)}(t)$ が存在し，任意の $x, t\in\boldsymbol{R}$, $s>0$ に対し条件付確率が

$$P(X(s+t)\leqq x\,|\,X(u),\ u\leqq t)$$
$$=P(X(s+t)\leqq x\,|\,X(t), X'(t), \cdots, X^{(N-1)}(t))\qquad (\text{a. e. } P)$$

をみたすとき，X は狭義高々 N 重 Markov 過程という．狭義高々 N 重であって $N-1$ 重ではないとき**狭義 N 重 Markov 過程**という．狭義高々 1 重のとき（単純）**Markov 過程**という．ただし $\lim_{h\to 0} E\left[\left|\frac{1}{h}\{X(t+h)-X(t)\}-X'(t)\right|^2\right]=0$ となる $X'(t)\in L^2(\Omega, P)$ を $L^2(\Omega, P)$ の意味での微分という．

2°）任意の $t_0\leqq t_1<\cdots<t_N<t_{N+1}$ に対し，$E[X(t_i)\,|\,X(u), u\leqq t_0]$, $i=1, \cdots, N$, は $\mathcal{M}(X)$ において 1 次独立であり，$E[X(t_i)\,|\,X(u),\ u\leqq t_0]$, $i=1, \cdots, N+1$, は 1 次従属であるとき，X は**広義 N 重 Markov 過程**という．

離散時間のときの Markov 性と較べてみると，広義 Markov 性の定義は定義 3.1.3 の自然な拡張となっている．一方狭義 Markov 性の定義は，確かに定義 3.1.2 の一つの拡張ではあるが，Markov 性が本来時間の推移するときの確率過程の従属性に関する性質であるのに，一見それとは無関係な微分可能性を仮定して定義している点でいささか不満が残るのである．連続時間と離散時間の Markov 性の関連については次節でさらに議論を深める．

定常 Gauss 過程の多重 Markov 性については次のことが知られている．純非決定的定常 Gauss 過程 X が広義 N 重 Markov 過程であるための必要十分条件は，X のスペクトル密度関数 $f(\lambda)$ が共通根を持たない N 次多項式 $A(z)=a_0\prod_{j=1}^{N}(z+\alpha_j)$ と $M(<N)$ 次多項式 $B(z)=b_0\prod_{j=1}^{M}(z+\beta_j)$ により

$$f(\lambda)=\left|\frac{B(i\lambda)}{A(i\lambda)}\right|^2=\left|\frac{b_0}{a_0}\right|^2\frac{\prod_{j=1}^{M}|i\lambda+\beta_j|^2}{\prod_{j=1}^{N}|i\lambda+\alpha_j|^2} \tag{3.4.12}$$

と書けることである．ただし $\mathrm{Re}\,\alpha_j<0$, $\mathrm{Re}\,\beta_j\leqq 0$ ($\mathrm{Re}\,z$ は z の実数部分)，$a_0b_0\neq 0$ である．また X が狭義 N 重 Markov 過程であるための必要十分条件は，X のスペクトル密度関数が(3.4.12)で $B(z)\equiv 1$ とした

$$f(\lambda)=\frac{1}{|A(i\lambda)|^2}=\frac{1}{|a_0|^2\prod_{j=1}^{N}|i\lambda+\alpha_j|^2} \tag{3.4.13}$$

の型で与えられることである．したがって，狭義 N 重 Markov 過程は広義 N 重 Markov 過程の特別の場合である．なお(3.4.12)の密度関数と標準表現における標準核との間には次の関係がある．

$$\frac{B(i\lambda)}{A(i\lambda)}=\frac{1}{\sqrt{2\pi}}\int_0^\infty e^{-i\lambda t}G(t)dt$$

ここで具体的な例をいくつかあげておこう．

例 4.1　標準表現が

$$X(t)=b\int_{-\infty}^{t}e^{-a(t-u)}dB(u)\qquad (a>0,\ b\neq 0 \text{ は実数})$$

の定常 Gauss 過程 X のスペクトル密度関数は

$$f(\lambda)=\frac{b^2}{2\pi(\lambda^2+a^2)}=\frac{b^2}{2\pi|i\lambda-a|^2}$$

であり，X は単純 Markov 過程である．この X は Ornstein-Uhlenbeck の Brown 運動とよばれている．X は次の形式的な確率微分方程式をみたす．

$$X'(t)+aX(t)=b\dot{B}(t) \tag{3.4.14$^{*)}$}$$

例 4.2　標準表現が

---

*)　Brown 運動 $B(t)\equiv B(t,\omega)$ は $\omega\in\Omega$ を固定したとき t の関数として微分不可能である．また $L^2(\Omega,P)$ の意味でも微分できない．本書では詳しくは述べないが，$\dot{B}(t)$ は別の意味づけ(超関数の意味による)による微分を表わす．

$$X(t) = \int_{-\infty}^{t} \{e^{-(t-u)} - e^{-2(t-u)}\} dB(u)$$

のとき，X のスペクトル密度関数は

$$f(\lambda) = \frac{1}{2\pi(\lambda^2+1)(\lambda^2+4)}$$

であり，X は狭義 2 重 Markov 過程である．X は次の形式的な確率微分方程式をみたす．

$$X''(t) + 3X'(t) + 2X(t) = \dot{B}(t)$$

この式は離散時間の AR (2) 過程の表現((3.1.23)参照)に対応していると考えられる．

例 4.3 標準表現が

$$X(t) = \int_{-\infty}^{t} \{2e^{-(t-u)} - e^{-2(t-u)}\} dB(u)$$

のとき，X のスペクトル密度関数は

$$f(\lambda) = \frac{\lambda^2+9}{2\pi(\lambda^2+1)(\lambda^2+4)}$$

であり，X は広義 2 重 Markov 過程である．

§3.5 連続時間定常過程の離散時間観測

本来時間のパラメーターは連続的に動くと考えるべき現象であっても，実際のわれわれの観測は離散的になされるのが普通である．考えている現象を記述する数学的モデルが連続時間定常過程 $X=\{X(t);\ t\in \boldsymbol{R}\}$ であるとし，この現象を離散的に，簡単のため等しい時間(＝h とする)間隔で，観測するものとする．このとき観測される現象を記述するのは離散時間定常過程 $X^{(h)}=\{X_n^{(h)}\equiv X(nh);\ n\in \boldsymbol{Z}\}$ である．$X^{(h)}$ のことを X の(時間間隔 h の)**離散化過程**という．応用上は，実際の観測データから $X^{(h)}$ の性質を推定し，それでもって X の構造を推定するわけである．それ故 X と $X^{(h)}$ の関係を調べ，X の性質が $X^{(h)}$ にどのように反映しているかを知ることは重要である．本節では共分散関数，スペクトル密度関数，Markov 性についてこのことを見ていく．

$X=\{X(t);\ t\in \boldsymbol{R}\}$ を純非決定的定常過程としその共分散関数を $\gamma(t)$，スペクトル密度関数を $f(\lambda)$ とする．X の時間間隔 h の離散化過程 $X^{(h)}$ の共分散関数を $\gamma_n^{(h)}$ とする．明らかに

$$\gamma_n^{(h)} = \gamma(nh), \qquad n\in \boldsymbol{Z} \tag{3.5.1}$$

である．したがって，任意の $n\in \boldsymbol{Z}$ に対し

$$\begin{aligned}\gamma_n^{(h)} &= \int_{-\infty}^{\infty} e^{inh\lambda} f(\lambda)d\lambda = \frac{1}{h}\sum_{k=-\infty}^{\infty}\int_{(2k-1)\pi}^{(2k+1)\pi} e^{in\lambda} f\left(\frac{\lambda}{h}\right)d\lambda \\ &= \frac{1}{h}\int_{-\pi}^{\pi} e^{in\lambda}\sum_{k=-\infty}^{\infty} f\left(\frac{\lambda+2k\pi}{h}\right)d\lambda\end{aligned}$$

が成り立つ．故に $X^{(h)}$ はスペクトル密度関数

$$f^{(h)}(\lambda) = \frac{1}{h}\sum_{k=-\infty}^{\infty} f\left(\frac{\lambda+2k\pi}{h}\right) \tag{3.5.2}$$

をもつ．

時間離散化するとき，広義 Markov 性は離散化過程へ遺伝するが，狭義 Markov 性は遺伝しないことが示される．まず単純 Markov 過程の場合を調べてみよう．Markov 定常 Gauss 過程 $X=\{X(t);\ t\in \boldsymbol{R}\}$ のスペクトル密度関数は

$$f(\lambda) = \frac{a^2}{\lambda^2+b^2} \qquad (a, b>0) \tag{3.5.3}$$

の型をしている．このとき離散化過程 $X^{(h)}$ のスペクトル密度関数は(3.5.1)より

$$f^{(h)}(\lambda) = \frac{1}{2\pi}\sum_{n=-\infty}^{\infty}\gamma(nh)e^{in\lambda}$$

であるが，右辺の級数を計算し次式を得る．

$$f^{(h)}(\lambda) = \frac{a^2(e^{2hb}-1)}{2b|e^{hb}-e^{i\lambda}|^2} \tag{3.5.4}$$

したがって(3.1.27)より，$X^{(h)}$ は AR(1) 過程，すなわち Markov 過程である．

多重 Markov 性については次のことが成り立つ.

定理 3.5.1　純非決定的な定常 Gauss 過程 $X=\{X(t);\ t\in\boldsymbol{R}\}$ が広義 N 重 Markov 過程ならば, X の離散化過程 $X^{(h)}=\{X_n^{(h)};\ n\in\boldsymbol{Z}\}$ も広義 N 重 Markov 過程である. しかしながら X が狭義 N 重 Markov 過程であっても, $X^{(h)}$ は狭義 Markov 過程とは限らない.

証明　X を広義 N 重 Markov 過程とすると, スペクトル密度関数 $f(\lambda)$ は (3.4.12) で与えられる. $\alpha_1, \cdots, \alpha_N$ がたがいに異なるときには

$$f(\lambda)=\sum_{j=1}^{N}\frac{c_j}{|i\lambda+\alpha_j|^2}$$

と書き直すことができる. ここで $a_j=-\mathrm{Re}\,\alpha_j>0$. このとき (3.5.3) から (3.5.4) を導いたのと同様に, $X^{(h)}$ のスペクトル密度関数が

$$f^{(h)}(\lambda)=\frac{1}{2}\sum_{j=1}^{N}\frac{c_j(|e^{h\alpha_j}|^2-1)}{a_j|e^{h\alpha_j}-e^{i\lambda}|^2} \qquad (3.5.5)$$

であることがわかる. よって $f^{(h)}(\lambda)$ は (3.1.29) の型に書け, $X^{(h)}$ は ARMA (N, m) 過程 $(m<N)$ であり広義 N 重 Markov 過程である. $\alpha_1, \cdots, \alpha_N$ に等しいものがあるときでもこのことは証明できる. 狭義 N 重 Markov 性についてはこうはならないことを, 簡単のため $N=2$ の場合に示そう. X が狭義 2 重 Markov 過程のときそのスペクトル密度関数は (3.4.13) より

$$f(\lambda)=\frac{c_1}{\lambda^2+\alpha_1^2}+\frac{c_2}{\lambda^2+\alpha_2^2}$$

の型に書ける (ここでは α_1, α_2 は正の実数とする). ただし

$$c_1+c_2=0, \qquad c_1\alpha_2^2+c_2\alpha_1^2=c_1(\alpha_2^2-\alpha_1^2)\neq 0 \qquad (3.5.6)$$

である. このとき $X^{(h)}$ のスペクトル密度関数は (3.5.5) と同様に

$$\begin{aligned} f^{(h)}(\lambda)&=\frac{c_1}{2}\left\{\frac{e^{2h\alpha_1}-1}{\alpha_1|e^{h\alpha_1}-e^{i\lambda}|^2}-\frac{e^{2h\alpha_2}-1}{\alpha_2|e^{h\alpha_2}-e^{i\lambda}|^2}\right\} \\ &=\frac{c_1(A_1-2A_2\cos\lambda)}{2\alpha_1\alpha_2|(e^{h\alpha_1}-e^{i\lambda})(e^{h\alpha_2}-e^{i\lambda})|^2} \end{aligned}$$

となる. ここで A_1, A_2 は λ に関係しない定数で, 特に

$$A_2 = \alpha_2 e^{h\alpha_2}(e^{2h\alpha_1}-1)-\alpha_1 e^{h\alpha_1}(e^{2h\alpha_2}-1) \tag{3.5.7}$$

である．$X^{(h)}$ が狭義2重 Markov (=AR (2)) 過程であるためには，(3.1.27) より $A_2=0$ でなければならない．したがって (3.5.7) より

$$\frac{\alpha_2}{\alpha_1} = \frac{e^{h\alpha_1}(e^{2h\alpha_2}-1)}{e^{h\alpha_2}(e^{2h\alpha_1}-1)} = \frac{e^{h\alpha_2}-e^{-h\alpha_2}}{e^{h\alpha_1}-e^{-h\alpha_1}} \tag{3.5.8}$$

でなければならない．関数 $g(x)=e^{hx}-e^{-hx}$ は $x\geqq 0$ で上に凸な関数で $g(0)=0$ だから，(3.5.8) が成り立つのは $\alpha_1=\alpha_2$ のときのみである．しかしこれは (3.5.6) の第2の条件に反する．したがって $X^{(h)}$ は狭義2重 Markov 過程ではあり得ない (広義2重 Markov 過程ではある)．　∎

この定理は，多重 Markov 性の定義として (特に連続時間の場合) 広義 Markov 性の方が狭義 Markov 性より優れている面を示している．

§3.6　帯域制限過程

通信において用いられる信号は，それが音波であれ電波であれ，その周波数帯はある有限の範囲に限定されているのが普通である．このような現象に対する数学的モデルとしてはスペクトルが有限の範囲に限定された，いわゆる帯域制限過程を考えるのである．帯域制限過程を考えることは，数学的には時間離散化過程を考えることと同じであることがわかる．このことを示す定理は標本化定理として知られている．

$X=\{X(t);\ t\in \boldsymbol{R}\}$ を平均0の複素弱定常過程とし，共分散関数を $\gamma(t)$，スペクトル分布関数を $F(\lambda)$ とする．

定義 3.6.1　ある $W>0$ があって，$F(\lambda)$ が

$$F(\lambda) = \begin{cases} F(W) = \gamma(0), & \lambda \geqq W \\ 0, & \lambda < -W \end{cases} \tag{3.6.1}$$

のとき，X は周波数が W に**帯域制限された過程** (band limited process) という．

周波数が πW に帯域制限された過程は時間間隔 $\frac{1}{W}$ の離散化過程 $X^{(1/W)}=\{X_n^{(1/W)}\equiv X(nW^{-1});\ n\in \boldsymbol{Z}\}$ により，すべての時刻 $t\in \boldsymbol{R}$ での $X(t)$ が決定されるという大きな特徴をもっている．

定理 3.6.1(標本化定理) 弱定常過程 $X=\{X(t);\ t\in\boldsymbol{R}\}$ は周波数 πW に帯域制限され，さらに $F((-\infty,\ -\pi W])=F(-\pi W)=0$, $F([\pi W,\ \infty))=\gamma(0)-\lim_{\lambda\uparrow\pi W}F(\lambda)=0$ と仮定する*). このときすべての $t\in\boldsymbol{R}$ で

$$X(t)=\lim_{N\to\infty}\sum_{n=-N}^{N}\frac{\sin\pi W(t-nW^{-1})}{\pi W(t-nW^{-1})}X_n^{(1/W)} \tag{3.6.2}$$

が成り立つ．ただし右辺の収束は $L^2(\Omega,P)$ での収束，すなわち平均収束である．

証明 簡単のため

$$\varphi_n(t)=\frac{\sin\pi W(t-nW^{-1})}{\pi W(t-nW^{-1})},\qquad n\in\boldsymbol{Z} \tag{3.6.3}$$

とおこう．(3.4.1)より

$$\begin{aligned}&E\left[\left|X(t)-\sum_{n=-N}^{N}\varphi_n(t)X_n^{(1/W)}\right|^2\right]\\&=\int_{-\pi W}^{\pi W}\left|e^{it\lambda}-\sum_{-N}^{N}\varphi_n(t)e^{i(n/W)\lambda}\right|^2dF(\lambda)\end{aligned} \tag{3.6.4}$$

が容易にわかる．一方 t を固定し λ の関数 $e^{it\lambda}$ を $[-\pi W,\pi W]$ において $(2\pi W)^{-(1/2)}e^{i(n/W)\lambda}$, $n\in\boldsymbol{Z}$, により Fourier 級数展開すれば，$-\pi W<\lambda<\pi W$ ならば

$$e^{it\lambda}=\lim_{N\to\infty}\sum_{n=-N}^{N}\varphi_n(t)e^{i(n/W)\lambda}$$

となることがわかる($\lambda=\pm\pi W$ のとき右辺は $\cos\pi Wt$ に収束する)．さらに(3.6.4)の右辺の被積分関数は λ に関し有界なことと $F(\lambda)$ に対する仮定より，$N\to\infty$ のとき(3.6.4)の右辺が 0 に収束することがわかる．したがって(3.6.2)が平均収束の意味で成り立つ． ∎

上の定理において，離散化過程 $X^{(1/W)}$ のスペクトル分布関数を $\tilde{F}(\lambda)$ とする

---

*) この仮定がみたされていないときでも，W より少し大きい W' を考えれば(3.6.1)より明らかに $\pm\pi W'$ ではこの仮定はみたされる．だからこの仮定は本質的なものではない．

と

$$\tilde{F}(\lambda) = F(W\lambda), \qquad -\pi \leqq \lambda \leqq \pi \tag{3.6.5}$$

である．実際 $X^{(1/W)}$ の共分散関数を $\tilde{\gamma}_n$ とし，$G(\lambda)=F(W\lambda)$ とおくと任意の $n \in \boldsymbol{Z}$ において

$$\int_{-\pi}^{\pi} e^{in\lambda} d\tilde{F}(\lambda) = \tilde{\gamma}_n = \gamma\left(\frac{n}{W}\right) = \int_{-\pi W}^{\pi W} e^{i(n/W)\lambda} dF(\lambda) = \int_{-\pi}^{\pi} e^{in\lambda} dG(\lambda)$$

が成り立つ．よってスペクトル分布関数の一意性から(3.6.5)を得る．

非定常過程 $X=\{X(t,\omega);\ t\in\boldsymbol{R}\}$ の場合でも，その見本過程*)が確率1で

$$X(\cdot,\omega) \in L^1(\boldsymbol{R}) \cap L^2(\boldsymbol{R}) \tag{3.6.6)**}$$

をみたし，さらにある $W>0$ があって確率1で

$$X(t,\omega) = \int_{-\pi W}^{\pi W} e^{it\lambda} \xi(\lambda;\omega) d\lambda, \qquad t \in \boldsymbol{R} \tag{3.6.7}$$

と表現されているときには，上の定理と類似の標本化定理が成り立つ(証明は省略する)．

定理 3.6.2　非定常過程 $X=\{X(t);\ t\in\boldsymbol{R}\}$ が(3.6.6), (3.6.7)をみたすとき，すべての $t\in\boldsymbol{R}$ で

$$X(t,\omega) = \sum_{n=-\infty}^{\infty} \varphi_n(t) X\left(\frac{n}{W},\omega\right) \qquad (P\text{-a. e. }\omega)$$

が成り立つ．ただし $\varphi_n(t)$ は(3.6.3)の関数である．

最後に標本化定理について大事な注意をしておく．ある有限区間の外では0となる関数 $g(t)$, $t\in\boldsymbol{R}$, を台(support)が有限な関数という．よく知られているように，台が有限な関数 $g(t)$ の Fourier 変換 $\hat{g}(\lambda)$ の台は決して有限にはならない．それ故確率過程 $X=\{X(t);\ t\in\boldsymbol{R}\}$ に対し，時間を有限区間 $[-T,T]$ に制限し，その外では $X(t)=0$ $(t\notin[-T,T])$ としたもの(これを時間制限過程

---

*)　$\omega\in\Omega$ を固定し $X(t,\omega)$ を t の関数とみるとき，それを見本過程あるいは見本関数といい $X(\cdot,\omega)$ で表わす．

**)　$L^p(\boldsymbol{R})$ は $\int_{\boldsymbol{R}} |f(x)|^p dx<\infty$ なる関数 f の全体．この条件の下では $X(\cdot,\omega)$ の Fourier 逆変換が存在する．またこの条件は定常過程に対しては成り立たない．

という）は定常過程でもないし，(3.6.7)も成り立たない．だから時間も帯域も同時に制限された確率過程は存在せず，このような確率過程を考えこれに標本化定理を使うのは正しくない．

第4章　情　報　理　論

情報理論は通信の数学的理論のことである．通信には電信，電話，ラジオ，テレビ，その他多種多様の形態のものがあり，さらに時代とともに多様性を増している．それにもかかわらず，基本的にはこれら多種多様なものが一つの理論の枠組の中で取扱えるのである．本章では通信理論がどのようにして数学的に定式化され，そこにおいてどのようなことが問題となり，どのようなことが重要か，などについて概観する．第5，6章でGauss型の通信系について詳しく調べるが，本章はそこでやっていることの意味を理解するための手助けとなろう．

§4.1では通信系の統一的な模型を与える．§4.2では通信における誤差について述べる．特に伝達される相互情報量との関連をみていく．ついで§4.3では通信路容量，すなわちその通信路を通して送り得る最大の相互情報量，について述べる．

一つの通信路が与えられたとき，その通信路によってある情報を希望する精度で通信できるか否かは，その通信路や情報の形態によらず，本質的には相互情報量によって決まる．このことを§4.4で述べる．

このように情報理論においては，エントロピーから導かれた相互情報量が極めて重要な役割を果している．

§4.1　通信系の数学的模型

本節では通信の数学的定式化を行う．通信とはある情報を適当な手段によりある所から別の所へ伝達することである．ラジオ，テレビ，電話等は通信の身近な例である．現在は人工衛星を使った通信が盛んであるがこれも通信の重要な例である．生物の遺伝情報はデオキシリボ核酸(DNA)によって子孫から子孫へ伝えられるがこれも通信の一つといえる．

最初に重要な注意がある．たとえばラジオが実際に放送する一つの文章は，実は可能なたくさんの文章の中からたまたま選ばれたものと考えられるように，通信において実際に送信される一つの情報は，可能なたくさんの情報の中から選ばれた一つのものとみる必要がある．実際，情報を伝達するためのシステムを設計するにあたっては，具体的などれか一つの情報を頭において設計するようなことはなく，可能性のあるすべての情報のことを考えて設計するのである．数学的にいえば，各々の出現確率が付与された情報の集合を考え，実際の情報はこの集合からその出現確率に従って選ばれたものと考えるのである．さらにいえば，確率変数あるいは確率過程を考え，実際の情報はその実現値として扱うのである．

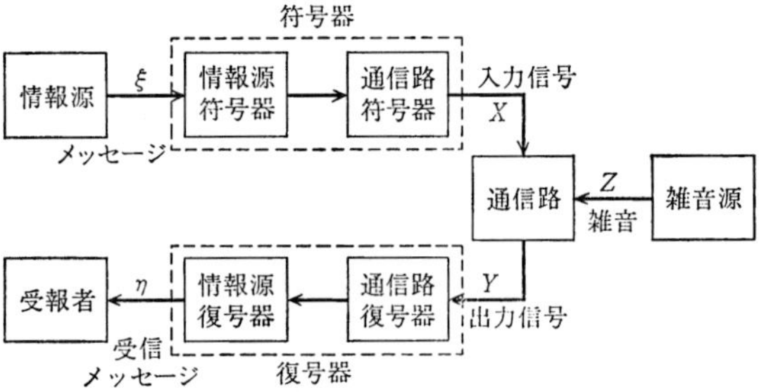

図 4.1　通信系の模型

初めに通信のいくつかの例を挙げたが，こういった通信系に対する模型を考えよう．それは図 4.1 で与えられることがわかる．この図について説明しよう．伝達したい情報のことを**メッセージ**(message)ということにする*)．メッセージを発生する人または装置を**情報源**(information source)という．**通信路**(channel)は信号の伝達に使われる物理的手段を表わしている．たとえばラジオの場合，情報源からのメッセージが日本語の文章であるのに対して，通信路を通して送られる信号は電波であるように，一般にはメッセージをそのまま通

*)　情報という言葉はいろいろな意味で使われているので，混乱を避けるためこの意味の場合はメッセージという用語を使うことにする．

信路に入力することはできない．このためメッセージを通信路に適合した信号に変えるための装置，**符号器**(encoder)が必要である．通信路を通して送られてきた信号を受信し元の型のメッセージに再生する装置が**復号器**(decoder)である．そして再生されたメッセージを**受信メッセージ**(received message)といい，それを受けとる人または装置を**受報者**(destinator)という．符号器で符号化され通信路に入力される信号を**入力信号**(input signal)または**送信信号**(signal to be transmitted)といい，通信路から送り出される信号を**出力信号**(output signal)または**受信信号**(received signal)という．一般に通信路では種々の原因による**雑音**(noise)が作用するので，入力信号に雑音による歪みの加わった信号が受信される．符号器，復号器において，情報源-受報者の特性に依存する部分と通信路の特性に依存する部分を明確に区別するために，図のように情報源符号器，復号器と通信路符号器，復号器に分けて考えた方が好都合なことが多い．

さらに通信系の数学的定式化を進めよう．先に情報(メッセージ)について注意したが，同様に信号や雑音も確率変数あるいは確率過程によって表わされ，実際の信号，雑音はその実現値なのである．図4.1のようにメッセージを確率過程 $\xi=\{\xi_s;\ s\in\boldsymbol{S}\}$，入力信号を $X=\{X_t;\ t\in\boldsymbol{T}\}$，出力信号を $Y=\{Y_t;\ t\in\boldsymbol{T}\}$，受信メッセージを $\eta=\{\eta_s;\ s\in\boldsymbol{S}\}$ で表わすことにする．これらの確率過程は確率空間 $(\Omega,\mathcal{B},P)$ 上で定義されているものとし，$\omega\in\Omega$ の関数であることを明記したいときは $\xi_s\equiv\xi_s(\omega)$ などと書くことにする．なお時間パラメーターの空間 $\boldsymbol{S},\boldsymbol{T}$ としては情報源や通信路の特性に応じて $\boldsymbol{Z}=\{0,\pm1,\pm2,\cdots\}$ あるいは $\boldsymbol{R}=(-\infty,\infty)$ の適当な部分集合をとるものとする．ξ と η，X と Y のパラメーターの空間を同じにとったのは，実際にこのような場合が多いことと，こうすることによっても理論の一般性は損われないからである．$\xi_s(\omega)$ $(\omega\in\Omega,\ s\in\boldsymbol{S})$ のとる値の空間を ξ の状態空間またはアルファベット空間という．たとえば電話の場合メッセージのアルファベット空間は日本語のアルファベットの全体である．ξ,η,X,Y の状態空間は情報源，受報者，通信路の特性に応じて決まる．

入力信号 X はメッセージ ξ を符号化したものだから，数学的にいえば時刻 t

$\in \boldsymbol{T}$ における入力信号 $X_t \equiv X_t(\omega)$ は t と ξ の関数である．したがって直観的には

$$X_t(\omega) = X_t(\{\xi_s(\omega);\ s \in \boldsymbol{S}\}) \tag{4.1.1}$$

と書ける．同様に受信メッセージ $\eta_s \equiv \eta_s(\omega)$ は s と出力信号 Y の関数で

$$\eta_s(\omega) = \eta_s(\{Y_t(\omega);\ t \in \boldsymbol{T}\}) \tag{4.1.2}$$

と書ける．

通信路にまったく雑音がない場合には一つの入力信号にはただ一つの出力信号が対応する．しかし一般には雑音があるため，$X = x \equiv \{x_t;\ t \in \boldsymbol{T}\}$ という信号が入力したとき，出力信号 Y としてどのような信号がどれだけの確率で受信されるかということにより通信路は特徴づけられる．すなわち通信路は X が与えられたときの Y の条件付確率 $P(Y \in B | X)$ あるいは条件付確率分布 $\mu_{Y|X}(B|x) = P(Y \in B | X = x)$ によって特徴づけられる*)．

雑音の作用の仕方で最も典型的なものは加法的に作用する場合である．それは雑音が確率過程 $Z = \{Z_t;\ t \in \boldsymbol{T}\}$ で表わされ，出力信号が

$$Y_t = X_t + Z_t, \quad t \in \boldsymbol{T} \tag{4.1.3}$$

で与えられる場合である．この通信路を**加法的雑音のある通信路**という．特に雑音 $Z = \{Z_t;\ t \in \boldsymbol{T}\}$ が Gauss 過程のとき，通信路(4.1.3)を **Gauss 型通信路** (Gaussian channel) といい，Z のことを **Gauss 型雑音** (Gaussian noise) という．パラメーターの空間 $\boldsymbol{T}$ が，$\boldsymbol{Z}$ またはその部分集合のときには離散(時間)Gauss 型通信路，$\boldsymbol{R}$ またはその部分区間のときには連続(時間) Gauss 型通信路という．

次にフィードバックのある通信路について述べよう．図 4.2 のように，どのような信号が受信されたかを送信側に伝える回路をもっている通信路を**フィードバックのある通信路** (channel with feedback) という．テレビ局の放送者は手元にモニターテレビをおき，実際の画面を見ながら画像を送り出している．これはフィードバックのある通信路の一例である．人工衛星から地上の通信局

---

*)　条件付確率，条件付確率分布について必要なことは§A.2 にまとめてある．

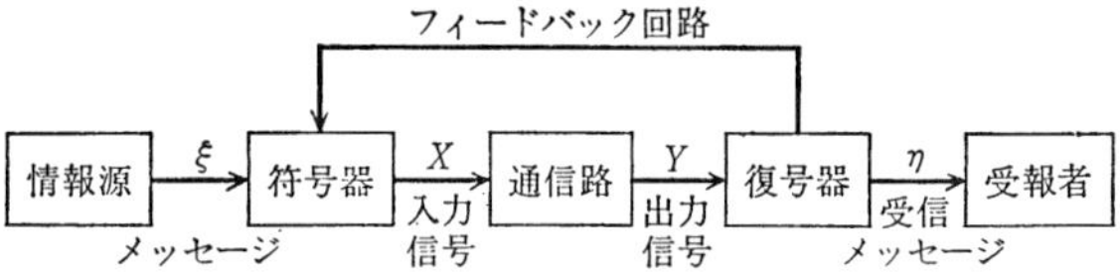

図 4.2 フィードバックのある通信系

への通信に対し，通信の乱れを修正するためなどの必要性から地上局から人工衛星に指令を伝えるが，これはフィードバックに相当する.

フィードバックのある場合入力信号はメッセージとフィードバック回路によって伝えられた出力信号の関数となるから，時刻 $t\in \boldsymbol{T}$ における入力信号 X_t は(4.1.1)の代りに

$$X_t(\omega)=X_t(\{\xi_s(\omega);\ s\in \boldsymbol{S}\},\{Y_u(\omega);\ u<t\}) \qquad (4.1.4)$$

の型をしている．ただし一般的にいえば，フィードバック回路にも雑音が加わることがあり，このときは出力信号 Y がそのまま正確には送信側に伝わらない．またフィードバック通信に時間 $\delta>0$ を必要とすることもあり，このときは(4.1.4)の右辺で $u<t$ を $u<t-\delta$ と置き換えねばならない．入力信号が(4.1.4)の型をしているときには，フィードバックは雑音も時間の遅れもないという.

§4.2 レート・歪み関数

本節ではメッセージ-受信メッセージの組に関する性質について述べる．特に通信の誤差，すなわちメッセージと受信メッセージの間の誤差とメッセージと受信メッセージの間の相互情報量との関連について述べる.

前節と同じ記号を用い，メッセージ，受信メッセージを各々確率過程 $\xi=\{\xi_s;\ s\in \boldsymbol{S}\}$，$\eta=\{\eta_s;\ s\in \boldsymbol{S}\}$ で表わす．ξ と η の状態空間は同じ G とする，すなわち任意の $s\in \boldsymbol{S}$，$\omega\in\Omega$ に対し $\xi_s(\omega), \eta_s(\omega)\in G$ である．そして確率過程 ξ, η を $\boldsymbol{S}$ 上で定義され G の値をとる関数の空間 $\boldsymbol{G}=G^{\boldsymbol{S}}=\{x\equiv\{x(s);\ s\in \boldsymbol{S}\};\ x(s)\in G\}$ の値をとる確率変数とみなし，その確率分布を μ_ξ, μ_η とする．また ξ と η の結合分布を $\mu_{\xi\eta}$ とする.

情報源からのメッセージを受報者の側で完全に再生することは一般には期待できないし，実際問題としてはある許容された誤差の範囲内で再生できれば通信の目的は達せられる．この許容範囲を決める規範を**忠実度規範**(fidelity criterion)という．忠実度規範はメッセージと受信メッセージとの誤差——これを**再生誤差**(reproduction error)または**歪み**(distortion)という——によって与えられる．再生誤差の測り方はいろいろある．実際によく使われる具体例をあげよう．

メッセージξが誤まって再生される確率，

$$P(\{\omega\in\Omega;\ \xi(\omega)\neq\eta(\omega)\}) \tag{4.2.1}$$

を**誤まり確率**という．ξが離散分布に従う場合には再生誤差を誤まり確率で測ることが多い．

予測の問題のときと同様に，再生誤差の評価に2乗平均誤差を用いることも多い．ξ, ηの状態空間は$G=\boldsymbol{R}$または$G=\boldsymbol{C}$(複素数全体)とする．離散時間，すなわちパラメーター空間が$\boldsymbol{S}=\{1, \cdots, N\}$ $(N<\infty)$のときには再生誤差を

$$d(\xi, \eta)=\left\{\frac{1}{N}\sum_{n=1}^{N}E|\xi_n-\eta_n|^2\right\}^{1/2} \tag{4.2.2}$$

によって，連続時間，すなわち$\boldsymbol{S}=[0, S]$ $(S<\infty)$のときには

$$d(\xi, \eta)=\left\{\frac{1}{S}\int_0^S E|\xi_s-\eta_s|^2 ds\right\}^{1/2} \tag{4.2.3}$$

によって測るのである．さらに状態空間Gが距離$\rho(a, b)$が定義された距離空間のとき，(4.2.2)，(4.2.3)の代りに各々

$$d(\xi, \eta)=\left\{\frac{1}{N}\sum_{n=1}^{N}E[\rho(\xi_n, \eta_n)^2]\right\}^{1/2} \tag{4.2.4}$$

$$d(\xi, \eta)=\left\{\frac{1}{S}\int_0^S E[\rho(\xi_s, \eta_s)^2]ds\right\}^{1/2} \tag{4.2.5}$$

によって再生誤差を測る．

一般には，再生誤差を次のように定義しておく．$\rho(x, y)$を$\boldsymbol{G}\times\boldsymbol{G}$上の関数で

(i)　$\rho(x, y)=\rho(y, x)$,　$\forall x, y\in\boldsymbol{G}$.

(ii) $\rho(x, y) \geqq 0,\ \forall x, y \in \boldsymbol{G}$. $\rho(x, y)=0$ となるのは $x=y$ のときかつそのときのみである.

をみたすものとし*), 再生誤差 $d(\xi, \eta)$ を

$$d(\xi, \eta) = \{E[\rho(\xi, \eta)^2]\}^{1/2} \tag{4.2.6}$$

で定義する. 先にあげた例はすべて(4.2.6)の特別の場合となっている. $\boldsymbol{G}=G^N$, $\rho(x, y)^2=\frac{1}{N}\sum_{n=1}^{N}\rho(x_n, y_n)^2$ $(x=(x_1, \cdots, x_N),\ y=(y_1, \cdots, y_N))$ とすれば(4.2.4)と(4.2.6)は一致する. また ρ を $x=y$ のとき $\rho(x, y)=0$, $x \neq y$ のとき $\rho(x, y)=1$ とすると, 誤まり確率は

$$P(\{\omega \in \Omega;\ \xi(\omega) \neq \eta(\omega)\}) = E[\rho(\xi, \eta)^2] = d(\xi, \eta)^2$$

である.

一方メッセージ ξ が送られ受報者によってメッセージ η が受信されるとき, 送られた情報の量は§1.7で導入した相互情報量で測ればよい. メッセージ ξ がどれだけの精度で再生できるかを論ずるためには, ξ が指定された忠実度の範囲内で再生できるために伝達されねばならない相互情報量が重要な意味をもつ.

定義 4.2.1 メッセージ $\xi=\{\xi_s;\ s \in \boldsymbol{S}\}$ に対し, 再生誤差 $d(\xi, \eta)$ を D 以下にするために伝達せねばならない最小の相互情報量を

$$R(D) = \inf_{\eta} \{I(\xi, \eta);\ d(\xi, \eta) \leqq D\}, \qquad 0 \leqq D < \infty \tag{4.2.7}$$

と書き, $R(D)$ を $D \in [0, \infty)$ の関数とみて ξ の**レート・歪み関数**(rate-distortion function)という. ただし下限は $d(\xi, \eta) \leqq D$ をみたすすべての $\eta=\{\eta_s;\ s \in \boldsymbol{S}\}$ についてとる. 逆に相互情報量 R を送ることによって達成し得る最小の再生誤差

$$D(R) = \inf_{\eta} \{d(\xi, \eta);\ I(\xi, \eta) \leqq R\}, \qquad 0 \leqq R < \infty \tag{4.2.8}$$

を $R \in [0, \infty)$ の関数とみて ξ の**歪み・レート関数**(distortion-rate function)と

---

*) $\rho(x, y)$ が(i), (ii)に加え三角不等式, $\rho(x, z) \leqq \rho(x, y)+\rho(y, z)$, をみたせば, $\rho(x, y)$ は $\boldsymbol{G}$ 上の距離となるが, そこまでは仮定しない.

いう．なおξに対するものであることを明示したいときには$R(D)=R(D;\ \xi)$, $D(R)=D(R;\ \xi)$と書く．

レート・歪み関数$R(D)=R(D;\ \xi)$をDを使って具体的に書き表わすことは一般には困難である．本書では触れないが，ξがGauss過程の場合にはこのことが可能である．

レート・歪み関数，歪み・レート関数の性質を調べよう．最初に定義よりただちに不等式

$$I(\xi, \eta) \geqq R(d(\xi, \eta);\ \xi), \qquad d(\xi, \eta) \geqq D(I(\xi, \eta);\ \xi) \tag{4.2.9}$$

が導かれることに注意しておく．次に$R(D), D(R)$に対する別の表現を与える．メッセージ$\xi=\{\xi_s;\ s\in \boldsymbol{S}\}$は固定しておく．相互情報量の定義(1.7.4)より$I(\xi, \eta)$はξとηの結合分布$\mu_{\xi\eta}$から決まる．また再生誤差$d(\xi, \eta)$も，

$$d(\xi, \eta)^2 = E[\rho(\xi, \eta)^2] = \int_G\int_G \rho(x, y)^2 d\mu_{\xi\eta}(x, y) \tag{4.2.10}$$

だから，$\mu_{\xi\eta}$から決まる．ξが与えられたときのηの条件付確率分布を$\mu_{\eta|\xi}$とすると$\mu_{\xi\eta}=\mu_\xi\times\mu_{\eta|\xi}$だから，$\xi$の確率分布が与えられたとき$I(\xi, \eta)$と$d(\xi, \eta)$は条件付確率分布$\mu_{\eta|\xi}$から決まる．$\nu(B|x)$は，(i) $x\in\boldsymbol{G}$を固定すると$\nu(\cdot|x)$は$\boldsymbol{G}$上の確率測度，(ii) $\boldsymbol{G}$の可測集合Bを固定すると$\nu(B|\cdot)$は$\boldsymbol{G}$上の可測関数，をみたすとき$\boldsymbol{G}$上の条件付確率分布という(§A.2参照)．$\boldsymbol{G}$上の条件付確率分布の全体をQとする．$\nu\in Q$に対し

$$I(\nu) = \int_G\int_G \log\frac{d\nu(\cdot|x)}{d\nu_0}(y)d\nu(y|x)d\mu_\xi(x)$$

とおく．ここで$\dfrac{d\nu(\cdot|x)}{d\nu_0}$は測度$\nu(\cdot|x)$の測度$\nu_0$:

$$\nu_0(B) = \int_G \nu(B|x)d\mu_\xi(x) \tag{4.2.11}$$

に関するRadon-Nikodymの導関数である．また

$$d(\nu) = \left\{\int_G\int_G \rho(x, y)^2 d\nu(y|x)d\mu_\xi(x)\right\}^{1/2}$$

とおく．(1.7.4)と(4.2.10)より

$$I(\xi,\eta)=I(\mu_{\eta|\xi}),\qquad d(\xi,\eta)=d(\mu_{\eta|\xi}) \tag{4.2.12}$$

である．したがって条件付確率分布のクラス $Q_d(D), Q_I(R)$ を

$$Q_d(D)=\{\nu\in Q;\ d(\nu)\leqq D\}$$

$$Q_I(R)=\{\nu\in Q;\ I(\nu)\leqq R\}$$

で与えれば，レート・歪み関数，歪み・レート関数の別の表現

$$R(D)=\inf\{I(\nu);\ \nu\in Q_d(D)\} \tag{4.2.13}$$

$$D(R)=\inf\{d(\nu);\ \nu\in Q_I(R)\} \tag{4.2.14}$$

を得る．このことを使い次の定理が証明できる．

定理 4.2.1　$R(D), D(R)$ はともに単調非増加関数である．$r(D)=R(\sqrt{D})$ とすると，$r(D)$ は凸関数である．$R(D)$ は $D>0$ で連続であり，もし $R(0)<\infty$ ならば $R(D)$ は $D\geqq 0$ で連続である．

証明　$R(D), D(R)$ が単調非増加関数であることは明らかである．凸関数とは $\lambda_1,\lambda_2>0$, $\lambda_1+\lambda_2=1$ のとき任意の D_1, D_2 に対し

$$r(\lambda_1D_1+\lambda_2D_2)\leqq\lambda_1r(D_1)+\lambda_2r(D_2) \tag{4.2.15}$$

が成り立つことである．$D=\lambda_1D_1+\lambda_2D_2$ とおく．(4.2.13) より $\varepsilon>0$ に対し $I(\nu_i)<r(D_i)+\varepsilon$ なる $\nu_i\in Q_d(\sqrt{D_i})$ $(i=1,2)$ が存在する．$\nu\in Q$ を

$$\nu(B|x)=\lambda_1\nu_1(B|x)+\lambda_2\nu_2(B|x)$$

で定義すると，容易に $d(\nu)\leqq\sqrt{D}$ がわかり $\nu\in Q_d(\sqrt{D})$ である．よって

$$r(D)=R(\sqrt{D})\leqq I(\nu) \tag{4.2.16}$$

である．ここで不等式

$$I(\nu)\leqq\lambda_1I(\nu_1)+\lambda_2I(\nu_2) \tag{4.2.17}$$

を示そう．そのため ν_i に対し測度 ν_{i0} $(i=1,2)$ を (4.2.11) と同様に定義する．そして

$$I(\nu)=\sum_{i=1}^{2}\lambda_i\int_G\int_G\log\left\{\frac{d\nu_i(\cdot|x)}{d\nu_{i0}}(y)\frac{d\nu(\cdot|x)}{d\nu_0}(y)\frac{d\nu_{i0}}{d\nu_i(\cdot|x)}(y)\right\}$$
$$\times d\nu_i(y|x)d\mu_\xi(x) \tag{4.2.18}$$

と書き直す．

$$t = \frac{d\nu(\cdot|x)}{d\nu_0}(y)\frac{d\nu_{i0}}{d\nu_i(\cdot|x)}(y)$$

に対し不等式 $\log t \leqq t-1$ を適用し，(4. 2. 18) より

$$I(\nu) \leqq \sum_{i=1}^{2}\left[\lambda_i I(\nu_i)+\lambda_i\int_G\int_G \frac{d\nu(\cdot|x)}{d\nu_0}(y)d\nu_{i0}(y)d\mu_\xi(x)-\lambda_i\right] \quad (4.2.19)$$

を得る．$\nu_0=\lambda_1\nu_{10}+\lambda_2\nu_{20}$ に注意すれば (4. 2. 19) より (4. 2. 17) を得る．したがって，ν_i のとり方から

$$I(\nu) \leqq \lambda_1 r(D_1)+\lambda_2 r(D_2)+\varepsilon \quad (4.2.20)$$

であり，ε は任意だから (4. 2. 16), (4. 2. 20) より (4. 2. 15) を得る．有界な凸関数は連続関数であり，$r(D)=R(\sqrt{D})$ は単調非増加関数ゆえ $D=0$ の近傍を除けば有界だから，$r(D)$ および $R(D)$ は $D>0$ で連続である．$R(0)<\infty$ のときは $D\geqq 0$ で連続である．　∎

メッセージ ξ に対し

$$D_{\max} = \left[\inf\left\{\int_G \rho(x,y)^2 d\mu_\xi(x);\ y\in \boldsymbol{G}\right\}\right]^{1/2}$$

とおく．$I(\xi,\eta)=0$ と ξ と η が独立であることが同値なことに注意すると

$$R(D_{\max})=0, \qquad D(0)=D_{\max} \quad (4.2.21)$$

がわかる．実際 $D_{\max}<\infty$ のとき，任意の $D>D_{\max}$ に対し $\int_G \rho(x,y_0)^2 d\mu_\xi(x) \leqq D^2$ なる点 y_0 を固定し，$\nu\in Q$ をすべての $x\in \boldsymbol{G}$ に対し $\nu(\{y_0\}|x)=1$ と定義すると，$d(\nu)\leqq D$ かつ $I(\nu)=0$ である．したがって $R(D)=0$ と $D_{\max}\leqq D(0)\leqq d(\nu)$

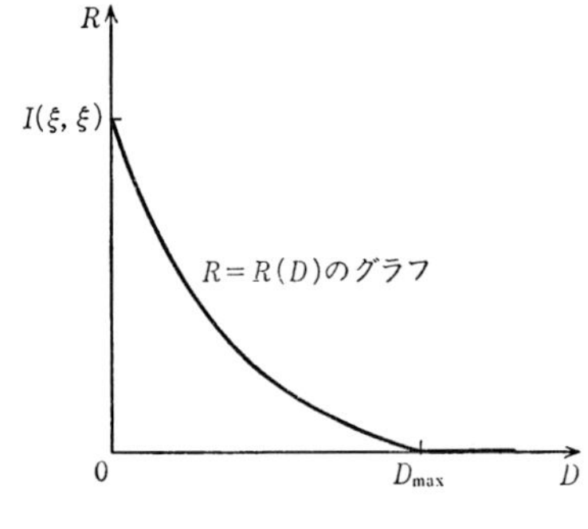

図 4. 3　レート・歪み関数

$\leqq D$ がわかる．$D \to D_{\max}$ とし $R(D)$ の連続性を使えば(4.2.21)が得られる．$D_{\max}=\infty$ のとき(4.2.21)は自明．(4.2.21)よりすべての R に対し $0 \leqq D(R) \leqq D_{\max}$ がわかる．また定義より $0 \leqq R(D) \leqq I(\xi, \xi)$ である．

以上のことから，レート・歪み関数 $R(D)$ のグラフの概形を描けば図4.3のようになる．

レート・歪み関数と歪み・レート関数はたがいに他の逆関数となっていることは定義から想像のつくことであるが，このことを証明しておく．

定理 4.2.2 次の関係が成り立つ．

$$R(D(R)) = R, \qquad 0 \leqq R \leqq I(\xi, \xi) \tag{4.2.22}$$

$$D(R(D)) = D, \qquad 0 \leqq D \leqq D_{\max} \tag{4.2.23}$$

証明 まず $0<R<I(\xi, \xi)$ のときに示す．任意の $\varepsilon>0$ に対して $d(\nu) \leqq D(R)+\varepsilon$ なる $\nu \in Q_I(R)$ が存在する．このとき $\nu \in Q_d(D(R)+\varepsilon)$ だから

$$R(D(R)+\varepsilon) \leqq I(\nu) \leqq R \tag{4.2.24}$$

である．もし $d(\nu) \leqq D(R)-\varepsilon$ ならば $I(\nu)>R$ だから

$$R \leqq R(D(R)-\varepsilon) \tag{4.2.25}$$

である．$R(D)$ は連続だから，(4.2.24), (4.2.25)で $\varepsilon \to 0$ として(4.2.22)を得る．$R=0$ のときは(4.2.21)より，$R=I(\xi, \xi)$ のときは $D(I(\xi, \xi))=0$ であることより，(4.2.22)は明らかである．(4.2.23)も同様に証明できる． ∎

ここまではレート・歪み関数を情報理論の観点から説明してきたが，エントロピーが情報理論とは独立に意味をもっているように，レート・歪み関数も情報理論とは独立にもう少し一般的な意味をもっている．このことは Shannon によっても示唆されているが，Kolmogorov を中心とするソ連の研究者達によってとりわけ強調されている．Kolmogorov は D の代りに ε を使い，ξ のレート・歪み関数を

$$H_\varepsilon(\xi) = R(\varepsilon;\ \xi)$$

と書き ξ の ε-**エントロピー**と呼んだ．第1章でみたようにエントロピー $H(\xi)$ は ξ が離散分布に従うとき以外は無限大になってしまい，エントロピー(不確定の度合，あるいはあいまいさ)を連続エントロピーやエントロピー・レート

によって比較するといった工夫が必要であった．ところで，$H(\xi)<\infty$ のときには(1.7.2)より

$$I(\xi,\xi)=H(\xi)$$

であり，$I(\xi,\xi)$ が有限でも無限大でも

$$\lim_{\varepsilon\downarrow 0}H_\varepsilon(\xi)=\lim_{\varepsilon\downarrow 0}R(\varepsilon;\ \xi)=I(\xi,\xi)$$

となることに注意しよう．上の二つの関係式から，ξ の分布が離散型でなく $H(\xi)$ を定義できない(定義するとすれば $H(\xi)=\infty$)場合でも，ε を0に近づけるときの $H_\varepsilon(\xi)$ の $I(\xi,\xi)=\infty$ に発散する速さが確率過程 $\xi=\{\xi_s;\ s\in \boldsymbol{S}\}$ のエントロピーの大きさを表わしていると考えられる．このように，レート・歪み関数＝ε-エントロピーは情報理論的な意味をもつだけでなく，もっと一般的に確率過程のエントロピー(不確定の度合，あるいはあいまいさ)を表わしているのである．先に連続時間確率過程に対しては，たとえ相対的な意味でもエントロピーの納得いく定義は得られていないと述べた(§3.4)．有限次元確率変数あるいは離散時間確率過程に較べ一段と複雑な構造をもつ連続時間確率過程に対しても，そのエントロピーをただ一つの値で表わそうということがそもそも無理かも知れない．そして0の近くの ε に対する ε-エントロピー $H_\varepsilon(\xi)$ の挙動というように，複数の値によってエントロピーを表わすより仕方がないのかも知れない．

§4.3　通信路容量

本節では通信路について述べる．§4.1と同じ記号を用い，入力信号，出力信号を各々確率過程 $X=\{X_t;\ t\in \boldsymbol{T}\}$，$Y=\{Y_t;\ t\in \boldsymbol{T}\}$ によって表わす．X と Y の状態空間は同じ H とする．

たとえばラジオの場合，放送局より電波が出され，それが受信器によって受信されるまでが通信路にあたる．この場合パラメーター空間 $\boldsymbol{T}$ としては区間 $[0,T]$ をとり，$\omega\in\Omega$ を固定すると信号 $X(\omega)=\{X_t(\omega);\ t\in \boldsymbol{T}\}$，$Y(\omega)=\{Y_t(\omega);\ t\in \boldsymbol{T}\}$ は波形関数だから状態空間は $H=\boldsymbol{R}$ である．

§4.1で通信路は入力信号 X が与えられたときの出力信号 Y の条件付確率分布 $\mu_{Y|X}(\cdot|\cdot)$ によって特徴づけられるといった．正確にいうと，一つの通信路には $\boldsymbol{H}=H^T$ 上の一つの条件付確率分布 $\nu(\cdot|\cdot)$ が対応し，入力信号が X のときの出力信号 Y の条件付確率分布は

$$\mu_{Y|X}(B|x)=\nu(B|x) \tag{4.3.1}$$

($x\in\boldsymbol{H}$, B は $\boldsymbol{H}$ の可測集合)となるのである．さらに通信路においては，送信のエネルギーあるいは周波数帯域などに関し通信機構の性能からくる制限が入力信号に対して課せられていることが多い．その代表的な例は

$$E[X_t^2]\leqq\rho^2,\qquad \forall t\in\boldsymbol{T}\qquad (\rho>0\text{ は定数}) \tag{4.3.2}$$

あるいは $\boldsymbol{T}=[0,T]$ の場合で

$$\frac{1}{T}\int_0^T E[X_t^2]dt\leqq\rho^2 \tag{4.3.3}$$

といった制限である．上の型の制限は，通信工学においては送信エネルギーに対する制限を表わし，平均電力制限(average power constraint)とよばれている．

以上の考察からもわかるように，通信路を定めるということは，数学的にいえば，条件付確率分布 $\nu(\cdot|\cdot)$ と入力可能な信号 X のクラス $\mathscr{X}$ を指定することである．

通信路を通して送り得る最大の相互情報量をその通信路の容量というが，次節で示すように，情報理論において通信路の性能を測る量として極めて重要な量である．通信路容量の正確な定義を与えよう．通信路にフィードバックがない場合とある場合に分けて定義するのがわかり易い．

定義 4.3.1 フィードバックのない通信路に対し，入力可能な信号 X の全体を $\mathscr{X}$ とするとき

$$C=\sup\{I(X,Y);\ X\in\mathscr{X}\} \tag{4.3.4}$$

をこの通信路の**容量**(capacity)という．ここで Y は入力信号 X に対応する(すなわち(4.3.1)をみたす)出力信号である．

次にフィードバックのある通信路を考える．このときメッセージを ξ とする

と，(4.1.4)のように X_t は ξ と $\{Y_u;\ u<t\}$ の関数になっている．この場合，相互情報量 $I(X, Y)$ は通信路により送信側から受信側へ伝達される情報量だけでなく，フィードバック回路によって受信側から送信側へ送り返される情報量も含んでいるから，容量を(4.3.4)で定義するのは適当ではない．そこで $I(X, Y)$ の代りにメッセージ ξ と出力信号 Y の間の相互情報量 $I(\xi, Y)$ を使えばよい．

定義4.3.2　フィードバックのある通信路の**容量** C_f を

$$C_f = \sup_{\xi, X} I(\xi, Y) \tag{4.3.5}$$

で定義する．ただし上限はすべてのメッセージ ξ と入力可能なすべての信号 X についてとる．

［**注意 1**］　通信路容量は情報源やメッセージとは無関係に通信路の性質だけから決まるべきものである．それ故，容量 C_f の定義にメッセージ ξ を使っているのは一見不合理にみえるが，(4.3.5)の $\xi=\{\xi_s;\ s\in \boldsymbol{S}\}$ についての上限はパラメーター空間や ξ の状態空間も変化させてすべてのメッセージについてとるのであって，特定のメッセージの性質は使ってはおらず少しも不合理ではない．

［**注意 2**］　フィードバックのない場合(4.3.4)と(4.3.5)の右辺は一致する．実際，一般に $I(\xi, Y) \leqq I(X, Y)$ であり，フィードバックのない場合には X は ξ のみの関数だから(4.3.5)の右辺の上限をとるとき $\xi=X$ の場合についてだけとればよく，(4.3.4)と(4.3.5)の右辺は一致する．したがって定義4.3.1は，実は，定義4.3.2の特別の場合である．

通信時間が $\boldsymbol{T}=\boldsymbol{Z}^+\equiv\{1, 2, \cdots\}$ あるいは $\boldsymbol{T}=\boldsymbol{R}^+\equiv[0, \infty)$ と無限の場合には，上の定義では多くの場合通信路容量は無限大になってしまうので，次のように単位時間当りの通信路容量を考える．

定義4.3.3　通信時間が $\boldsymbol{T}=\boldsymbol{Z}^+$ または $\boldsymbol{T}=\boldsymbol{R}^+$ のとき，フィードバックのない場合には

$$\bar{C} = \sup\left\{\varliminf_{T\to\infty} \frac{1}{T} I_T(X, Y);\ X \in \mathscr{X}\right\} \tag{4.3.6}$$

フィードバックのある場合には

$$\bar{C}_f = \sup_{\xi, X} \varlimsup_{T\to\infty} \frac{1}{T} I_T(\xi, Y) \tag{4.3.7}$$

を通信路の**単位時間当りの容量**という．ただし $I_T(X, Y) = I(\{X_t;\ t \leqq T\}, \{Y_t;\ t \leqq T\})$, $I_T(\xi, Y) = I(\xi, \{Y_t;\ t \leqq T\})$ であり，(4.3.7)の上限は可能なすべてのメッセージ ξ と入力信号 X についてとる．

Gauss型通信路の容量は具体的に計算することができる．このことについては第5，6章で述べる．

その他の通信路についても容量を具体的に求めることは重要であるが，本書の主題からはずれるので他書に譲る．

§4.4 情報伝達の基本定理

メッセージ $\xi = \{\xi_s;\ s \in \boldsymbol{S}\}$ を，容量 C の通信路を使って伝達するものとする．これまでと同様，入力信号を $X = \{X_t;\ t \in \boldsymbol{T}\}$，出力信号を $Y = \{Y_t;\ t \in \boldsymbol{T}\}$，受信メッセージを $\eta = \{\eta_s;\ s \in \boldsymbol{S}\}$ とする．ξ から X を定める操作を**符号化**(encoding)といい，その方法は(4.1.1)(フィードバックのある場合は(4.1.4))の右辺によって表現される．Y から η を定める操作を**復号化**(decoding)といいその方法は(4.1.2)の右辺で表現される．符号化と復号化を総称して符号化(coding)ということもある．情報伝達の基本的問題の第一は，符号化方法を工夫することによりどれだけ小さな再生誤差でもってメッセージを伝達できるかを決めることであり，第二の問題は再生誤差を最小にする符号化を具体的に求めることである．最適な符号化，ないしは最適に近くかつ実用的な符号化の方法を求める第二の問題は，応用上からも大変重要であるがこれには立ち入らず，ここでは主として第一の問題を扱う．

メッセージ ξ に対し，符号化および復号化の方法を指定すると，受信メッセージ η が定まりこのときの再生誤差 $d(\xi, \eta)$ が(4.2.6)により計算される．あらゆる符号化，復号化についての再生誤差の下限

$$D^*(\xi) = \inf d(\xi, \eta) \tag{4.4.1}$$

を ξ の**最小再生誤差**という．$D^*(\xi)$ は理論的に達成可能な最小の再生誤差である．$D^*(\xi)$ は通信路にも依存する量である．しかし通信時間が十分長いときには，近似的にいえば，$D^*(\xi)$ は通信路の容量のみに依存し通信路を決める条件付確率分布には依らない．

まず次のことが容易にわかる．

定理 4.4.1　通信路の容量を C とする．このとき

$$D^*(\xi) \geqq D(C;\ \xi) \tag{4.4.2}$$

が成り立つ．ここで $D(R;\ \xi)$ はメッセージ ξ の歪み・レート関数である．またレート・歪み関数を $R(D;\ \xi)$ とすると，もし

$$R(D;\ \xi) > C \tag{4.4.3}$$

ならば，いかなる符号化，復号化によっても ξ を再生誤差が $d(\xi, \eta) \leqq D$ となるように伝達することは不可能である．

証明　ξ と受信メッセージ η の間の相互情報量 $I(\xi, \eta)$ は通信路容量 C を越えることができないから，歪み・レート関数の定義と (4.4.1) より (4.4.2) は明らかである．今，$d(\xi, \eta) \leqq D$ なる符号化，復号化があったと仮定する．このときの出力信号を Y とすると，通信路容量の定義よりフィードバックの有無によらず

$$I(\xi, Y) \leqq C \tag{4.4.4}$$

である．一方 (4.2.9) より

$$R(D;\ \xi) \leqq I(\xi, \eta) \tag{4.4.5}$$

である．しかるに η は Y の関数だから $I(\xi, \eta) \leqq I(\xi, Y)$ であり，(4.4.4), (4.4.5) と合せ $R(D;\ \xi) \leqq C$ を得る．これは (4.4.3) に反する．したがって $d(\xi, \eta) \leqq D$ となる符号化，復号化は存在しない．　∎

［**注意**］　レート・歪み関数は連続関数だから，定理の後半のことは

$$R(D^*(\xi);\ \xi) \leqq C \tag{4.4.6}$$

を意味している．定理 4.2.2 より (4.4.6) と (4.4.2) は同値である．したがって定理の前半と後半は同じことの言い換えである．

この定理より，もし再生誤差が $D(C;\ \xi)$ となる符号化，復号化が存在すれば

$$D^*(\xi) = D(C;\ \xi) \tag{4.4.7}$$

であり，これは最適なものである．第5，6章でGauss型通信路において(4.4.7)をみたす符号化，復号化を与える．しかし一般には，一つの通信路が与えられたときいろいろなタイプのメッセージに対しいつでも(4.4.7)が成り立つことを期待することは無理であり，メッセージξがうまく通信路に適合している場合を除けばこのような符号化は存在しない．

ところが，通信時間を十分長くしたときの極限として，かなり緩かな条件の下である意味で(4.4.7)が成り立つのである．これが情報伝達の基本定理あるいはShannonの基本定理とよばれているものである．パラメーター空間は$\boldsymbol{S}$，$\boldsymbol{T}$ともに$\boldsymbol{Z}^+$または$\boldsymbol{R}^+$とする．通信時間を時刻Tまで限ったときのメッセージを$\xi^T=\{\xi_s;\ s\in\boldsymbol{S},\ s\leqq T\}$，受信メッセージを$\eta^T=\{\eta_s;\ s\in\boldsymbol{S},\ s\leqq T\}$とし，再生誤差は(4.2.4)または(4.2.5)で測る(ただしN, SをTとする)ものとしこれを$d_T(\xi,\eta)$と記す．またこのときのξのレート・歪み関数を$R_T(D;\ \xi)$とする．通信路とメッセージが一定の条件をみたしていると次の定理が成り立つ．

定理4.4.2(情報伝達の基本定理)　通信路の単位時間当りの容量が$\bar{C}$のとき，もし

$$\overline{\lim_{T\to\infty}}\frac{1}{T}R_T(D;\ \xi) < \bar{C} \tag{4.4.8}$$

ならば，任意の正数ε, δに対しあるT_0が定まり，$T\geqq T_0$ならば次の(4.4.9)，(4.4.10)をみたす符号化，復号化および確率過程$\tilde{\eta}^T=\{\tilde{\eta}_s;\ s\in\boldsymbol{S},\ s\leqq T\}$が存在する．

$$P(\{\omega\in\Omega;\ \eta^T(\omega)\neq\tilde{\eta}^T(\omega)\}) < \varepsilon \tag{4.4.9}$$

$$d_T(\xi,\tilde{\eta}) < D+\delta \tag{4.4.10}$$

この定理は，通信時間が十分長いときDが(4.4.8)をみたす値ならば，十分小さな誤まり確率εを除けば，ほぼ再生誤差がD以内の符号化が存在することを示している．時間をTまでに限ったときの歪み・レート関数を$D_T(R;\ \xi)$，(4.4.1)で$d(\xi,\eta)$を$d_T(\xi,\eta)$としたものを$D_T^*(\xi)$とすると，定理4.4.1と定理4.4.2はTが十分大きいとき$D_T^*(\xi)$と$D_T(T\bar{C};\ \xi)$がほぼ等しいことを，すな

わち近似的に(4.4.7)が成り立つことを示している.

なおこの定理の証明は簡単ではないし，本書ではこの定理の結果を直接使うこともないので，証明は省略する．また定理が成り立つための通信路，メッセージのみたすべき条件についても本書では触れない.

第5章　離散 Gauss 型通信路

Gauss 型通信路は理論的にも応用上からも極めて重要な通信路であり，Shannon の情報理論創始以来，基本的通信路の一つとして多くの研究がなされてきている．Gauss 型通信路に対しては，相互情報量や通信路容量が具体的に計算できることも多く，きれいな理論体系ができあがりつつある．

本章では通信時間が離散的な場合の Gauss 型通信路について述べる．まず §5.1 では Gauss 型確率変数のエントロピー，相互情報量，レート・歪み関数に関する性質を整理しておく．§5.2 で離散 Gauss 型通信路について説明し，この通信路によって送られる相互情報量を計算する公式を与える．Gauss 型雑音がホワイトノイズのときには特に白色 Gauss 型通信路というが，この通信路の容量を §5.3 で求める．§5.4 では Gauss 型通信路が白色でないときの容量について述べる．§5.5 でフィードバックのある白色 Gauss 型通信路によって Gauss 型メッセージを伝達するときの最適な符号化を与える．

§5.1　Gauss 分布の情報理論的特徴づけ

本節では Gauss 型確率変数のエントロピー，相互情報量，レート・歪み関数に関する性質を整理しておく．このことは次節以後のための準備であるだけでなく，このことを通して情報理論において Gauss 型確率変数，Gauss 過程が特別に重要な位置にあることが浮き彫りにされる．

既にここまでに，次の諸性質が得られている．

n 次元 Gauss 型確率変数 $X=(X_1, \cdots, X_n)$ のエントロピー $h(X)$ は (1.3.3) で計算される．そして指定された共分散行列をもつ多次元確率変数の中では Gauss 型の場合にエントロピーは最大になるという特徴があった(定理 1.3.2)．さらに定常 Gauss 過程のエントロピー・レートは (3.2.1) で与えられ，指定された共分散関数をもつ定常過程の中では Gauss 過程の場合にエントロピー・レートは最大になる(§3.2参照).

Gauss 型確率変数に対し，相互情報量は(1.7.13)で計算される．相互情報量に関し Gauss 型確率変数は次のような特性をもつ.

定理 5.1.1　$X^0=(X_1^0,\cdots,X_m^0)$ は m 次元 Gauss 型確率変数とする．$Y=(Y_1,\cdots,Y_n)$ と $Y^0=(Y_1^0,\cdots,Y_n^0)$ は $(X^0,Y)\equiv(X_1^0,\cdots,X_m^0,\ Y_1,\cdots,Y_n)$ と (X^0,Y^0) が同じ共分散行列 $V=(v_{ij})_{i,j=1,\cdots,m+n}$ をもつ $m+n$ 次元連続分布に従う確率変数で (X^0,Y^0) は Gauss 型とする．このとき

$$I(X^0,Y^0)\leqq I(X^0,Y) \tag{5.1.1}$$

である.

証明　X^0,Y,Y^0 の平均は 0 としてよい．X^0,Y,Y^0, (X^0,Y), (X^0,Y^0) の分布の密度関数を各々 $p^0(x)$, $q(y)$, $q^0(y)$, $r(x,y)$, $r^0(x,y)$ $(x=(x_1,\cdots,x_m)\in\boldsymbol{R}^m$, $y=(y_1,\cdots,y_n)\in\boldsymbol{R}^n)$ とする．$p^0(x)$, $q^0(y)$, $r^0(x,y)$ は平均 0 の Gauss 分布の密度関数だから，$z_i=x_i$, $1\leqq i\leqq m$, $z_i=y_{i-m}$, $m<i\leqq n$, とおくと

$$\log\frac{r^0(x,y)}{p^0(x)q^0(y)}=\sum_{i,j=1}^{m+n}a_{ij}z_iz_j+b \tag{5.1.2}$$

と書ける．ここで a_{ij},b は行列 V から決まる定数．さらに仮定より

$$\int_{\boldsymbol{R}^n}\int_{\boldsymbol{R}^m}z_iz_jr^0(x,y)dxdy=\int_{\boldsymbol{R}^n}\int_{\boldsymbol{R}^m}z_iz_jr(x,y)dxdy=v_{ij} \tag{5.1.3}$$

である．したがって(1.7.11)と(5.1.2), (5.1.3)より

$$I(X^0,Y^0)=\int_{\boldsymbol{R}^n}\int_{\boldsymbol{R}^m}r(x,y)\log\frac{r^0(x,y)}{p^0(x)q^0(y)}dxdy \tag{5.1.4}$$

となる．一方(1.7.12)と(h.3)より

$$\begin{aligned}I(X^0,Y)&=h(X^0)+\int_{\boldsymbol{R}^n}\int_{\boldsymbol{R}^m}\left[\frac{r(x,y)}{q(y)}\log\frac{r(x,y)}{q(y)}\right]q(y)dxdy\\&\geqq h(X^0)+\iint\left[\frac{r(x,y)}{q(y)}\log\frac{r^0(x,y)}{q^0(y)}\right]q(y)dxdy\\&=\iint r(x,y)\log\frac{r^0(x,y)}{p^0(x)q^0(y)}dxdy\end{aligned} \tag{5.1.5}$$

を得る．(5.1.4), (5.1.5) より (5.1.1) を得る．　∎

この定理は Gauss 型確率変数 X^0 に対し，同じ共分散をもつものの中では，相手の Y として (X^0, Y) も Gauss 型となるものを選ぶとき，相互情報量 $I(X^0, Y)$ が一番小さくなることを示している．したがって入力信号 X^0 が Gauss 型でそれに指定された共分散をもつ雑音 Z が加わった $Y=X^0+Z$ が受信されるとき，Z が Gauss 型のときに入力信号と出力信号の間の相互情報量は最小となる．つまり同じ共分散をもつ雑音の中では，Gauss 型雑音が Gauss 型の信号を妨害する力が一番強いのである．

ここで1次元 Gauss 型確率変数 X のレート・歪み関数を計算しよう．誤差(歪み)を2乗平均で測ると，X のレート・歪み関数は定義 4.2.1 より

$$R(D) \equiv R(D;\ X) = \inf_{Y}\{I(X, Y);\ E[(X-Y)^2] \leqq D^2\} \qquad (5.1.6)$$

である．ここで下限は $E[(X-Y)^2] \leqq D^2$ をみたすすべての実確率変数 Y についてとる．また X の歪み・レート関数は

$$D(R) \equiv D(R;\ X) = \inf_{Y}\{\sqrt{E[(X-Y)^2]};\ I(X, Y) \leqq R\} \qquad (5.1.7)$$

である．

定理 5.1.2　X が1次元 Gauss 分布 $N(m, \sigma^2)$ に従うとき

$$R(D) = \frac{1}{2}\log\left[\max\left(1, \frac{\sigma^2}{D^2}\right)\right], \qquad D > 0 \qquad (5.1.8)$$

$$D(R) = \sigma e^{-R}, \qquad R \geqq 0 \qquad (5.1.9)$$

である．

証明　$m=0$ としてよい．まず (5.1.8) を示す．$D \geqq \sigma$ のときは (5.1.6) の下限をとる範囲内に $Y \equiv 0$ があって $R(D)=0$ となり (5.1.8) が成り立つ．$D<\sigma$ とする．誤差 $E[(X-Y)^2]$ は (X, Y) の共分散行列から決まり，一方定理 5.1.1 より (X, Y) の共分散行列が指定されれば相互情報量 $I(X, Y)$ は，(X, Y) が Gauss 型のときに最小となるから，(5.1.6) で下限をとる Y としては平均 0 で $E[(X-Y)^2] \leqq D^2$ をみたし，(X, Y) が Gauss 型となるものだけを考えればよい．

Y をそのようなものとする．付録§A.2で述べるように，Y に基づく X の最良予測値は条件付平均値

$$\hat{X} \equiv E[X \mid Y] = \frac{E[XY]}{E[Y^2]} Y$$

であり，誤差については

$$E[(X-\hat{X})^2] \leqq E[(X-Y)^2] \leqq D^2 \qquad (5.1.10)$$

が成り立つ．このとき(3.1.20)と同様にして

$$\begin{aligned} I(X, Y) &= I(X, \hat{X}) \\ &= \frac{1}{2} \log \frac{E[X^2]}{E[(X-\hat{X})^2]} \geqq \frac{1}{2} \log \frac{\sigma^2}{D^2} \end{aligned} \qquad (5.1.11)$$

を得る．したがって

$$R(D) \geqq \frac{1}{2} \log \frac{\sigma^2}{D^2} \qquad (5.1.12)$$

である．Z を X と独立で Gauss 分布 $N\left(0, D^2\left(1-\frac{D^2}{\sigma^2}\right)\right)$ に従う確率変数とし

$$Y = \left(1-\frac{D^2}{\sigma^2}\right) X + Z$$

と定めると，$E[(X-Y)^2] = D^2$ でありさらに $\hat{X} = Y$ がわかる．よってこの場合(5.1.10)と(5.1.11)は等式となる．したがって(5.1.12)も等式となり(5.1.8)が成り立つ．定義より $D(R) \leqq \sigma$ であることに注意すれば，(4.2.22)と(5.1.8)より

$$\frac{1}{2} \log \frac{\sigma^2}{D(R)^2} = R, \qquad R \geqq 0$$

である．これを $D(R)$ について解き(5.1.9)を得る．　▮

上の結果を次頁に図示しておく．

上の定理より，相互情報量と2乗平均誤差との間に成り立つ次のような興味ある不等式が導ける．この不等式は，後で符号化の最適性の検証に使われる．

定理 5.1.3　X が1次元 Gauss 分布 $N(m, \sigma^2)$ に従うとき，任意の実確率変数 Y に対し

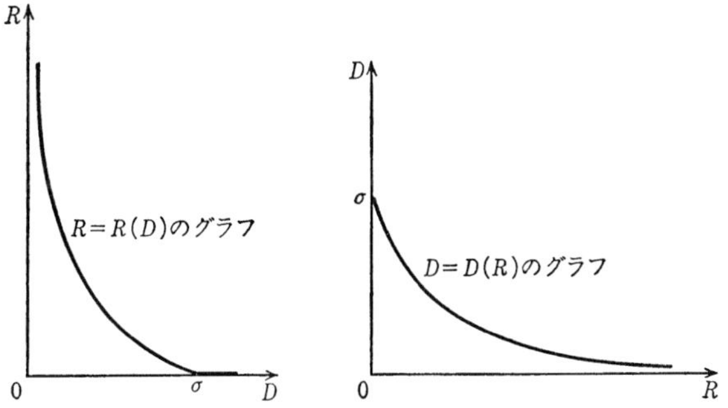

図 5.1　1次元 Gauss 型確率変数のレート・歪み関数と歪み・レート関数

$$E[(X-Y)^2] \geqq \sigma^2 e^{-2I(X,Y)} \tag{5.1.13}$$

である.

証明　今 $I(X,Y)=R$ とすると, (5.1.7) と (5.1.9) より

$$\sqrt{E[(X-Y)^2]} \geqq D(R) = \sigma e^{-R}$$
$$= \sigma e^{-I(X,Y)}$$

である. 両辺を 2 乗して (5.1.13) を得る. ∎

§5.2　離散 Gauss 型通信路

雑音のひとつの典型的なとらえ方は, 種々の原因による微小で(観測者からみて)ランダムな変動の積み重ねと考えることである. このとき雑音は, 中心極限定理により, Gauss 型雑音とみなしてよい(§1.3 参照). これまでにいろいろな角度からみてきた Gauss 過程の特性と合せ, このことが Gauss 型通信路の重要性を示している. 本節では離散(時間) Gauss 型通信路について説明し, この通信路を通して送られる相互情報量を計算する式を与える.

離散 Gauss 型通信路は §4.1 で述べたように, 時刻 n における入力信号を X_n, Gauss 型雑音を Z_n, 出力信号を Y_n とすると図 5.2 のように図示され, 式で書けば

$$Y_n = X_n + Z_n, \qquad n \in \boldsymbol{T} \tag{5.2.1}$$

と表わされる. 時間パラメーター空間 $\boldsymbol{T}$ としては $\{1, \cdots, N\}$, $\boldsymbol{Z}^+ \equiv \{1, 2, \cdots\}$ ま

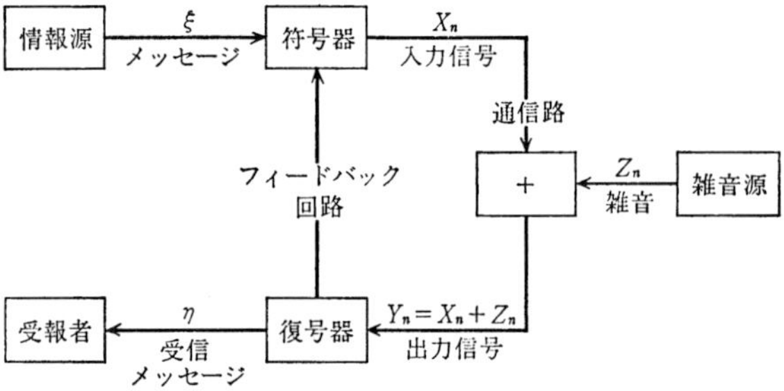

図 5.2 離散 Gauss 型通信路

たは $\boldsymbol{Z}\equiv\{0,\pm1,\pm2,\cdots\}$ を考える．さらに§4.1と同様にメッセージを $\xi=\{\xi_s;\ s\in\boldsymbol{S}\}$，受信メッセージを $\eta=\{\eta_s;\ s\in\boldsymbol{S}\}$ で表わす．メッセージは通信路とは無関係に考えてもよいので，$\boldsymbol{S}$ は離散集合とは限らない．なおメッセージが Gauss 過程あるいは Gauss 型確率変数のときには Gauss 型メッセージという．以下本章では，扱う確率変数，確率過程の平均は 0 とする．こうしても議論の一般性は失われない．また，特に断わらない限り，雑音のないフィードバックのある通信路を考える．フィードバックのない場合はその特別の場合として取り扱うことができる．

以上のことを整理し，以下の性質(a. 1)～(a. 3)をみたす通信路(5. 2. 1)を考えることとする．

(a. 1)　$Z=\{Z_n;\ n\in\boldsymbol{T}\}$ は退化していない Gauss 過程*)．

(a. 2)　メッセージ ξ と雑音 Z は独立．

(a. 3)　$X_n(n\in\boldsymbol{T})$ は $\xi=\{\xi_s;\ s\in\boldsymbol{S}\}$ と $\{Y_k;\ k\leqq n-1\}$ の関数である**)：

$$X_n = X_n(\{\xi_s;\ s\in\boldsymbol{S}\},\{Y_k;\ k\leqq n-1\}),\qquad n\in\boldsymbol{T}$$

フィードバックのない場合は，(a. 3)が次の(a. 3′)に代る．

---

*)　任意の $m<n$ に対し，$(Z_m,\cdots,Z_n)$ が $n-m+1$ 次元 Gauss 分布に従うとき Z は退化していないという．この仮定はすべての時刻に真に雑音が存在することを意味している．

**)　測度論的にいえば，ξ_s, $s\in\boldsymbol{S}$, を可測にする最小の完全加法族を $\sigma(\xi)$，Y_k, $k\leqq n$, を可測にする最小の完全加法族を $\sigma_n(Y)$ とすると，X_n は $\sigma(\xi)\vee\sigma_{n-1}(Y)$ 可測ということである．以下このような注意は繰り返さない．

(a. 3′) $X_n(n\in \boldsymbol{T})$ は $\xi=\{\xi_s;\ s\in \boldsymbol{S}\}$ の関数である:

$$X_n = X_n(\{\xi_s;\ s\in \boldsymbol{S}\}), \qquad n \in \boldsymbol{T}$$

Gauss 型雑音の雑音らしさを上で説明したが，Gauss 型雑音の中でも各時刻で雑音が独立に出現する Gauss 型ホワイトノイズは最も重要な雑音である．そこで(a. 1)の代りに

(a. 1′) $Z=\{Z_n;\ n\in \boldsymbol{T}\}$ は Z_n, $n\in \boldsymbol{T}$, がたがいに独立で退化していない Gauss 過程．

をみたすとき，通信路(5. 2. 1)を(離散)**白色 Gauss 型通信路**(white Gaussian channel)という*)．白色 Gauss 型通信路の性質については次節で詳しく述べる．一般の Gauss 型通信路に関する問題は，適当な変換により白色 Gauss 型通信路の場合の問題に帰着させて解くことが多い．したがって白色 Gauss 型通信路は理論的にもまた応用上からも重要な通信路である．

フィードバックのある Gauss 型通信路を通して送られる相互情報量，すなわちメッセージ ξ と時刻 N までの出力信号 $\{Y_1, \cdots, Y_N\}$ の間の相互情報量 $I(\xi, (Y_1, \cdots, Y_N))$ を計算しよう．簡単のため $I(\xi, (Y_1, \cdots, Y_N))=I_N(\xi, Y)$ と書く．エントロピーについても $h(Y_1, \cdots, Y_N)=h_N(Y)$ などと略記する．(a. 1)と(5. 2. 1)より $(Y_1, \cdots, Y_N)$ が連続分布に従うことがわかり，さらに X_n, $n=1, \cdots, N$, の分散が有限ならば $h_N(Y)$ が存在することに注意しておく．

定理 5. 2. 1 フィードバックのある Gauss 型通信路，すなわち(a. 1)～(a. 3)をみたす通信路(5. 2. 1)において

$$I_N(\xi, Y) = h_N(Y)-h_N(Z) \tag{5.2.2}$$

である．

証明 (1. 7. 12)と(h. 7)より

$$\begin{aligned} I_N(\xi, Y) &= h_N(Y)-h(Y_1, \cdots, Y_N\,|\,\xi) \\ &= h_N(Y)-\sum_{n=1}^{N} h(Y_n\,|\,\xi, Y_1, \cdots, Y_{n-1}) \end{aligned} \tag{5.2.3}$$

*) §3.1 では(a. 1′)に加え Z_n の分散が一定のとき Z をホワイトノイズといったが，議論をより一般的にするためにここでは分散が一定であることは仮定しない．

である．ところが(a. 3)より $(\xi, Y_1, \cdots, Y_{n-1})$ が与えられると $X_1, \cdots, X_n$ は決まり，したがって $(\xi, Z_1, \cdots, Z_{n-1})$ が決まる．逆に $(\xi, Z_1, \cdots, Z_{n-1})$ から $(\xi, Y_1, \cdots, Y_{n-1})$ が決まる．故に(a. 2)に注意すれば

$$\begin{aligned} h(Y_n|\xi, Y_1, \cdots, Y_{n-1}) &= h(X_n+Z_n|\xi, Y_1, \cdots, Y_{n-1}) \\ &= h(Z_n|\xi, Z_1, \cdots, Z_{n-1}) = h(Z_n|Z_1, \cdots, Z_{n-1}) \end{aligned} \tag{5.2.4}$$

を得る．(5. 2. 3), (5. 2. 4)と(h. 6)より(5. 2. 2)が成り立つ．　▮

このように相互情報量 $I_N(\xi, Y)$ の計算はエントロピー $h_N(Y), h_N(Z)$ の計算に帰着される．Z は Gauss 過程だから $h_N(Z)$ は定理 1. 3. 1 により計算できる．入力信号 $X=\{X_n\}$ が Gauss 過程のときには出力信号 $Y=\{Y_n\}$ も Gauss 過程となり $h_N(Y)$ も計算できる．まず最も簡単な場合の $I_N(\xi, Y)$ の計算式を与える．

定理 5. 2. 2　白色 Gauss 型通信路において入力信号 $X=\{X_n\}$ が，各 X_n が $Y_1, \cdots, Y_{n-1}$ と独立であるような Gauss 過程ならば，X_n の分散を ρ_n^2，Z_n の分散を σ_n^2 とすると

$$I_N(\xi, Y) = \frac{1}{2}\sum_{n=1}^{N} \log\left(1+\frac{\rho_n^2}{\sigma_n^2}\right) \tag{5.2.5}$$

である．

証明　仮定(a. 1′)と定理 1. 3. 1, (h. 6)より

$$h_N(Z) = \sum_{n=1}^{N} h(Z_n) = \frac{1}{2}\sum_{n=1}^{N} \log(2\pi e\sigma_n^2) \tag{5.2.6}$$

を得る．仮定より X_n と Z_n は独立であり，かつともに $Y_1, \cdots, Y_{n-1}$ と独立である．よって $Y_n=X_n+Z_n$ は $Y_1, \cdots, Y_{n-1}$ と独立で分散 $\rho_n^2+\sigma_n^2$ の Gauss 分布に従う．したがって Z の場合と同様に

$$h_N(Y) = \sum_{n=1}^{N} h(Y_n) = \frac{1}{2}\sum_{n=1}^{N} \log[2\pi e(\rho_n^2+\sigma_n^2)] \tag{5.2.7}$$

である．(5. 2. 6), (5. 2. 7)と(5. 2. 2)より(5. 2. 5)を得る．　▮

次に雑音 $Z=\{Z_n\}$ は一般の Gauss 過程とし，フィードバックのない場合を考える．$(Z_1, \cdots, Z_N)$ の共分散行列を $S=(\sigma_{ij})_{i,j=1,\cdots,N}$ とおくと S は正定値対称行列だから

$$ {}^tASA = I \tag{5.2.8} $$

なる N 次正則行列 A が存在する．ここで ${}^tA$ は A の転置行列，I は単位行列である．

定理 5.2.3 フィードバックのない Gauss 型通信路において，入力信号 $X=\{X_n\}$ が Gauss 過程ならば $(X_1, \cdots, X_N)$ の共分散行列を R とし，行列 ${}^tARA$ の固有値を $\rho_1^2, \cdots, \rho_N^2$ とする（A は(5.2.8)の行列）と

$$ I_N(\xi, Y) = I_N(X, Y) = \frac{1}{2}\sum_{n=1}^{N} \log(1+\rho_n^2) \tag{5.2.9} $$

である．

証明 フィードバックがないので(I.6)と(I.4)より

$$ I_N(\xi, Y) = I_N((\xi, X), Y) = I_N(X, Y) \tag{5.2.10} $$

である．${}^tARA$ は正定値対称行列だから，

$$ {}^tB\,{}^tARAB = \begin{pmatrix} \rho_1^2 & & 0 \\ & \ddots & \\ 0 & & \rho_N^2 \end{pmatrix} $$

なる直交行列 B が存在する．行列 $C=AB$ の要素を c_{ij}, $i, j=1, \cdots, N$, とし，$\tilde{X}_n=\sum_{i=1}^{n} c_{in}X_i$, $n=1, \cdots, N$, すなわち $\tilde{X}\equiv(\tilde{X}_1, \cdots, \tilde{X}_N)=(X_1, \cdots, X_N)C$（このことを単に $\tilde{X}=XC$ とも書く）と定義する．同様に $\tilde{Y}\equiv(\tilde{Y}_1, \cdots, \tilde{Y}_N)$, $\tilde{Z}\equiv(\tilde{Z}_1, \cdots, \tilde{Z}_N)$ を $\tilde{Y}=YC$, $\tilde{Z}=ZC$ と定めると

$$ \tilde{Y}_n = \tilde{X}_n + \tilde{Z}_n, \qquad n = 1, \cdots, N \tag{5.2.11} $$

である．C の逆行列 C^{-1} が存在し，$X=\tilde{X}C^{-1}$, $Y=\tilde{Y}C^{-1}$ だから(I.3)より

$$ I_N(\xi, Y) = I_N(\xi, \tilde{Y}), \qquad I_N(X, Y) = I_N(\tilde{X}, \tilde{Y}) \tag{5.2.12} $$

である．したがって通信路(5.2.11)における相互情報量を計算すればよい．しかるに $(\tilde{X}_1, \cdots, \tilde{X}_N)$ と $(\tilde{Z}_1, \cdots, \tilde{Z}_N)$ は独立でともに Gauss 分布に従い，その共分散行列を各々 $\tilde{R}, \tilde{S}$ とおくと

$$ \tilde{R} = {}^tCRC = \begin{pmatrix} \rho_1^2 & & 0 \\ & \ddots & \\ 0 & & \rho_N^2 \end{pmatrix}, \qquad \tilde{S} = {}^tCSC = {}^tBIB = I $$

である．よって通信路(5.2.11)は定理5.2.2で $\sigma_1^2=\cdots=\sigma_N^2=1$ とした白色 Gauss 型通信路である．故に定理5.2.2と(5.2.12)より(5.2.9)を得る． ∎

ここで用いた直交化する方法は Gauss 過程の解析において極めて有効な方法の一つである．しかし行列による変換で性質(a.3)はくずれてしまうので，フィードバックのある場合には使えない方法である．

§5.3　離散白色 Gauss 型通信路の容量

本節では入力信号に平均電力制限が課せられている白色 Gauss 型通信路の容量を求める．この容量はフィードバックの有無によって変らない．

考える通信路は(a.1′), (a.2), (a.3)をみたす白色 Gauss 型通信路(5.2.1)とする．雑音 $Z=\{Z_n;\ n\in \boldsymbol{T}\}$ において Z_n の分散を σ_n^2 とする．

まず通信時間は有限で $\boldsymbol{T}=\{1,\cdots,N\}$ の場合を考える．入力信号に対しては送信のエネルギーに関する制限が課せられているものとする．応用上よく扱われる制限は，各時刻における送信のエネルギー(＝X_n の分散)が一定:

$$E[X_n^2] \leqq \rho^2, \qquad n\in \boldsymbol{T} \qquad (\rho>0 \text{ は定数}) \tag{5.3.1}$$

という制限や送信エネルギーの時間平均が一定:

$$\frac{1}{N}\sum_{n=1}^{N} E[X_n^2] \leqq \rho^2 \tag{5.3.2}$$

といった制限である．ここではもう少し一般的に，制限

$$E[X_n^2] \leqq \rho_n^2, \qquad n\in \boldsymbol{T} \qquad (\rho_n>0 \text{ は定数}) \tag{5.3.3}$$

が課せられているものとする．§4.3でも述べたように，この型の制限は平均電力制限とよばれている．

制限(5.3.3)の下で，フィードバックのないときの通信路容量 C は定義4.3.1より

$$C=\sup_X I_N(X,Y) \tag{5.3.4}$$

である．ここで上限は雑音 Z とは独立で(5.3.3)をみたすすべての $X=\{X_n;\ n=1,\cdots,N\}$ についてとる．フィードバックのあるときの通信路容量 C_f は定

義 4.3.2 より

$$C_f = \sup_{\xi, X} I_N(\xi, Y) \tag{5.3.5}$$

で与えられる．ここで上限は (a.2), (a.3), (5.3.3) をみたすすべての ξ と $X=\{X_n;\ n=1, \cdots, N\}$ についてとる．明らかに $C \leqq C_f$ であるが，実はフィードバックがあっても容量は増加しない．

定理 5.3.1　1°)　白色 Gauss 型通信路の制限 (5.3.3) の下での容量は

$$C = C_f = \frac{1}{2}\sum_{n=1}^{N} \log\left(1+\frac{\rho_n^2}{\sigma_n^2}\right) \tag{5.3.6}$$

である．

2°)　1°) の通信路において，フィードバックのない場合で入力信号 $X=(X_1, \cdots, X_n)$ をたがいに独立で，各 X_n は Gauss 分布 $N(0, \rho_n^2)$ に従うものとすることにより上の容量は到達できる：

$$C = C_f = I_N(X, Y) \tag{5.3.7}$$

証明　ξ と $X=\{X_n\}$ を (a.2), (a.3), (5.3.3) をみたすものとする．X_n と Z_n は独立だから，$E[Y_n^2]=E[X_n^2]+E[Z_n^2] \leqq \rho_n^2+\sigma_n^2$ である．よって (h.6) と定理 1.3.1, 1.3.2 より

$$h_N(Y) \leqq \sum_{n=1}^{N} h(Y_n) \leqq \frac{1}{2}\sum_{n=1}^{N} \log\,[2\pi e(\rho_n^2+\sigma_n^2)] \tag{5.3.8}$$

が成り立つ．したがって定理 5.2.1 と (5.2.6), (5.3.8) より，つねに

$$I_N(\xi, Y) \leqq \frac{1}{2}\sum_{n=1}^{N} \log\left(1+\frac{\rho_n^2}{\sigma_n^2}\right)$$

であり，容量の定義より

$$C \leqq C_f \leqq \frac{1}{2}\sum_{n=1}^{N} \log\left(1+\frac{\rho_n^2}{\sigma_n^2}\right) \tag{5.3.9}$$

である．一方 $X=(X_1, \cdots, X_N)$ を 2°) のようにとれば，明らかに制限 (5.3.3) をみたし，定理 5.2.2 と合せ

$$C \geqq I_N(X, Y) = \frac{1}{2}\sum_{n=1}^{N} \log\left(1+\frac{\rho_n^2}{\sigma_n^2}\right) \tag{5.3.10}$$

を得る．(5.3.9)と(5.3.10)より(5.3.6)および(5.3.7)を得る．　∎

制限(5.3.3)を(5.3.1)あるいは(5.3.2)で置き換えた場合を考えてみよう．(5.3.1)は(5.3.3)の特別の場合だから，このときの容量は

$$C = C_f = \frac{1}{2}\sum_{n=1}^{N} \log\left(1+\frac{\rho^2}{\sigma_n^2}\right)$$

である．

制限が(5.3.2)の場合を考える．雑音の分散 $E[Z_n^2]=\sigma_n^2$ に対し，$\sigma_1^2 \geqq \cdots \geqq \sigma_N^2$ としても一般性を失わない．

定理 5.3.2　制限(5.3.2)の下での白色 Gauss 型通信路の容量をフィードバックのないときは C，あるときは C_f とし，$\sigma_1^2 \geqq \cdots \geqq \sigma_N^2$ とすると

$$C = C_f = \frac{1}{2}\sum_{n=M}^{N} \log\frac{A^2}{\sigma_n^2} \tag{5.3.11}$$

である．ここで自然数 M と正数 A は次の2式により $\sigma_1^2, \cdots, \sigma_N^2$ と ρ^2 とから決まるものである(図5.3参照)．

$$A^2 = \frac{1}{N-M+1}(N\rho^2+\sigma(M)^2) \qquad \left(\sigma(n)^2 = \sum_{i=n}^{N}\sigma_i^2\right) \tag{5.3.12}$$

$$M = \min\{k;\ \sigma_k^2 < A^2\} \tag{5.3.13}$$

特に $\sigma_1^2 = \cdots = \sigma_N^2 = \sigma^2$ のときには $M=1$，$A^2=\rho^2+\sigma^2$ で

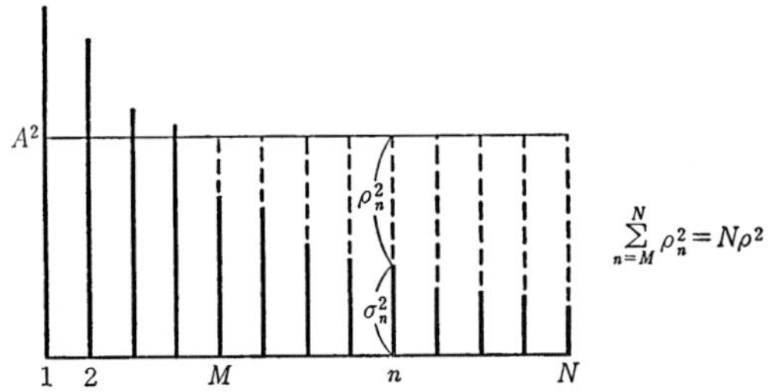

図 5.3　M と A の定め方

$$C = C_f = \frac{N}{2}\log\left(1+\frac{\rho^2}{\sigma^2}\right) \tag{5.3.14}$$

となる．

証明　制限(5.3.2)と(5.3.3)を較べてみれば，定理5.3.1より，

$$\frac{1}{N}\sum_{n=1}^{N}\rho_n^2 \leqq \rho^2$$

をみたす $\rho_1, \cdots, \rho_N$ についての(5.3.6)の右辺の最大値が(5.3.11)の右辺に等しいことを示せばよいことがわかる．明らかに $\rho_1, \cdots, \rho_N$ は

$$\frac{1}{N}\sum_{n=1}^{N}\rho_n^2 = \rho^2 \tag{5.3.15}$$

の場合だけを考えればよい．このとき $\sum_{n=1}^{N}(\rho_n^2+\sigma_n^2)=N\rho^2+\sigma(1)^2=$一定，であることと，(5.3.6)の右辺$=\frac{1}{2}\sum_{n=1}^{N}\log(\rho_n^2+\sigma_n^2)-\frac{1}{2}\sum_{n=1}^{N}\log\sigma_n^2$ であり，$\log x$ は上に凸な関数であることから，もし $\rho_1, \cdots, \rho_N$ を

$$\rho_1^2+\sigma_1^2 = \cdots = \rho_N^2+\sigma_N^2 \quad (=A^2) \tag{5.3.16}$$

であるようにとれれば，このときに(5.3.6)の右辺は最大になる．M, A を(5.3.12), (5.3.13)で定めるとき，もし $M=1$ ならば上のことが可能であり，その最大値は確かに(5.3.11)の右辺に等しくなる．$M>1$ とする．このときは(5.3.16)のようにはできない．今 $\rho_1, \cdots, \rho_N$ は(5.3.15)をみたし，ある $k<M$ において $\rho_k^2>0$ とする．このとき M と A の定め方からある $l\geqq M$ で $\rho_l^2+\sigma_l^2<A^2(<\sigma_k^2)$ となっている．そこで，他の ρ_n^2 はそのままにして ρ_k^2 を0に，ρ_l^2 を $\rho_l^2+\rho_k^2$ に変えると，明らかに(5.3.6)の右辺は増大する．したがって $k<M$ では $\rho_k=0$ とし，他の ρ_n, $n\geqq M$, を(5.3.6)の右辺が最大になるように選べばよい．それには先に述べたことから，$\rho_M, \cdots, \rho_N$ を(5.3.15)と(5.3.16)(ただし1から N までの和を M から N までの和に変える)をみたすようにとればよい(このことは可能である)．そして明らかにこのとき(5.3.6)の右辺は(5.3.11)の右辺に等しい．$\sigma_1^2=\cdots=\sigma_N^2=\sigma^2$ のときには，明らかに(5.3.11)は(5.3.14)になる．　∎

次に無限通信時間 $\boldsymbol{T}=\boldsymbol{Z}^+$ のときの白色 Gauss 型通信路の単位時間当りの容

量を求める．入力信号 $X=\{X_n;\ n\in \boldsymbol{T}\}$ に対しては制限

$$\overline{\lim_{N\to\infty}}\frac{1}{N}\sum_{n=1}^{N}E[X_n^2]\leqq \rho^2 \tag{5.3.17}$$

が課せられているものとする．定義 4.3.3 で与えたように単位時間当りの通信路容量は，フィードバックのないときは

$$\bar{C}=\sup_{X}\underline{\lim_{N\to\infty}}\frac{1}{N}I_N(X,Y) \tag{5.3.18}$$

である．ただし上限は雑音 Z とは独立で制限 (5.3.17) をみたすすべての $X=\{X_n\}$ についてとる．フィードバックのあるときは

$$\bar{C}_f=\sup_{\xi,X}\underline{\lim_{N\to\infty}}\frac{1}{N}I_N(\xi,Y) \tag{5.3.19}$$

である．ただし上限は (a.2), (a.3), (5.3.17) をみたすすべての ξ と X についてとる．

定理 5.3.3　白色 Gauss 型通信路 (5.2.1) において雑音の分散は $E[Z_n^2]=\sigma^2$, $n\in \boldsymbol{T}$，とする．

1°)　制限 (5.3.17) の下での単位時間当りの容量は

$$\bar{C}=\bar{C}_f=\frac{1}{2}\log\left(1+\frac{\rho^2}{\sigma^2}\right) \tag{5.3.20}$$

である．

2°)　フィードバックがない場合で，入力信号 $X=\{X_n\}$ として各 X_n の分散が ρ^2 の Gauss 型ホワイトノイズをとることにより上の容量は到達できる：

$$\bar{C}=\bar{C}_f=\lim_{N\to\infty}\frac{1}{N}I_N(X,Y) \tag{5.3.21}$$

証明　ξ と X を (a.2), (a.3), (5.3.17) をみたす勝手なものとする．任意の正数 ε に対し N が十分大きければ $\sum_{n=1}^{N}E[X_n^2]\leqq N(\rho^2+\varepsilon^2)$ である．したがって定理 5.3.2 の (5.3.14) より

$$\frac{1}{N}I_N(\xi,Y)\leqq\frac{1}{2}\log\left(1+\frac{\rho^2+\varepsilon^2}{\sigma^2}\right)$$

である．したがって容量の定義と ε が任意であることから

$$\bar{C} \leqq \bar{C}_f \leqq \frac{1}{2}\log\left(1+\frac{\rho^2}{\sigma^2}\right) \tag{5.3.22}$$

である．一方 $X=\{X_n\}$ を 2°) のようにとれば，明らかに

$$\bar{C} \geqq \lim_{N\to\infty}\frac{1}{N}I_N(X, Y) = \frac{1}{2}\log\left(1+\frac{\rho^2}{\sigma^2}\right) \tag{5.3.23}$$

である．(5.3.22) と (5.3.23) より (5.3.20) および (5.3.21) を得る． ∎

さて本節でみてきた白色 Gauss 型通信路の容量については次の二つの特徴があった．(i) フィードバックがあっても容量は増加しない．(ii) Gauss 型の信号を入力することによって容量に等しい相互情報を送ることができる．(i) はホワイトノイズの性質を反映した事実であって，一般にはフィードバックの存在によって容量は増加する．そのような例は次節で与える．(ii) は白色 Gauss 型に特有なことではなく，一般の Gauss 型通信路においても成立する．容量に等しい相互情報量を送るメッセージ，入力信号については次節以降でさらに詳しく調べる．

入力信号に対する制限としては (5.3.3) の型のものしか扱わなかった．他の型の制限の場合には，ここでの議論は使えず，本節で述べたような具体的な結果は得られていない．

§5.4 離散 Gauss 型通信路の容量

本節では雑音がホワイトノイズとは限らず，一般の離散 Gauss 型通信路の容量について述べる．次の三つのことを行う．まず通信時間が有限でフィードバックがない場合の容量の公式を導く．次に定常性のある Gauss 型通信路を考え，フィードバックのないときの単位時間当りの容量を計算する．つづいてフィードバックのある場合を考える．このときの容量に対する公式は未だ得られていない．しかし Gauss 系の中で，すなわち Gauss 型メッセージを線形な符号化により伝送することによって，容量に等しい相互情報量を送れることがわかる．

これまでと同じ記号を用い，(5. 2. 1)で表わされる Gauss 型通信路を考える．最初に通信時間 $\boldsymbol{T}=\{1, \cdots, N\}$ は有限とし，フィードバックはないものとする．また入力信号に対しては制限(5. 3. 2)が課せられているものとする．このときの通信路容量 C は(5. 3. 4)で上限を雑音 Z とは独立で(5. 3. 2)をみたすすべての $X=(X_1, \cdots, X_N)$ についてとったものである．定理 5. 2. 3 の証明に用いたような直交化により次のことがわかる．

定理 5. 4. 1　フィードバックのない Gauss 型通信路の制限(5. 3. 2)の下での容量は

$$C=\frac{1}{2}\sum_{n=M}^{N}\log\frac{A^2}{\sigma_n^2} \tag{5.4.1}$$

である．ここで $\sigma_1^2, \cdots, \sigma_N^2$ は雑音 $Z=(Z_1, \cdots, Z_N)$ の共分散行列の固有値($\sigma_1^2 \geqq \cdots \geqq \sigma_N^2$ とする)であり，自然数 M と正数 A は $\sigma_1^2, \cdots, \sigma_N^2$ と ρ より (5. 3. 12), (5. 3. 13)で決まるものである．

証明　$Z=(Z_1, \cdots, Z_N)$ の共分散行列 $S=(\sigma_{ij})_{i,j=1,\cdots,N}$ はある直交行列 $B=(b_{ij})_{i,j=1,\cdots,N}$ により

$$^tBSB=\begin{pmatrix}\sigma_1^2 & & 0\\ & \ddots & \\ 0 & & \sigma_N^2\end{pmatrix} \tag{5.4.2}$$

と対角化できる．定理 5. 2. 3 の証明のときと同様に $\tilde{X}=(\tilde{X}_1, \cdots, \tilde{X}_N)$，$\tilde{Y}=(\tilde{Y}_1, \cdots, \tilde{Y}_N)$，$\tilde{Z}=(\tilde{Z}_1, \cdots, \tilde{Z}_N)$ を

$$\tilde{X}=XB, \qquad \tilde{Y}=YB, \qquad \tilde{Z}=ZB$$

と定めると

$$\tilde{Y}_n=\tilde{X}_n+\tilde{Z}_n, \qquad n=1, \cdots, N \tag{5.4.3}$$

である．$\tilde{Z}$ は N 次元 Gauss 分布に従い，(5. 4. 2)より $E[\tilde{Z}_i\tilde{Z}_j]=\sigma_i^2\delta_{ij}$ がわかるから，(5. 4. 3)はフィードバックのない白色 Gauss 型通信路を表わしている．また B が直交行列であることと(5. 3. 2)より $\tilde{X}$ は

$$\sum_{n=1}^{N}E[\tilde{X}_n^2]=\sum_{n=1}^{N}\sum_{i,j=1}^{N}b_{ni}b_{nj}E[X_iX_j]=\sum_{i=1}^{N}E[X_i^2]\leqq N\rho^2 \tag{5.4.4}$$

をみたす．さらに行列 B による変換で相互情報量は不変，$I_N(X, Y)=I_N(\tilde{X}, \tilde{Y})$，である．したがって求める容量 C は通信路(5.4.3)の制限(5.4.4)の下での容量に等しい．そしてそれは定理 5.3.2 により(5.4.1)で与えられる． ▎

次に通信時間が無限でフィードバックのない Gauss 型通信路の単位時間当りの容量を考える．単位時間当りの容量を考える意味があるのは，通信路が何らかの意味で時間に関する定常性を有している場合であろう．通信時間が $\boldsymbol{T}=\boldsymbol{Z}$ の Gauss 型通信路は雑音 $Z=\{Z_n;\ n\in\boldsymbol{Z}\}$ が定常過程のとき**定常 Gauss 型通信路**という．

Z がスペクトル密度関数 $g(\lambda)$ をもつようなフィードバックのない定常 Gauss 型通信路を考える．さらに入力信号 $X=\{X_n;\ n\in\boldsymbol{Z}\}$ も弱定常過程である (Gauss 過程とは限らない)と仮定する．このとき制限(5.3.1)の下での単位時間当りの容量を求めることができる．そのためにまず入力信号 X のスペクトル密度関数 $f(\lambda)$ が指定された場合の単位時間当りの容量 $\bar{C}$ を求めよう．$\bar{C}$ は (5.3.18)で上限を Z とは独立でスペクトル密度関数 $f(\lambda)$ をもつすべての弱定常過程 X についてとったものである．

定理 5.4.2 入力信号のスペクトル密度関数 $f(\lambda)$ が指定されたフィードバックのない定常 Gauss 型通信路の単位時間当りの容量は

$$\bar{C}=\frac{1}{4\pi}\int_{-\pi}^{\pi}\log\left[1+\frac{f(\lambda)}{g(\lambda)}\right]d\lambda \tag{5.4.5}$$

である．入力信号として定常 Gauss 過程をとることにより容量 $\bar{C}$ に等しい相互情報量を送ることができる．

証明 $X=\{X_n;\ n\in\boldsymbol{Z}\}$ を入力可能な任意の弱定常過程とする．X, Z の共分散関数を各々 $\alpha_n, \gamma_n\ (n\in\boldsymbol{Z})$ とする．X と Z が独立だから出力信号 $Y=\{Y_n;\ n\in\boldsymbol{Z}\}$ も弱定常過程であり，その共分散関数は $\beta_n=\alpha_n+\gamma_n=\int_{-\pi}^{\pi}e^{in\lambda}(f(\lambda)+g(\lambda))d\lambda\ (n\in\boldsymbol{Z})$ となり，Y はスペクトル密度関数 $f(\lambda)+g(\lambda)$ をもつ．一方定理 5.2.1 より

$$I_N(X, Y)=h_N(Y)-h_N(Z) \tag{5.4.6}$$

である．また定理 1.3.2 より $h_N(Y)$ は $(Y_1, \cdots, Y_N)$ が Gauss 分布に従うとき

に最大になる．したがって特に入力信号 $X^0=\{X_n^0;\ n\in \boldsymbol{Z}\}$ をスペクトル密度関数 $f(\lambda)$ をもつ定常 Gauss 過程とすると，対応する出力信号 $Y^0=\{Y_n^0;\ n\in \boldsymbol{Z}\}$，$Y_n^0=X_n^0+Z_n$，は Gauss 過程であり

$$I_N(X, Y) \leqq h_N(Y^0)-h_N(Z) = I_N(X^0, Y^0)$$

が成り立つ．よって

$$\bar{C} = \lim_{N\to\infty}\frac{1}{N}I_N(X^0, Y^0) = \bar{h}(Y^0)-\bar{h}(Z) \tag{5.4.7}$$

である．ただし $\bar{h}(\cdot)$ はエントロピー・レートである．定常 Gauss 過程 Z, Y^0 のエントロピー・レート $\bar{h}(Z), \bar{h}(Y^0)$ は (3.2.1) でスペクトル密度関数を各々 $g(\lambda)$，$f(\lambda)+g(\lambda)$ としたものだから (5.4.7) より (5.4.5) を得る． ∎

定理 5.4.3　雑音 Z のスペクトル密度関数が $g(\lambda)$ のフィードバックのない定常 Gauss 型通信路において入力信号が (5.3.1) をみたす弱定常過程に制限されているときの単位時間当りの容量は

$$\bar{C} = \frac{1}{4\pi}\int_{-\pi}^{\pi}\log\left[\max\left(\frac{A}{g(\lambda)}, 1\right)\right]d\lambda \tag{5.4.8}$$

である．ただし A は次式で決まる正数（図 5.4 参照）．

$$\int_{\{\lambda\in[-\pi,\pi];\ g(\lambda)\leqq A\}}(A-g(\lambda))d\lambda = \rho^2 \tag{5.4.9}$$

なお容量 $\bar{C}$ は入力信号としてスペクトル密度関数

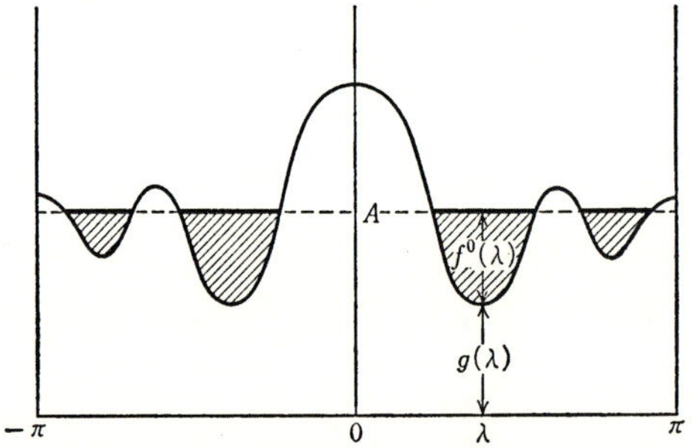

図 5.4　注水方式による $f^0(\lambda)$ の定め方

$$f^0(\lambda)=\begin{cases} A-g(\lambda), & g(\lambda)\leqq A \quad \text{のとき} \\ 0, & g(\lambda)>A \quad \text{のとき} \end{cases}$$

の定常Gauss過程 $X^0=\{X_n^0;\ n\in \boldsymbol{Z}\}$ をとることによって到達される.

証明 求める容量 $\bar{C}$ は(5.3.18)で(5.3.1)をみたす弱定常過程について上限をとったものであるが, ここでもGauss過程についてのみ上限をとればよい. さらに(5.4.6)と定理3.2.1より, スペクトル密度関数をもつものについて上限をとればよい. $X=\{X_n;\ n\in \boldsymbol{Z}\}$ をスペクトル密度関数 $f(\lambda)$ をもつ定常Gauss過程とすると, 制限(5.3.1)は

$$E[X_n^2]=\int_{-\pi}^{\pi} f(\lambda)d\lambda \leqq \rho^2 \tag{5.4.10}$$

となる. したがって定理5.4.2より(5.4.10)をみたすスペクトル密度関数 $f(\lambda)$ についての(5.4.5)の右辺の最大値が求める容量である. 定理5.3.2の証明と同様の議論で, $f(\lambda)$ として定理の $f^0(\lambda)$ をとったときに(5.4.5)の右辺は最大となり, その最大値は(5.4.8)となることが証明できる. ∎

この定理での $f^0(\lambda)$ の定め方は次のように説明できる. 底の高さが $g(\lambda)$ の容器に水を注ぎ, 注いだ水の量が ρ^2 に達したときの水深が $f^0(\lambda)$ である. このことからこの方法を注水方式(water filling method)という.

フィードバックのあるGauss型通信路の容量の話にうつろう. §5.2の(a.1)～(a.3)をみたすGauss型通信路を考える. 容量を求めるのに都合のよい, 相互情報量を計算する式を得ることがまず必要である. このために適当な変換により通信路を白色Gauss型通信路に変換することを考える. フィードバックの特徴は入力信号が出力信号に関して**因果的**(causal), すなわち時刻 n における入力信号 X_n は出力信号の過去 $\{Y_k;\ k<n\}$ に依存するが未来 $\{Y_k;\ k\geqq n\}$ には依存しない, ということにある. したがってこの因果性を保つような変換を考えねばならない. この点から定理5.2.3で用いた変換は今の場合不適当である. 上の目的にかなうものとして, Gauss型雑音 $Z=\{Z_n;\ n\in \boldsymbol{T}\}$ の標準表現(§3.1参照)を使う方法がある. 時間パラメーターの空間は $\boldsymbol{T}=\boldsymbol{Z}^+$ とする.

$$W_n = \frac{Z_n - E[Z_n | Z_1, \cdots, Z_{n-1}]}{\sqrt{E[(Z_n - E[Z_n | Z_1, \cdots, Z_{n-1}])^2]}}, \qquad n \in \boldsymbol{Z}^+ \qquad (5.4.11)$$

と定義する(ただし $n=1$ のときは $E[Z_n | Z_1, \cdots, Z_{n-1}] = E[Z_n] = 0$)と，明らかに $W = \{W_n;\ n \in \boldsymbol{Z}^+\}$ は分散1の Gauss 型ホワイトノイズである．Z は Gauss 過程だから条件付平均値 $E[Z_n | Z_1, \cdots, Z_{n-1}]$ は $Z_1, \cdots, Z_{n-1}$ の一次結合であり(5.4.11)は

$$W_n = \sum_{i=1}^{n} b_{in} Z_i, \qquad n \in \boldsymbol{Z}^+ \qquad (5.4.12)$$

と書ける．またこの式を Z_n, $n \in \boldsymbol{Z}^+$, について解き

$$Z_n = \sum_{i=1}^{n} c_{in} W_i, \qquad n \in \boldsymbol{Z}^+ \qquad (5.4.13)$$

とできる．Z_i, $1 \leqq i \leqq n$, の張る $L^2(\Omega, P)$ の部分空間を $\mathcal{M}_n(Z)$ と書くと，(5.4.12), (5.4.13)は

$$\mathcal{M}_n(Z) = \mathcal{M}_n(W), \qquad n \in \boldsymbol{Z}^+ \qquad (5.4.14)$$

を意味している．したがって(5.4.13)は Gauss 過程 Z の標準表現である．

Gauss 型通信路(5.2.1)において通信時間を N までとする．入力信号 X と出力信号 Y に対しても(5.4.12)と同じ変換

$$\tilde{X}_n = \sum_{i=1}^{n} b_{in} X_i, \qquad \tilde{Y}_n = \sum_{i=1}^{n} b_{in} Y_i, \qquad n = 1, \cdots, N \qquad (5.4.15)$$

を施し，フィードバックのある白色 Gauss 型通信路

$$\tilde{Y}_n = \tilde{X}_n + W_n, \qquad n = 1, \cdots, N \qquad (5.4.16)$$

を得る．このとき(5.4.14)と同様に

$$\mathcal{M}_n(X) = \mathcal{M}_n(\tilde{X}), \qquad \mathcal{M}_n(Y) = \mathcal{M}_n(\tilde{Y}), \qquad n = 1, \cdots, N \qquad (5.4.17)$$

が成り立つ．

$\tilde{X}_n$, $\tilde{Y}_n$ の空間 $\mathcal{M}_{n-1}(\tilde{Y}) = \mathcal{M}_{n-1}(Y)$ への射影を各々 $\hat{X}_n$, $\hat{Y}_n$ とする*)(ただし

*)　$\hat{X}_n \in \mathcal{M}_{n-1}(\tilde{Y})$ で $E[(\tilde{X}_n - \hat{X}_n)\tilde{Y}_i] = 0$, $i = 1, \cdots, n-1$, である．$\hat{Y}_n$ についても同様．

$\hat{X}_1=\hat{Y}_1=0$ とする)．W_n は $\tilde{Y}_1, \cdots, \tilde{Y}_{n-1}$ とは独立だから，(5.4.16) より $\hat{Y}_n=\hat{X}_n$ である．そこで

$$U_n = \tilde{X}_n - \hat{X}_n, \qquad V_n = \tilde{Y}_n - \hat{Y}_n, \qquad n = 1, \cdots, N \qquad (5.4.18)$$

とおき，新しい通信路

$$V_n = U_n + W_n, \qquad n = 1, \cdots, N \qquad (5.4.19)$$

を得る．定義から $V_n \in \mathcal{M}_n(\tilde{Y})$ であるが，$V_1=\tilde{Y}_1$ に注意すれば帰納的に $\tilde{Y}_n \in \mathcal{M}_n(V)$ を示すことができ

$$\mathcal{M}_n(V) = \mathcal{M}_n(\tilde{Y}), \qquad n = 1, \cdots, N \qquad (5.4.20)$$

である．また (a.3) と (5.4.17), (5.4.20) より，U_n は ξ と $V_1, \cdots, V_{n-1}$ の関数であることがわかる．したがって (5.4.19) もフィードバックのある白色 Gauss 型通信路を表わしている．(5.4.18) と (5.4.20) より U_n, V_n は $V_1, \cdots, V_{n-1}$ と直交している．このことが通信路 (5.4.19) の特徴である．以上の議論からまず次のことがわかる．

定理 5.4.4　フィードバックのある時刻 N までの Gauss 型通信路 (5.2.1) を上のように白色 Gauss 型通信路 (5.4.19) に変換すると

$$I_N(\xi, Y) = I_N(\xi, V) \leqq \frac{1}{2}\sum_{n=1}^{N} \log(1+\tau_n^2) \qquad (5.4.21)$$

が成り立つ．ただし τ_n^2 は U_n の分散である．

証明　$I_N(\xi, Y)=I_N(\xi, V)$ であることは (5.4.17), (5.4.20) より明らか．W_n の分散が 1 だから (5.4.21) の不等式は定理 5.3.1 の 1°) より明らかである．∎

つづいて入力信号に対して制限 (5.3.2) あるいは (5.3.3) が課せられているときの容量を調べよう．容量を求める具体的な式は得られていないが，次のように Gauss 系の中で容量が到達されることがわかる．

定理 5.4.5　フィードバックのある時刻 N までの Gauss 型通信路 (5.2.1) の制限 (5.3.3) の下での容量 C_f は，メッセージとして Gauss 過程 $\xi^0=\{\xi_n^0;\ 1\leqq n\leqq N\}$，入力信号 $X^0=\{X_n^0;\ 1\leqq n\leqq N\}$ として各 X_n^0 が ξ_j^0, $j\leqq n$, と $Y_k^0=X_k^0+Z_k$, $k<n$, の一次結合で (5.3.3) をみたすものをとるときの相互情報量 $I_N(\xi^0, Y^0)$ の上限に等しい．そして C_f は (5.4.21) の右辺の $\{\tau_n^2=E[U_n^2];\ 1\leqq n\leqq N\}$

についての上限でもある．

証明　メッセージ ξ と入力信号 $X=\{X_n;\ 1\leqq n\leqq N\}$ を (a. 2), (a. 3), (5. 3. 3) をみたすものとする．容量 C_f はこのような ξ, X についての $I_N(\xi, Y)$ の上限だから，(5. 4. 21) より定理の証明のためには，定理に述べたような Gauss 型メッセージ ξ^0 と入力信号 X^0 で

$$I_N(\xi^0, Y^0) = \frac{1}{2}\sum_{n=1}^{N} \log(1+\tau_n^2) \qquad (5.4.22)$$

となるものが存在することを示せばよい．ただし τ_n^2 は通信路を (5. 4. 19) に変換するときの U_n の分散である．まず $X^0=\{X_n^0;\ 1\leqq n\leqq N\}$ を $(X_1^0, \cdots, X_N^0, Z_1, \cdots, Z_N)$ が $(X_1, \cdots, X_N, Z_1, \cdots, Z_N)$ と同じ共分散行列をもつ Gauss 分布に従うようにとる．$Y^0=\{Y_n^0;\ 1\leqq n\leqq N\}$ を $Y_n^0=X_n^0+Z_n$ で定め，$\xi^0=\{\xi_n^0;\ 1\leqq n\leqq N\}$ を

$$\xi_n^0 = X_n^0-E[X_n^0 | X_1^0, \cdots, X_{n-1}^0, Y_1^0, \cdots, Y_{n-1}^0] \qquad (5.4.23)$$

で定める (ただし $\xi_1^0=X_1^0$)．明らかに (ξ^0, X^0, Y^0, Z) は Gauss 系をなしている．ξ^0, X^0 が (a. 2), (a. 3), (5. 3. 3) をみたすことを示す．X が (5. 3. 3) をみたしているから X^0 も (5. 3. 3) をみたす．(5. 4. 23) より帰納的に，X_n^0 は $\xi_1^0, \cdots, \xi_n^0$，$Y_1^0, \cdots, Y_{n-1}^0$ の一次結合であることが示され (a. 3) が成り立つ．(5. 4. 23) より ξ_n^0 は X_i^0, Y_i^0，$i\leqq n-1$，と独立だから $Z_i=Y_i^0-X_i^0$，$i\leqq n-1$，と独立，したがって W_i，$i\leqq n-1$ と独立である．一方 W_n は X_j^0，$j\leqq n$，Y_k^0，$k\leqq n-1$，と独立だから ξ_i^0，$i\leqq n$，と独立である．故に $\xi^0=\{\xi_n^0\}$ は $\{W_n\}$ と，したがって (5. 4. 14) より $\{Z_n\}$ と独立であり (a. 2) をみたす．最後に (5. 4. 22) を示す．U_n, V_n を (5. 4. 18) で定め，同様に X^0, Y^0 から $U^0=\{U_n^0;\ 1\leqq n\leqq N\}$，$V^0=\{V_n^0;\ 1\leqq n\leqq N\}$ を定めると，$(U_1^0, \cdots, U_N^0, V_1^0, \cdots, V_N^0)$ は Gauss 分布に従い，

$$E[(U_n^0)^2] = E[U_n^2] = \tau_n^2, \qquad n = 1, \cdots, N \qquad (5.4.24)$$

であり，U_n^0 は $V_1^0, \cdots, V_{n-1}^0$ と独立である．このように

$$V_n^0 = U_n^0+W_n, \qquad n = 1, \cdots, N$$

は定理 5. 2. 2 の条件をみたす白色 Gauss 型通信路を表わしているから，(5. 2. 5) と (5. 4. 24) より

$$I_N(\xi^0, Y^0) = I_N(\xi^0, V^0) = \frac{1}{2}\sum_{n=1}^{N} \log(1+\tau_n^2) \qquad (5.4.25)$$

である．よって(5.4.22)が示された． ∎

[注意] 証明をみればわかるように，この定理は入力信号に対する制限が入力信号の共分散の言葉で与えられている場合に成り立つ．したがって制限(5.3.2)の下でも成り立つ．

容量 C_f，すなわち(5.4.22)の右辺の最大値を求めることは未解決の問題である．最も簡単な場合にこの問題について詳しく調べてみよう．

例 4.1 Gauss 過程 $Z=\{Z_n;\ n\in \boldsymbol{Z}\}$ は

$$Z_n = \alpha Z_{n-1} + W_n, \qquad n \in \boldsymbol{Z} \qquad (5.4.26)$$

で与えられる AR(1) 過程とする．ここで $W=\{W_n\}$ は分散 1 のホワイトノイズで W_n は Z_i，$i<n$，と独立であり，α は $0<\alpha<1$ なる定数とする．Z を雑音とするフィードバックのある定常 Gauss 型通信路を考える．

まず通信時間が有限，$\boldsymbol{T}=\{1, \cdots, N\}$ のときの制限(5.3.1)の下での容量 C_f を考える(Z_1 は $N(0,1)$ に従うものとする)．今の場合，変換(5.4.15)は $\tilde{X}_n = X_n-\alpha X_{n-1}$，$\tilde{Y}_n = Y_n - \alpha Y_{n-1}$ であり，(5.4.18)の U_n は

$$U_n = (X_n-\alpha X_{n-1}) - E[X_n-\alpha X_{n-1} \mid Y_1, \cdots, Y_{n-1}], \qquad n \geqq 2 \quad (5.4.27)$$

となる($U_1=X_1$)．問題は制限(5.3.1)の下で

$$\frac{1}{2}\sum_{n=1}^{N} \log(1+E[U_n^2])$$

の最大値を求めることであるが，やはり未解決である．条件(5.3.1)より $E[U_n^2] \leqq E[\tilde{X}_n^2] \leqq (1+\alpha)^2\rho^2$ だから，定理 5.3.1 より

$$C_f \leqq \frac{N}{2} \log[1+(1+\alpha)^2\rho^2] \qquad (5.4.28)$$

という容量に対する一つの上界を得る．しかしこの上界は容量の真の値に較べかなり大きめの値である．次に C_f を下から評価する．そのために一つの具体的な通信を考える．メッセージ ξ は Gauss 分布 $N(0,1)$ に従う確率変数とし，入力信号 $X=\{X_n;\ 1\leqq n\leqq N\}$ を

$$\begin{cases} X_1 = \rho\xi \\ X_n = -a_n(X_{n-1} - E[X_{n-1} \mid Y_1, \cdots, Y_{n-1}]), \quad n \geqq 2 \end{cases} \tag{5.4.29}$$

で定める．ただし a_n は $E[X_n^2]=\rho^2$ とするための正数である．このとき(5.4.27)の U_n は

$$U_n = \left(1+\frac{\alpha}{a_n}\right)X_n, \quad n \geqq 2$$

である ($U_1=X_1$). したがって(5.4.25)と同様にして

$$\begin{aligned} C_f \geqq I_N(\xi, Y) &= \frac{1}{2}\sum_{n=1}^{N} \log(1+E[U_n^2]) \\ &= \frac{1}{2}\log(1+\rho^2) + \frac{1}{2}\sum_{n=2}^{N} \log\left\{1+\left(1+\frac{\alpha}{a_n}\right)^2\rho^2\right\} \end{aligned} \tag{5.4.30}$$

を得る．なお $\{a_n\}$ は漸化式

$$a_n^2 = 1+\left(1+\frac{\alpha}{a_{n-1}}\right)^2\rho^2, \quad a_2^2 = 1+\rho^2 \tag{5.4.31}$$

をみたすことが証明できる．

この通信路において $N\to\infty$ としたときの単位時間当りの容量を $\bar{C}_f$ とする．(5.4.28)と(5.4.30)より

$$\frac{1}{2}\log\left\{1+\left(1+\frac{\alpha}{a}\right)^2\rho^2\right\} \leqq \bar{C}_f \leqq \frac{1}{2}\log\{1+(1+\alpha)^2\rho^2\} \tag{5.4.32}$$

を得る．ただし $a=\lim_{n\to\infty} a_n$ であり，(5.4.31)より a は

$$x^4 - x^2 - \rho^2(x+\alpha)^2 = 0$$

をみたす．この式はただ一つの正根をもちそれが a である．次に定理5.4.3を使ってフィードバックがないときの単位時間当りの容量 $\bar{C}$ を計算する．AR(1)過程 Z のスペクトル密度関数 $g(\lambda)$ は(3.1.27)より

$$g(\lambda) = \frac{1}{2\pi|e^{i\lambda}-\alpha|^2} = \frac{1}{2\pi(1-2\alpha\cos\lambda+\alpha^2)}$$

である．この $g(\lambda)$ に対し(5.4.9)で A を決める．簡単のため $A \geqq g(0) = \max_{-\pi\leqq\lambda\leqq\pi} g(\lambda)$ であるくらい ρ が大きい場合だけ扱う．このとき $\int_{-\pi}^{\pi} g(\lambda)d\lambda = (1-\alpha^2)^{-1}$ だ

から(5.4.9)より $A=\frac{1}{2\pi}\{\rho^2+(1-\alpha^2)^{-1}\}$ である．したがって(5.4.8)より

$$\begin{aligned}\bar{C} &= \frac{1}{4\pi}\int_{-\pi}^{\pi}\log\left\{\left(\frac{1}{1-\alpha^2}+\rho^2\right)(1-2\alpha\cos\lambda+\alpha^2)\right\}d\lambda \\ &= \frac{1}{2}\log\left(\frac{1}{1-\alpha^2}+\rho^2\right) \qquad (5.4.33)\end{aligned}$$

を得る．ここで(3.2.5)を使った．

$\alpha=\frac{1}{2}$, $\rho=2$ のとき ($A\geqq g(0)$ である), (5.4.33)より $\bar{C}=\frac{1}{2}\log\frac{16}{3}$ である．一方 $a<3$ であり (5.4.32)より $\frac{1}{2}\log\frac{58}{9}<\bar{C}_f\leqq\frac{1}{2}\log 10$ である．よって $\bar{C}<\bar{C}_f$ であり，フィードバックにより容量が増加していることがわかる．

§5.5 最適符号化

本節ではフィードバックのある白色 Gauss 型通信路を通して Gauss 分布に従うメッセージ ξ を伝送する場合の最適な通信方法，すなわち符号化(符号化および復号化)を求める．

受信メッセージを η とし，再生誤差は

$$d(\xi,\eta)=\{E[(\xi-\eta)^2]\}^{1/2} \qquad (5.5.1)$$

で測ることにする．再生誤差を最も小さくする符号化が最適な符号化である．一般には最適符号化を具体的に求めることは容易ではない．符号化を工夫することによって達成できる最小の再生誤差 $D^*(\xi)$ は(4.4.1)で与えられる．ξ の歪み・レート関数を $D(R;\ \xi)$ とし，通信路の容量を C_f とすると，定理4.4.1より $D^*(\xi)\geqq D(C_f;\ \xi)$ である．さらに，有限通信時間の場合，メッセージがうまく通信路に適合している場合を除けば $D^*(\xi)>D(C_f;\ \xi)$ であることが多い．ところが今の場合，再生誤差 $d(\xi,\eta)$ が $D(C_f;\ \xi)$ に等しいような線形な符号化を具体的に構成することができる．このとき明らかに

$$d(\xi,\eta)=D(C_f;\ \xi)=D^*(\xi) \qquad (5.5.2)$$

だから，この符号化は最適なものである．

考えている白色 Gauss 型通信路において，通信時間は $\boldsymbol{T}=\{1,\cdots,N\}$ とし，ホワイトノイズ $Z=\{Z_n\}$ の分散は $E[Z_n^2]=\sigma^2$ とする．また入力信号 $X=\{X_n\}$

に対しては制限(5. 3. 2)が課せられているものとする．この通信路の容量 C_f は(5. 3. 14)より

$$C_f = \frac{N}{2}\log\left(1+\frac{\rho^2}{\sigma^2}\right) \tag{5. 5. 3}$$

である．一方メッセージ ξ は Gauss 分布 $N(0, \tau^2)$ に従う確率変数とする．歪み・レート関数 $D(R;\ \xi)$ は(5. 1. 9)で与えられるから，(5. 5. 3)より

$$D(C_f;\ \xi) = \tau e^{-C_f} = \tau\left(1+\frac{\rho^2}{\sigma^2}\right)^{-N/2} \tag{5. 5. 4}$$

である．送信側での一つの符号化を定めると入力信号 $X=\{X_n\}$ が決まり，したがって出力信号 $Y=\{Y_n\}$ も定まる．このとき2乗平均誤差 $d(\xi, \eta)$ を最小にする $\eta=\eta(Y_1, \cdots, Y_N)$ は条件付平均値

$$\hat{\xi} = E[\xi\,|\,Y_1, \cdots, Y_N] \tag{5. 5. 5}$$

である(付録§A. 2参照)．このように最適復号化は(5. 5. 5)であり，残る問題は最適な符号化(送信側での)を求めることである．

定理 5. 5. 1　Gauss 分布 $N(0, \tau^2)$ に従うメッセージ ξ をフィードバックがあり雑音の分散が一定，$E[Z_n^2]=\sigma^2$，の白色 Gauss 型通信路を通して伝送するとき，符号化を

$$X_n = a_n(\xi-\hat{\xi}_n), \qquad n = 1, \cdots, N \tag{5. 5. 6}$$

とする．ここで $\hat{\xi}_n$ は条件付平均値

$$\hat{\xi}_n = E[\xi\,|\,Y_1, \cdots, Y_{n-1}], \qquad n \geqq 2,\ \ \hat{\xi}_1 = 0 \tag{5. 5. 7}$$

であり，a_n は

$$a_n^2 E[(\xi-\hat{\xi}_n)^2] = \rho^2, \qquad n = 1, \cdots, N \tag{5. 5. 8}$$

で定まる定数である．復号化は(5. 5. 5)で与える．このとき再生誤差は

$$d(\xi, \hat{\xi})^2 = E[(\xi-\hat{\xi})^2] = \tau^2\left(1+\frac{\rho^2}{\sigma^2}\right)^{-N} \tag{5. 5. 9}$$

であり，この符号化，復号化は制限(5. 3. 2)の下では最適である．

証明　符号化を(5. 5. 6)で定めると，明らかに入力信号 $X=\{X_n\}$，出力信号 $Y=\{Y_n\}$ は Gauss 過程であり $\hat{\xi}_n$ は $Y_1, \cdots, Y_{n-1}$ の一次結合である．このよう

に符号化，復号化ともに線形である．また明らかに X は制限(5.3.2)をみたす．帰納法により

$$E[(\xi-\hat{\xi}_n)^2]=\tau^2\left(1+\frac{\rho^2}{\sigma^2}\right)^{-n+1}, \qquad n=1,\cdots,N+1 \qquad (5.5.10)$$

を示そう．(5.5.10)で $n=N+1$ としたものが求める(5.5.9)である．$n=1$ のとき(5.5.10)は自明である．$n=k$ のとき(5.5.10)が成立しているとする．定義から X_k は $Y_1,\cdots,Y_{k-1}$ と独立だから $Y_k=X_k+Z_k$ が $Y_1,\cdots,Y_{k-1}$ と独立であることと，$\hat{\xi}_{k+1}$ は $Y_1,\cdots,Y_k$ の一次結合であることから

$$\hat{\xi}_{k+1}=E[\xi\,|\,Y_1,\cdots,Y_k]=\hat{\xi}_k+E[\xi\,|\,Y_k]$$

であり $E[\hat{\xi}_k\,|\,Y_k]=E[\hat{\xi}_k]=0$ である．したがって

$$\begin{aligned}\xi-\hat{\xi}_{k+1}&=\xi-\hat{\xi}_k-E[(\xi-\hat{\xi}_k)\,|\,Y_k]\\&=\frac{1}{a_k}\{X_k-E[X_k\,|\,Y_k]\}\end{aligned} \qquad (5.5.11)$$

と書ける．X_k と Z_k は独立だから

$$E[(X_k-E[X_k\,|\,Y_k])^2]=\frac{\sigma^2\rho^2}{\sigma^2+\rho^2} \qquad (5.5.12)$$

であることが容易にわかる．一方帰納法の仮定と(5.5.8)より

$$a_k^2=\tau^{-2}\rho^2\left(1+\frac{\rho^2}{\sigma^2}\right)^{k-1} \qquad (5.5.13)$$

である．故に(5.5.11)～(5.5.13)より $n=k+1$ のときにも(5.5.10)が成り立つことがわかる．よってすべての n に対して(5.5.10)は成立する．この通信路の容量を C_f とすると(5.5.4)と(5.5.9)より $d(\xi,\hat{\xi})=D(C_f;\ \xi)$ であり，したがって(5.5.2)が成り立ち，この符号化，復号化は最適である． ∎

ここで与えた最適符号化は次のように説明できる．フィードバック回路によって送り返されてきた出力信号 $Y_1,\cdots,Y_{n-1}$ を見て ξ に対する最良予測値 $\hat{\xi}_n$ を求め，$\xi-\hat{\xi}_n$ を a_n により入力制限いっぱいに増幅した信号 X_n を通信路に入力するのである．

さらにこの符号化を使うとき，通信路を通して送られる相互情報量は容量に

等しいこともわかる.

系　定理5.5.1の場合

$$I(\xi,\hat{\xi}) = I_N(\xi, Y) = C_f = \frac{N}{2}\log\left(1+\frac{\rho^2}{\sigma^2}\right) \tag{5.5.14}$$

である.

証明　明らかに $I(\xi,\hat{\xi})\leqq I_N(\xi, Y)\leqq C_f$ である. 一方 ξ のレート・歪み関数を $R(D;\ \xi)$ とすると (4.2.22), (5.5.2), (4.2.9) より

$$C_f = R(D(C_f;\ \xi);\ \xi) = R(d(\xi,\hat{\xi});\ \xi) \leqq I(\xi,\hat{\xi})$$

である. よって(5.5.14)が成り立つ. ∎

なおフィードバックを使わずに容量に等しい相互情報量を送る通信方法を定理5.3.1で与えたが, そこではメッセージ ξ は Gauss 過程であった. これに対し本節でのメッセージは1次元 Gauss 型確率変数であった. この違いに注意してほしい.

第6章　連続Gauss型通信路

本章では通信時間が連続的な場合のGauss型通信路について述べる．連続Gauss型通信路においても，最も基本的なものはGauss型雑音がホワイトノイズの白色Gauss型通信路であり，この場合にはきれいな理論が完成しつつある．

まず§6.1でGauss型通信路の定式化を行う．本章を通して最も基本的な役割を果たすのが，フィードバックのある白色Gauss型通信路における相互情報量の公式(6.2.2)である．§6.2ではある種のフィードバックに対してはその有無によって相互情報量は変らないことも示す．§6.3では公式(6.2.2)の別の表現を与え，さらに相互情報量の具体的な計算例をあげる．§6.4では平均電力制限の下で白色Gauss型通信路の容量を求める．容量もやはりフィードバックの有無によって変らない．Gauss型メッセージを白色Gauss型通信路を通して伝送するとき最適な符号化は線形符号化であることを§6.5で示す．

白色Gauss型通信路に関しては，離散時間の場合と較べ相互情報量の計算式は異なるが，容量，最適符号化などについて平行した議論が成り立っていることがわかるであろう．ところが白色でない，すなわち雑音がホワイトノイズでない場合，話は難しくなり未解決の問題も多い．フィードバックのない場合には関数解析的な手法により相互情報量を計算することができる．このことについては§6.6で述べる．また第3章で触れたGauss過程に対する標準表現を使い，問題を白色Gauss型の場合に帰着させる方法もある．この手法はフィードバックのある場合にも適用できる．このことについては§6.8で述べる．§6.7は定常性のあるGauss型通信路における相互情報量，容量について述べる．

§6.1　連続 Gauss 型通信路

本節では連続 Gauss 型通信路について説明する．§4.1 で述べたように通信時間 $\boldsymbol{T}$ が $\boldsymbol{R}\equiv(-\infty,\infty)$ あるいはその部分区間で時刻 $t\in\boldsymbol{T}$ における入力信号，出力信号，雑音を各々 $X(t), Y(t), Z(t)$ とすると，連続 Gauss 型通信路は

$$Y(t)=X(t)+Z(t),\qquad t\in\boldsymbol{T}\tag{6.1.1}$$

で表わされる．ただし $Z=\{Z(t);\ t\in\boldsymbol{T}\}$ は Gauss 過程である*)．連続時間の場合にも Gauss 型通信路は直観的には図 5.2 のように図示される（ただし図において X_n, Y_n, Z_n は $X(t), Y(t), Z(t)$ に変える）．

前章の離散時間の場合と同様，ここでもフィードバックのある通信路を考える．一般にはフィードバック回路に加わる雑音や，フィードバック通信に要する時間のことを考慮に入れる必要があるが，本書では雑音もなく時間の遅れもないフィードバックのある場合を扱うことにする．

§5.2 の離散 Gauss 型通信路を特徴づける条件(a.1)〜(a.3)に対応する条件について述べよう．離散時間の場合と本質的に異なる点が一つあり以下の注意が必要である．§4.1 と同様にメッセージは $\xi=\{\xi(s);\ s\in\boldsymbol{S}\}$，受信メッセージは $\eta=\{\eta(s);\ s\in\boldsymbol{S}\}$ で表わす．雑音も時間の遅れもないフィードバックがあるから，時刻 t における入力信号 $X(t)$ はメッセージ ξ とフィードバック回路によって送り返されてきた出力信号 $Y(u),\ u<t$，から符号化したものだから，直観的には

$$X(t,\omega)=X(t,\xi(\cdot,\omega),Y_0^{t-}(\omega)),\qquad t\in\boldsymbol{T},\ \omega\in\Omega\tag{6.1.2}$$

と書ける．ただし $\xi(\cdot,\omega)=\{\xi(s,\omega);\ s\in\boldsymbol{S}\}$，$Y_0^{t-}(\omega)=\{Y(u,\omega);\ u<t\}$ である．このように $X(t)$ は t の直前までの $Y(u)$ に依存するので，通信路を定める式 (6.1.1) は確率方程式となっている．したがって数学的にいえば (6.1.1) が一意的な解 $Y=\{Y(t)\}$ をもつときはじめて (6.1.1) は通信路を定めているといえるのである．確率方程式の解の存在と一意性の問題は一般には難しい問題である．

---

*) 本章でも特に断わらないかぎり確率変数，確率過程の平均は常に 0 とする．

われわれはこの問題には深入りせず，(6.1.1)が一意的な解をもつものとして話を進めていく．実際に後で扱う具体例についてはすべてこのことは成立している．

結局以下の条件(A.1)～(A.4)がみたされているとき，(6.1.1)で表わされる通信路をフィードバックのある**連続 Gauss 型通信路**という．

(A.1)　$Z=\{Z(t);\ t\in \boldsymbol{T}\}$ は Gauss 過程.

(A.2)　メッセージ ξ と雑音 Z は独立.

(A.3)　$X(t)\,(t\in \boldsymbol{T})$ は $\xi=\{\xi(s);\ s\in \boldsymbol{S}\}$ と Y_0^{t-} の関数である．すなわち $X(t)$ は(6.1.2)の形をしている*).

(A.4)　(6.1.1)は一意的な解 $Y=\{Y(t);\ t\in \boldsymbol{T}\}$ をもつ.

フィードバックのない場合には，入力信号はメッセージのみの関数だから $X(t)$ は

$$X(t,\omega)=X(t,\xi(\cdot,\omega)) \tag{6.1.3}$$

の形に書ける．またフィードバックに時間の遅れ $\delta>0$ がある場合には

$$X(t,\omega)=X(t,\xi(\cdot,\omega),Y_0^{t-\delta}(\omega)) \tag{6.1.4}$$

である．明らかに(6.1.3), (6.1.4)は(6.1.2)の特別の場合であるから，(A.3)はこの点に関しては最も一般的な仮定といえる．ただしこれからの議論はフィードバック回路に雑音がある場合にはそのままでは適用できない．

連続 Gauss 型通信路の場合も，最も重要かつ基本的なものは白色 Gauss 型通信路である．直観的にいえば，時刻毎に独立，すなわち $s\neq t$ ならば $\nu(s)$ と $\nu(t)$ は独立であるような Gauss 過程 $\nu=\{\nu(t);\ t\in \boldsymbol{R}\}$ を **Gauss 型ホワイトノイズ**といい，ν が雑音で

$$y(t)=\varphi(t)+\nu(t),\qquad t\in \boldsymbol{T} \tag{6.1.5}$$

と表わされる通信路が(連続)白色 Gauss 型通信路である．ホワイトノイズは

---

*)　測度論的にいうと，$X(t,\omega)$ は (t,ω) に関し可測であり，t を固定すると $X(t)$ は $\sigma(\xi)\vee\sigma_{t-}(Y)$ 可測ということである．ただし $\sigma(\xi)=\sigma\{\xi(s);\ s\in \boldsymbol{S}\}$ は $\xi(s)$, $s\in \boldsymbol{S}$, を可測にする最小の完全加法族であり，$\sigma_{t-}(Y)=\sigma\{Y(s);\ s<t\}$ である(以下このような注意は繰り返さない)．以後ほとんどの場合，$Y(t)$ は t について連続となり，このときは(6.1.2)において Y_0^{t-} は $Y_0^t=\{Y(u);\ 0\leqq u\leqq t\}$ で置き換えてよい．

時刻毎に過去とは独立に発生する雑音の確率模型であり，前章で扱った離散時間ホワイトノイズを連続時間の場合に拡張したものとなっている．しかしながら実はホワイトノイズ ν は物理的に意味をもつ確率過程としては存在せず，超関数の意味でしか存在しない．それ故(6.1.5)式はきちんとした意味づけが必要である．ところで Brown 運動 $B=\{B(t);\ t\geqq 0\}$ は，$0\leqq s_1<s_2\leqq t_1<t_2$ のとき増分 $B(s_2)-B(s_1)$ と $B(t_2)-B(t_1)$ は独立で，$E[(B(t_2)-B(t_1))^2]=t_2-t_1$ なる性質を有する(第1章例4.1，(3.4.6)参照)．よって $B(t)$ の微分 $\dot{B}(t)$ は(もし存在すれば)ホワイトノイズである．ただしよく知られているように，Brown 運動の道 $B(t,\omega)$ は t について微分可能ではないから微分 $\dot{B}(t)$ は形式的な話である．ここではホワイトノイズの数学的正当化は行わないが，上の考察から Gauss 型ホワイトノイズの積分を Brown 運動と考え，(6.1.5)の代りにこれを形式的に積分した式

$$Y(t)=\int_0^t \varphi(u)du+B(t), \qquad t\geqq 0 \tag{6.1.6}$$

を白色 Gauss 型通信路の式と考える．上式は適当な条件の下では数学的にも意味のある確率積分方程式となる．そこで条件(A.1)〜(A.4)に対応する次の条件(A_0.1)〜(A_0.4)がみたされているとき，(6.1.6)で表わされる通信路を**(連続)白色 Gauss 型通信路**という．

(A_0.1)　雑音 $B=\{B(t);\ t\geqq 0\}$ は Brown 運動.

(A_0.2)　メッセージ ξ と雑音 B は独立.

(A_0.3)　$\varphi(t)\,(t\geqq 0)$ は $\xi=\{\xi(s)\}$ と $Y_0^t=\{Y(u);\ 0\leqq u\leqq t\}$ の関数,

$$\varphi(t,\omega)=\varphi(t,\xi(\cdot,\omega),Y_0^t(\omega)), \qquad t\geqq 0,\ \omega\in\Omega \tag{6.1.7}$$

であり，任意の $0<T<\infty$ に対し確率1で

$$\int_0^T|\varphi(t,\omega)|^2dt<\infty$$

である*)．

---

*)　前頁の脚注より，(A.3)の Y_0^{t-} は Y_0^t としてよい．

$(A_0.4)$ (6.1.6)は一意的な解 $Y=\{Y(t);\ t\geqq 0\}$ をもつ.

以後この白色Gauss型の場合を中心に，(イ) 通信路を通して送られる相互情報量の計算，(ロ) 通信路容量の計算，(ハ) 符号化の問題，等を考えていく．離散時間の場合もそうであったが，Gauss型通信路に関するいろいろな理論的結果を導くにあたって(イ)の相互情報量についての結果が最も基本的な役割を果たす.

ここで情報理論におけるGauss型通信路の研究の歴史を簡単に振り返っておく．Gauss型通信路の情報理論的研究はShannonの情報理論の創設とともに始まった．Shannonは重要な通信路の一つとしてGauss型通信路を取り上げている．ただし具体的な結果が得られたのは，フィードバックがなく雑音や信号が帯域制限された定常Gauss過程の場合であった(§6.7参照)．その後1950年代にはソ連の数学者を中心に，確率過程の直交展開を武器にしてフィードバックがなく，入力信号もGauss過程の場合の研究が進んだ(§6.6参照)．本書で扱うフィードバックがあり入力信号が必ずしもGauss過程でないという一般的な場合の理論は，それを支える確率論の進展が必要であり，それを待って1970年頃より急速に発展し，特に白色Gauss型の場合には次節以下で述べるように系統的な理論が完成しつつある．しかし雑音がホワイトノイズでない場合にはまだ未解決な問題が多い.

§6.2 白色Gauss型通信路における相互情報量(I)

本節では白色Gauss型通信路を通して送られる相互情報量を計算する式を与える．フィードバックが加法的な場合にはそのフィードバックを使っても使わなくとも送られる相互情報量は変らないことがわかる.

フィードバックのある白色Gauss型通信路(6.1.6)を考える．メッセージ $\xi=\{\xi(s);\ s\in \boldsymbol{S}\}$ と時刻 T までの出力信号 $Y_0^T=\{Y(t);\ 0\leqq t\leqq T\}$ との間の相互情報量を $I_T(\xi, Y)$ と書く．以後の議論において重要な役割を演じる相互情報量 $I_T(\xi, Y)$ についての公式が次の定理で与えられる.

定理6.2.1 条件$(A_0.1)$〜$(A_0.4)$をみたす白色Gauss型通信路(6.1.6)にお

いて，入力信号が

$$\int_0^T E[|\varphi(t)|^2]dt < \infty \tag{6.2.1}$$

をみたすとき，相互情報量 $I_T(\xi, Y)$ は有限で

$$I_T(\xi, Y) = \frac{1}{2}\int_0^T E[|\varphi(t)-\hat{\varphi}(t)|^2]dt \tag{6.2.2}$$

である．ただし $\hat{\varphi}(t)$ は条件付平均値

$$\hat{\varphi}(t) = E[\varphi(t)|\,Y(u),\ \ 0\leqq u\leqq t] \tag{6.2.3}$$

である．

定理の証明のためには確率論からの準備が必要である*)．

Brown 運動 $B=\{B(t)\}$ による確率積分を $\int_0^t f(u, \omega)dB(u, \omega)\equiv\int_0^t f(u)dB(u)$ と記す(確率積分については付録§A.3参照)．式(6.1.6)の解 $Y=\{Y(t)\}$ による確率積分を，

$$\int_0^t f(u, \omega)dY(u, \omega) = \int_0^t f(u, \omega)\varphi(u, \omega)du + \int_0^t f(u, \omega)dB(u, \omega) \tag{6.2.4}$$

で定義する．

時刻 T を固定しておく．Brown 運動に対し $B_0^T=B_0^T(\omega)\equiv\{B(t, \omega);\, 0\leqq t\leqq T\}$ の確率分布を μ_B と記す($\mu_B(A)=P(B_0^T\in A)$ である)．ほとんどすべての $\omega\in\Omega$ に対し $B(t, \omega)$, $t\geqq 0$, は t の連続関数であることが知られている．したがって μ_B は区間 $[0, T]$ 上の連続関数の全体 $C([0, T])$ 上の確率測度である．μ_B は **Wiener 測度**といわれている．同様に(6.1.6)の出力信号 $Y=\{Y(t)\}$ に対し Y_0^T の確率分布を μ_Y と記す．ほとんどすべての $\omega\in\Omega$ に対し $Y(t, \omega)$ もやはり $[0, T]$ 上の連続関数となるから，μ_Y も $C([0, T])$ 上の確率測度である．測度 μ_B と μ_Y の絶対連続性と絶対連続なときの Radon-Nikodym の導関数が相互情報量の計算に関連してくることが定理1.7.2から推察される．Wiener 測度に関す

---

*) 定理の証明はそれ自身興味深くかつ重要であるが，証明を読まなくともその先を読み進むことができる．

る絶対連続性についての理論は近年めざましく発展し，ここでは証明は省略せざるを得ないが，次の結果が知られている．

定理 6.2.2 定理 6.2.1 の仮定の下では $\mu_Y \prec \mu_B$ (μ_Y は μ_B に関し絶対連続)であり，Radon-Nikodym の導関数についてはほとんどすべての $\omega \in \Omega$ に対し

$$\frac{d\mu_Y}{d\mu_B}(Y_0^T(\omega)) = \exp\left[\int_0^T \hat{\varphi}(t,\omega)dY(t,\omega) - \frac{1}{2}\int_0^T |\hat{\varphi}(t,\omega)|^2 dt\right] \qquad (6.2.5)$$

が成り立つ．

準備が整ったので定理 6.2.1 を証明しよう．

定理 6.2.1 の証明 定理 6.2.2 より $\mu_Y \prec \mu_B$ であり，(6.2.5) が成り立つ．メッセージ $\xi = \{\xi(s);\ s \in S\}$ の確率分布を μ_ξ，ξ と Y_0^T の結合分布を $\mu_{\xi Y}$，ξ が与えられたときの Y_0^T の条件付確率分布を $\mu_{Y|\xi}$ で表わす．(6.2.1) と条件付平均値の性質 (A.2.5) より $\int_0^T E[E[|\varphi(t)|^2|\xi]]dt = \int_0^T E[|\varphi(t)|^2]dt < \infty$ だから，確率 1 で

$$\int_0^T E[|\varphi(t)|^2|\xi]dt < \infty \qquad (6.2.6)$$

が成り立つ．(6.2.6) をみたす ξ が与えられたとする．$\mu_{Y|\xi}$ に対しても定理 6.2.2 が適用でき，$\mu_{Y|\xi} \prec \mu_B$ である．さらにこのとき $\varphi(t) \equiv \varphi(t, \xi, Y_0^t)$ は Y_0^t のみの関数だから (A.2.6) より $E[\varphi(t)|Y(u),\ u \leqq t] = \varphi(t)$ であり，今の場合 (6.2.5) は

$$\frac{d\mu_{Y|\xi}}{d\mu_B}(Y_0^T) = \exp\left[\int_0^T \varphi(t)dY(t) - \frac{1}{2}\int_0^T |\varphi(t)|^2 dt\right] \qquad (6.2.7)$$

となる．二つの測度 μ_1 と μ_2 の直積を $\mu_1 \times \mu_2$ と記す．もし $\mu_{\xi Y} \prec \mu_\xi \times \mu_Y$ ならば

$$\frac{d\mu_{\xi Y}}{d\mu_\xi \times \mu_Y} = \frac{d\mu_\xi \times \mu_{Y|\xi}}{d\mu_\xi \times \mu_Y} = \frac{d\mu_{Y|\xi}}{d\mu_Y} = \frac{d\mu_{Y|\xi}/d\mu_B}{d\mu_Y/d\mu_B}$$

が成り立ち，(6.2.5) と (6.2.7) より

$$\frac{d\mu_{\xi Y}}{d\mu_\xi\times\mu_Y}(\xi,Y_0^T)=\frac{\exp\left[\int_0^T\varphi(t)dY(t)-\frac{1}{2}\int_0^T|\varphi(t)|^2dt\right]}{\exp\left[\int_0^T\hat{\varphi}(t)dY(t)-\frac{1}{2}\int_0^T|\hat{\varphi}(t)|^2dt\right]} \quad (6.2.8)$$

である．したがって(1.7.10)と(6.2.8)より相互情報量は

$$\begin{aligned}I_T(\xi,Y)&=E\left[\log\frac{d\mu_{\xi Y}}{d\mu_\xi\times\mu_Y}(\xi,Y_0^T)\right]\\&=E\left[\int_0^T\varphi(t)dY(t)-\frac{1}{2}\int_0^T|\varphi(t)|^2dt\right.\\&\qquad\left.-\int_0^T\hat{\varphi}(t)dY(t)+\frac{1}{2}\int_0^T|\hat{\varphi}(t)|^2dt\right]\end{aligned} \quad (6.2.9)$$

となる．しかるに(A.3.2)より $E\left[\int_0^T\varphi(t)dB(t)\right]=0$ だから，(6.2.4)より

$$E\left[\int_0^T\varphi(t)dY(t)-\frac{1}{2}\int_0^T|\varphi(t)|^2dt\right]=\frac{1}{2}\int_0^TE[|\varphi(t)|^2]dt \quad (6.2.10)$$

がわかる．同様に

$$E\left[\int_0^T\hat{\varphi}(t)dY(t)-\frac{1}{2}\int_0^T|\hat{\varphi}(t)|^2dt\right]=\int_0^TE\left[\hat{\varphi}(t)\varphi(t)-\frac{1}{2}|\hat{\varphi}(t)|^2\right]dt \quad (6.2.11)$$

を得る．(6.2.9)〜(6.2.11)より求める式(6.2.2)を得る．(6.2.2)を導くにあたって $\mu_{\xi Y}\prec\mu_\xi\times\mu_Y$ を仮定したが，最後にこのことが正しいことを示そう．今 $\mu_{\xi Y}\prec\mu_\xi\times\mu_Y$ でないと仮定すると，$d\mu_Y/d\mu_B=0$ かつ $d\mu_{Y|\xi}/d\mu_B>0$，したがって $\log\frac{d\mu_{Y|\xi}/d\mu_B}{d\mu_Y/d\mu_B}=\infty$ となる点の集合の $\mu_{\xi Y}$ による測度は正となる．よって

$$E\left[\log\frac{d\mu_{Y|\xi}/d\mu_B}{d\mu_Y/d\mu_B}(\xi,Y_0^T)\right] \quad (6.2.12)$$

は無限大になる．一方において(6.2.12)は(6.2.9)の右辺に等しく，これは仮定(6.2.1)より有限である．したがって $\mu_{\xi Y}\prec\mu_\xi\times\mu_Y$ である．　∎

［注意］ $\hat{\varphi}(t)$ は Y_0^t の関数故(A.2.7)より，$\varphi(t)-\hat{\varphi}(t)$ は $\hat{\varphi}(t)$ と直交するから

$$E[|\varphi(t)-\hat{\varphi}(t)|^2]=E[|\varphi(t)|^2-|\hat{\varphi}(t)|^2] \quad (6.2.13)$$

が成り立つ．したがって

$$\begin{aligned} I_T(\xi, Y) &= \frac{1}{2}\int_0^T \{E[|\varphi(t)|^2]-E[|\hat{\varphi}(t)|^2]\}dt \\ &\leqq \frac{1}{2}\int_0^T E[|\varphi(t)|^2]dt \end{aligned} \tag{6.2.14}$$

である．

相互情報量の公式(6.2.2)の重要性に関し特に次の三点を強調しておく．

(i)　フィードバックのある場合にも適用できる．

(ii)　入力信号 $\varphi=\{\varphi(t)\}$ が Gauss 過程でない場合にも適用できる．

(iii)　時間 T とともに相互情報量 $I_T(\xi, Y)$ がどう変化するかが見易い式となっている．

公式(6.2.2)は 1970 年代になって得られたが，それ以前に得られた相互情報量の計算式に較べこの三点において格段に有効なのである．

式(6.2.2)の右辺をながめてみよう．条件付平均値 $\hat{\varphi}(t)=E[\varphi(t)|Y(u),\ u\leqq t]$ は出力信号 $Y(u)$，$u\leqq t$，を観測しそれに基づいて $\varphi(t)$ を予測するとき，2 乗平均誤差を最小にする最良推定値である．$\hat{\varphi}(t)$ の具体的な形を求め，推定誤差 $E[|\varphi(t)-\hat{\varphi}(t)|^2]$ を計算する問題は**フィルタリング**(filtering)の問題といわれ，古くからよく研究されている．なお $\hat{\varphi}(t)$ のことを $\varphi(t)$ の**フィルター**，$E[|\varphi(t)-\hat{\varphi}(t)|^2]$ は**フィルタリング誤差**という．このように白色 Gauss 型通信路においては，相互情報量を計算することはフィルタリング誤差を計算することと同じなことがわかった．現在のところフィルタリング誤差が具体的に計算できる場合は限られており，相互情報量に対する公式(6.2.2)を得たといっても，それによりいつでも相互情報量の具体的な値が求まるというわけではない．相互情報量が具体的に計算できる例は次節で与える．

フィードバックのある場合はフィルタリングの問題もこれまであまり解かれていない．ここでフィードバックの中で構造も簡単で応用上最も重要な加法的フィードバックのある場合について調べよう．メッセージ $\xi=\{\xi(t);\ t\geqq 0\}$ は確率過程で，入力信号が $\varphi(t,\omega)=A(t)\{\xi(t,\omega)-\zeta(t,\omega)\}$ の形をしているとき，すなわち

$$Y_\zeta(t,\omega)=\int_0^t A(u)\{\xi(u,\omega)-\zeta(u,\omega)\}du+B(t,\omega) \tag{6.2.15}$$

で表わされる通信路を**加法的フィードバック**をもつ白色 Gauss 型通信路という．ただし，$\zeta(u,\omega)\equiv\zeta(u,(Y_\zeta)_0^u(\omega))$ は $(Y_\zeta)_0^u=\{Y_\zeta(s);\ s\leqq u\}$ のみの関数，$A(u)$ は $\omega\in\Omega$ に無関係な（すなわちランダムでない）実関数である．直観的にいえば，$\zeta(u)$ はフィードバックから決まる項であり，$A(u)$ は増幅関数である．(6.2.15) に対応するフィードバックのない白色 Gauss 型通信路を

$$Y_0(t,\omega)=\int_0^t A(u)\xi(u,\omega)du+B(t,\omega) \tag{6.2.16}$$

とする．実は加法的フィードバックの場合，フィードバックを使っても使わなくても相互情報量もフィルタリング誤差も変らない．

定理 6.2.3　白色 Gauss 型通信路 (6.2.15) と (6.2.16) において，$0<|A(u)|<M<\infty$ $(0\leqq u\leqq T)$ であり

$$\int_0^T E[|\xi(u)|^2]du<\infty$$

$$\int_0^T E[|\zeta(u)|^2]du<\infty$$

であるとき，任意の $0\leqq t\leqq T$ において

$$I_t(\xi,Y_\zeta)=I_t(\xi,Y_0) \tag{6.2.17}$$

$$E[|\xi(t)-\hat{\xi}_\zeta(t)|^2]=E[|\xi(t)-\hat{\xi}_0(t)|^2] \tag{6.2.18}$$

が成り立つ．ただし $\hat{\xi}_\zeta(t)=E[\xi(t)|Y_\zeta(u),\ u\leqq t]$，$\hat{\xi}_0(t)=E[\xi(t)|Y_0(u),\ u\leqq t]$ である．

証明　$\zeta(s)$ は $(Y_\zeta)_0^s$ の関数だから，$Y_0(u)=Y_\zeta(u)+\int_0^u A(s)\zeta(s)ds$ は $(Y_\zeta)_0^u$ の関数である．よって明らかに，相互情報量については不等式

$$I_t(\xi,Y_\zeta)\geqq I_t(\xi,Y_0) \tag{6.2.19}$$

が，またフィルタリング誤差については

$$E[|\xi(t)-\hat{\xi}_\zeta(t)|^2]\leqq E[|\xi(t)-\hat{\xi}_0(t)|^2] \tag{6.2.20}$$

が成り立つ．また (A.2.6) より $E[\zeta(u)|Y_\zeta(s),\ s\leqq u]=\zeta(u)$ であることに注意す

ると，定理6.2.1を使って

$$I_t(\xi, Y_\zeta) = \frac{1}{2}\int_0^t A(u)^2 E[|\xi(u)-\zeta(u)-E[\xi(u)-\zeta(u)|Y_\zeta(s),\ \ s\leqq u]|^2]du$$
$$= \frac{1}{2}\int_0^t A(u)^2 E[|\xi(u)-\hat{\xi}_\zeta(u)|^2]du \tag{6.2.21}$$

を得る．したがって(6.2.19)～(6.2.21)と定理6.2.1より

$$I_t(\xi, Y_\zeta) \geqq I_t(\xi, Y_0) = \frac{1}{2}\int_0^t A(u)^2 E[|\xi(u)-\hat{\xi}_0(u)|^2]du$$
$$\geqq \frac{1}{2}\int_0^t A(u)^2 E[|\xi(u)-\hat{\xi}_\zeta(u)|^2]du = I_t(\xi, Y_\zeta) \tag{6.2.22}$$

だから，(6.2.22)の二つの不等号は等号でなくてはならない．このことから(6.2.17)と(6.2.18)を得る．∎

時刻tにおける出力信号は$Y_\zeta(t)=Y_0(t)-\int_0^t A(u)\zeta(u)du$と書けるが，$\int_0^t A(u)\zeta(u)du$は$(Y_\zeta)_0^t$の関数だから受信者にとっては既知である．したがって受信者にとっては$Y_\zeta(t)$を受信することと$Y_0(t)$を受信することは実質的に同じであり，(6.2.17), (6.2.18)が成り立つのは実は当然なのである．

このように増幅関数$A(t)$を固定すれば，フィードバックζをいろいろ工夫してもそれによって相互情報量は増加しないし，フィルタリング誤差も小さくならない．しかしながらフィードバックを工夫することによって送信のエネルギーを節約することができるのである．たとえば通信路(6.2.15)に対し平均電力制限$E[|\varphi(t)|^2]=|A(t)|^2E[|\xi(t)-\zeta(t)|^2]\leqq\rho^2$(定数)が課せられているとき，$\zeta$を適当に選ぶことにより$E[|\xi(t)-\zeta(t)|^2]$を小さくすることができ，それ故に増幅関数$A(t)$を大きくすることができて，その結果として相互情報量を増加させ，フィルタリング誤差を小さくすることができる．このことは平均電力制限の下での最適符号化の構成に示唆を与えている．なお最適符号化については§6.5で詳しく述べる．

§6.3　白色 Gauss 型通信路における相互情報量(II)

メッセージ $\xi=\{\xi(s);\ s\geqq 0\}$ が Gauss 過程のとき，ξ を Gauss 型メッセージという．本節では白色 Gauss 型通信路により Gauss 型メッセージを伝送するときの相互情報量について述べる．前節でみたように相互情報量の計算はフィルタリング誤差の計算に帰着される．そこでフィルタリングについて知られていることを述べ，それによって相互情報量を計算する．

まずフィードバックがない場合を扱う．このときはメッセージと入力信号は同一視してよいから，通信路の式は

$$Y(t)=\int_0^t \xi(u)du+B(t),\qquad 0\leqq t\leqq T\quad(<\infty)\tag{6.3.1}$$

である．ここで $\xi=\{\xi(t)\}$ は平均 0，共分散 $R(t,s)=E[\xi(t)\xi(s)]$ の Gauss 過程で，$\displaystyle\int_0^T R(t,t)dt<\infty$ を仮定する．このとき共分散 $R(t,s)$ の対称性，すなわち $R(t,s)=R(s,t)$，正定値性，すなわち

$$\int_0^T\int_0^T R(t,s)f(t)f(s)dsdt\geqq 0,\qquad \forall f\in L^2([0,T])^{*)}$$

および $R(t,s)\in L^2([0,T]^2)$，すなわち

$$\int_0^T\int_0^T R(t,s)^2dsdt\leqq\int_0^T\int_0^T E[\xi(t)^2]E[\xi(s)^2]dsdt$$
$$=\left\{\int_0^T R(t,t)dt\right\}^2<\infty$$

に注意しておく．今の場合 $\{\xi(t),B(t),Y(t);\ 0\leqq t\leqq T\}$ は Gauss 系をなすから，$\xi(t)$ のフィルター $\hat{\xi}(t)=E[\xi(t)|Y(u),\ u\leqq t]$ は $Y(u)$，$u\leqq t$，の線形な関数であり，それは Wiener-Hopf 方程式とよばれる積分方程式を解くことによって得られる．関数 $f(t,s)$ は，$t<s$ ならば $f(t,s)=0$ のとき，**Volterra 型**という．

---

*)　$\displaystyle\int_0^T|f(t)|^2dt<\infty$ なる関数 $f(t)$ の全体を $L^2([0,T])$ と書き，$\displaystyle\int_0^T\int_0^T|g(t,s)|^2dsdt<\infty$ なる関数 $g(t,s)$ の全体を $L^2([0,T]^2)$ と書く．ただしここでは実関数のみからなる空間を考える．

補題6.3.1 共分散関数$R(t,s)$に対しWiener-Hopf方程式

$$h(t,s)+\int_0^t h(t,u)R(u,s)du = R(t,s), \qquad 0 \leqq s \leqq t \leqq T \quad (6.3.2)$$

はただ一つのVolterra型の解$h(t,s)\in L^2([0,T]^2)$をもつ．$R(t,s)$が(t,s)の連続関数ならば$h(t,s)$は領域$\{(t,s)\in \boldsymbol{R}^2;\ 0\leqq s\leqq t\leqq T\}$で$(t,s)$の連続関数とできる．

きちんとした証明は省略する．

$$\begin{aligned} R^{(1)}(t,s) &= R(t,s) \\ R^{(n+1)}(t,s) &= \int_0^t R^{(n)}(t,u)R(u,s)du \end{aligned} \quad (6.3.3)$$

とおくと(6.3.2)の解は

$$h(t,s) = \sum_{n=1}^{\infty}(-1)^{n+1}R^{(n)}(t,s), \qquad s \leqq t \quad (6.3.4)$$

で与えられる．解の一意性は次のようにして確かめられる．h_1, h_2を(6.3.2)の解とし，$h_0(t,s)=h_1(t,s)-h_2(t,s)$とすると$h_0(t,s)=-\int_0^t h_0(t,u)R(u,s)du$である．したがって$R(t,s)$の正定値性より

$$0 \leqq \int_0^t h_0(t,s)^2 ds = -\int_0^t\int_0^t R(u,s)h_0(t,u)h_0(t,s)duds \leqq 0$$

を得る．これより$h_0(t,s)=0$，すなわち$h_1(t,s)=h_2(t,s)$である．

定理6.3.2 フィードバックのない白色Gauss型通信路(6.3.1)に対しWiener-Hopf方程式(6.3.2)の解を$h(t,s)$とすると，フィルター，フィルタリング誤差，相互情報量は次で与えられる．

$$\hat{\xi}(t) = \int_0^t h(t,s)dY(s) \quad (6.3.5)$$

$$E[(\xi(t)-\hat{\xi}(t))^2] = h(t,t) \quad (6.3.6)$$

$$I_t(\xi, Y) = \frac{1}{2}\int_0^t h(s,s)ds \quad (6.3.7)$$

証明 明らかに$\int_0^t h(t,s)dY(s)$は$Y(u)$，$u\leqq t$，の関数であり，$\{\xi(t), B(t),$

$Y(t);\ t\geqq 0\}$ は Gauss 系をなしているから，(6.3.5) を証明するためには $\xi(t)-\int_0^t h(t,s)dY(s)$ がすべての $Y(u),\ u\leqq t,$ と直交すること，

$$E\left[\left\{\xi(t)-\int_0^t h(t,s)dY(s)\right\}Y(u)\right]=0,\qquad u\leqq t \tag{6.3.8}$$

を示せばよい．$\{\xi(t)\}$ と $\{B(t)\}$ が独立なことと (6.3.1), (6.2.4), (A.3.3) より

$$\begin{aligned}&(6.3.8)\text{の左辺}\\&=E\left[\left\{\xi(t)-\int_0^t h(t,s)\xi(s)ds-\int_0^t h(t,s)dB(s)\right\}\left\{\int_0^u \xi(v)dv+B(u)\right\}\right]\\&=\int_0^u\left\{R(t,s)-h(t,s)-\int_0^t h(t,v)R(v,s)dv\right\}ds=0\end{aligned}$$

となり，(6.3.8) が成立する．上と同様の計算を行い，さらに (6.3.2) と $R(t,s)$ の対称性を使い

$$\begin{aligned}E[\hat{\xi}(t)^2]&=\int_0^t\int_0^t h(t,u)h(t,v)R(u,v)dudv+\int_0^t h(t,u)^2du\\&=\int_0^t h(t,u)R(u,t)du\end{aligned}$$

を得る．したがって再び (6.3.2) を使って

$$E[\xi(t)^2-\hat{\xi}(t)^2]=R(t,t)-\int_0^t h(t,u)R(u,t)du=h(t,t)$$

がわかる．よって (6.2.13), (6.2.14) より (6.3.6), (6.3.7) を得る．　∎

ところで Wiener-Hopf 方程式の一般的解法は得られておらず，この定理によっていつでも相互情報量等が具体的に計算できるわけではない．具体的に解ける場合をみていこう．

次の例は最も簡単な場合であるが，同時に一つの基本的な場合である．

例 3.1　$\xi_0(\omega)$ を Gauss 分布 $N(0,\sigma^2)$ に従う確率変数，$A(t)$ をランダムでない実関数 $\left(\int_0^T A(t)^2dt<\infty \text{ とする}\right)$ とし，メッセージ＝入力信号 $\xi=\{\xi(t);\ t\geqq 0\}$ は

$$\xi(t,\omega)=A(t)\xi_0(\omega),\qquad t\geqq 0,\ \omega\in\Omega \tag{6.3.9}$$

とする．このとき ξ の共分散関数は $R(t,s)=\sigma^2 A(t)A(s)$ だから Wiener-Hopf 方程式(6.3.2)の解は

$$h(t,s)=\frac{\sigma^2 A(t)A(s)}{1+\sigma^2\int_0^t A(u)^2 du}, \qquad s\leqq t \tag{6.3.10}$$

であることが容易にわかる．したがってフィードバックのない通信路(6.3.1)によって(6.3.9)のメッセージを伝達するときの相互情報量は

$$I_t(\xi_0, Y)=I_t(\xi, Y)=\frac{\sigma^2}{2}\int_0^t \frac{A(s)^2}{1+\sigma^2\int_0^s A(u)^2 du} ds$$

である．特に，$A(t)\equiv 1$ の場合には

$$I_t(\xi_0, Y)=I_t(\xi, Y)=\frac{1}{2}\log(1+\sigma^2 t) \tag{6.3.11}$$

となる．

メッセージが Gauss Markov 過程(単純 Markov 性をもつ Gauss 過程)のときには，フィルターが確率積分方程式の解として与えられ，フィルタリング誤差は Wiener-Hopf 方程式より解き易い Riccati 型微分方程式の解として与えられる．このことは Kalman 理論として知られている．ここで証明なしでその結果を述べる．

Gauss 過程 $\eta=\{\eta(t);\ t\geqq 0\}$ は確率積分方程式

$$\eta(t,\omega)=\eta_0(\omega)+\int_0^t a(s)\eta(s,\omega)ds+\int_0^t b(s)dW(s,\omega), \qquad t\geqq 0 \tag{6.3.12}$$

の解とする*)．ここで η_0 は Gauss 分布 $N(0,\sigma^2)$ に従う確率変数，$W=\{W(t)\}$ は η_0 とは独立な Brown 運動であり，$a(t), b(t)$ は

*)　このとき η は Markov 過程である．逆に平均 0 の Gauss Markov 過程はその共分散関数が微分可能ならばこのような確率積分方程式の解となっている．

$$\int_0^T |a(t)|dt < \infty$$

$$\int_0^T b(t)^2 dt < \infty$$

をみたす実関数である．メッセージ＝入力信号 $\xi=\{\xi(t)\}$ は

$$\xi(t,\omega) = A(t)\eta(t,\omega), \qquad t \geqq 0,\ \omega \in \Omega \tag{6.3.13}$$

とする．ただし $A(t)$ は $\int_0^T A(t)^2 dt < \infty$ なる実関数である．

定理 6.3.3　(6.3.13) のメッセージ ξ を通信路 (6.3.1) により伝達するものとする．このとき $\eta(t)$ に対するフィルター $\hat{\eta}(t)=E[\eta(t)\,|\,Y(u),\ u\leqq t]$ は確率積分方程式

$$\hat{\eta}(t) = E[\eta_0] + \int_0^t \{a(s) - A(s)^2\gamma(s)\}\hat{\eta}(s)ds + \int_0^t A(s)\gamma(s)dY(s), \qquad t \geqq 0$$

をみたす．ここで $\gamma(t)=E[(\eta(t)-\hat{\eta}(t))^2]$ はフィルタリング誤差であり次の Riccati 型微分方程式をみたす．

$$\begin{aligned} &\frac{d}{dt}\gamma(t) = -A(t)^2\gamma(t)^2 + 2a(t)\gamma(t) + b(t)^2, \qquad t \geqq 0 \\ &\gamma(0) = \sigma^2 \end{aligned} \tag{6.3.14}$$

［**注意**］　微分方程式 (6.3.14) は積分方程式

$$\begin{aligned} \gamma(t) = \exp\left(2\int_0^t a(s)ds\right)&\left\{\sigma^2 + \int_0^t (b(s)^2 - A(s)^2\gamma(s)^2)\right. \\ &\left.\times \exp\left(-2\int_0^s a(u)du\right)ds\right\}, \qquad t \geqq 0 \end{aligned} \tag{6.3.15}$$

と同値である．

例 3.2　通信路 (6.3.1) により次の確率積分方程式で与えられる Gauss 型メッセージ $\xi=\{\xi(t)\}$ を伝達する．

$$\xi(t,\omega) = \xi_0(\omega) - a\int_0^t \xi(s,\omega)ds + bW(t,\omega), \qquad t \geqq 0 \tag{6.3.16}$$

ここで $\xi_0(\omega)$ は Gauss 分布 $N(0,\sigma^2)$ に従う．これは定理 6.3.3 で $a(t)\equiv -a$,

$b(t)\equiv b$, $A(t)\equiv 1$ とした場合である．このとき(6.3.14)は

$$\frac{d}{dt}\gamma(t) = -\gamma(t)^2-2a\gamma(t)+b^2, \qquad \gamma(0) = \sigma^2$$

となるから，これを解きフィルタリング誤差 $\gamma(t)=E[(\xi(t)-\hat{\xi}(t))^2]$ は

$$\gamma(t) = \frac{2\sqrt{a^2+b^2}}{c\exp(2\sqrt{a^2+b^2}t)-1}+\sqrt{a^2+b^2}-a$$

であることがわかる．ただし

$$c = \frac{\sigma^2+a+\sqrt{a^2+b^2}}{\sigma^2+a-\sqrt{a^2+b^2}}$$

である．そして相互情報量は

$$\begin{aligned} I_t(\xi, Y) &= \frac{1}{2}\int_0^t \gamma(s)ds \\ &= \frac{1}{2}\log\frac{c-\exp(-2\sqrt{a^2+b^2}t)}{c-1}+\frac{1}{2}(\sqrt{a^2+b^2}-a)t \qquad (6.3.17) \end{aligned}$$

である．なお，$a>0$, $b^2=2a\sigma^2$ のとき，$\xi=\{\xi(t)\}$ は Ornstein-Uhlenbeck の Brown 運動である．実際このとき(6.3.16)を形式的に微分したものが(3.4.14)である．このときの共分散関数は

$$R(t,s) = \sigma^2 e^{-a|t-s|} \qquad (6.3.18)$$

である．

フィードバックのある場合に話をうつそう．メッセージ $\xi=\{\xi(t);\ t\geqq 0\}$ は連続な共分散関数 $R(t,s)$ をもつ Gauss 過程とする．通信路は(6.2.15)で，簡単のため，増幅関数を $A(t)\equiv 1$ とした加法的フィードバックをもつ白色 Gauss 型通信路

$$Y(t,\omega) = \int_0^t\{\xi(u,\omega)-\zeta(u,\omega)\}du+B(t,\omega),$$
$$0\leqq t\leqq T \qquad (6.3.19)$$

を考える．さらに $\zeta(u,\omega)=\zeta(u, Y_0^u(\omega))$ は $Y(v,\omega)$, $0\leqq v\leqq u$, の線形関数であることを仮定する．すなわち $\mathcal{M}_t(Y)$ で $Y(s)$, $0\leqq s\leqq t$, の張る $L^2(\Omega, P)$ の部分

空間を表わすとき，$\zeta=\{\zeta(t);\ t\geqq 0\}$ は次の条件をみたす確率過程とする．

$$\zeta(t)\in\mathscr{M}_t(Y),\qquad \int_0^T E[\zeta(t)^2]dt<\infty \tag{6.3.20}$$

このようなフィードバックを**線形フィードバック**という．

前にも述べたようにフィードバックがあるため通信路の式(6.3.19)は確率積分方程式であり，最初にこの式の解の存在と一意性を確かめる必要がある．そのために少し準備をする．

補題 6.3.4　もし(6.3.19)の解 $Y=\{Y(t)\}$ が存在すれば

$$\mathscr{M}_t(Y)=\left\{\int_0^t f(u)dY(u);\ f\in L^2([0,t])\right\},\qquad (0\leqq t\leqq T) \tag{6.3.21}$$

である．

証明　(6.3.21)の右辺の集合を $\tilde{\mathscr{M}}_t(Y)$ とおく．$\mathscr{M}_t(Y)\supset\tilde{\mathscr{M}}_t(Y)$ は明らかである．いま

$$U=\sum_{k=0}^{n}c_kY(t_k)\in\mathscr{M}_t(Y) \tag{6.3.22}$$

$(0=t_0<\cdots<t_n<t,\ c_k$ は定数$)$ に対し $f(u)=\sum_{j=k+1}^{n+1}c_j,\ t_k\leqq u<t_{k+1}$，とすれば

$$U=\sum_{k=0}^{n}\left(\sum_{j=k+1}^{n+1}c_j\right)(Y(t_{k+1})-Y(t_k))=\int_0^t f(u)dY(u)\in\tilde{\mathscr{M}}_t(Y)$$

である(ただし $t_{n+1}=t,\ c_{n+1}=0$)．ところで(6.3.22)の形の U の集合は $\mathscr{M}_t(Y)$ で稠密であり，$\tilde{\mathscr{M}}_t(Y)$ は $\mathscr{M}_t(Y)$ の閉部分空間であるから，$\mathscr{M}_t(Y)=\tilde{\mathscr{M}}_t(Y)$ である．　∎

補題より，(6.3.19)の代りに確率積分方程式

$$Y(t,\omega)=\int_0^t\left(\xi(u,\omega)-\int_0^u l(u,s)dY(s,\omega)\right)du+B(t,\omega) \tag{6.3.23}$$

の解について論じればよい．ただし(6.3.20)より $l(t,s)\in L^2([0,T]^2)$ かつ $l(t,s)$ は Volterra 型である．

Wiener-Hopf 方程式(6.3.2)において積分核 $R(t,s)$ を Volterra 型の積分核(これを Volterra 核という)に置き換えた Volterra 型積分方程式についても補

題 6.3.1 と類似なことが成り立つ.

補題 6.3.5　Volterra 核 $l(t,s)\in L^2([0,T]^2)$ に対し方程式

$$k(t,s)+\int_s^t l(t,u)k(u,s)du = -l(t,s),$$

$$0\leqq s\leqq t\leqq T \qquad (6.3.24)$$

はただ一つの Volterra 型の解 $k(t,s)\in L^2([0,T]^2)$ をもつ．さらに解 $k(t,s)$ は

$$k(t,s)+\int_s^t k(t,u)l(u,s)du = -l(t,s),$$

$$0\leqq s\leqq t\leqq T \qquad (6.3.25)$$

をみたす．$l(t,s)$ が集合 $\{(t,s)\in \boldsymbol{R}^2;\ 0\leqq s\leqq t\leqq T\}$ で (t,s) の連続関数ならば $k(t,s)$ も同じ集合上で連続なものがとれる.

証明　(6.3.3) のように $l(t,s)$ より $l^{(n)}(t,s)$ を定め

$$k(t,s) = \sum_{n=1}^{\infty}(-1)^n l^{(n)}(t,s)$$

とすると，右辺の級数は $L^2([0,T]^2)$ で収束することがわかり，$k(t,s)$ が (6.3.24), (6.3.25) をみたすことも容易にわかる．各 $l^{(n)}(t,s)$ が Volterra 型だから $k(t,s)$ も Volterra 型である．最後に k_1, k_2 を (6.3.24) の解とし $k_0(t,s)=k_1(t,s)-k_2(t,s)$ とすると，すべての $n=1,2,\cdots$ に対し

$$k_0(t,s) = (-1)^n\int_s^t l^{(n)}(t,u)k_0(u,s)du \qquad (6.3.26)$$

が成り立つ．$n\to\infty$ のとき $L^2([0,T]^2)$ において $l^{(n)}(t,s)\to 0$ だから (6.3.26) は 0 でなければならない．よって (6.3.24) の解はただ一つである．　∎

(6.3.24) の解 $k(t,s)$ のことを Volterra 核 $l(t,s)$ の**解核** (resolvent kernel) という.

定理 6.3.6　線形フィードバックをもつ白色 Gauss 型通信路を表わす確率積分方程式 (6.3.23) はただ一つの解

$$Y(t,\omega) = Y_0(t,\omega)+\int_0^t\left(\int_0^u k(u,s)dY_0(s,\omega)\right)du \qquad (6.3.27)$$

をもつ．ここで $k(t,s)$ は $l(t,s)$ の解核であり

$$Y_0(t,\omega) = \int_0^t \xi(u,\omega)du + B(t,\omega) \tag{6.3.28}$$

である．さらにこのときすべての $0 \leqq t \leqq T$ において

$$\mathcal{M}_t(Y) = \mathcal{M}_t(Y_0) \tag{6.3.29}$$

が成り立つ．

証明　(6.3.28) の Y_0 を使えば (6.3.23) は

$$Y(t,\omega) + \int_0^t \left(\int_0^u l(u,s)dY(s,\omega)\right)du = Y_0(t,\omega) \tag{6.3.30}$$

と書ける．$Y=\{Y(t)\}$ を (6.3.27) で与えるとき，Y が上式をみたすことを示す．

$$\begin{aligned}\int_0^u \left(\int_0^v l(u,v)k(v,s)dY_0(s)\right)dv &= \int_0^u \left(\int_0^u l(u,v)k(v,s)dY_0(s)\right)dv \\ &= \int_0^u \left(\int_0^u l(u,v)k(v,s)dv\right)dY_0(s)\end{aligned}$$

に注意すると，(6.3.27) と (6.3.24) より

$$\begin{aligned}&Y(t) + \int_0^t \left(\int_0^u l(u,s)dY(s)\right)du - Y_0(t) \\ &= \int_0^t \left(\int_0^u \left\{k(u,s) + l(u,s) + \int_0^u l(u,v)k(v,s)dv\right\}dY_0(s)\right)du = 0\end{aligned}$$

となり，Y は (6.3.30) の解である．逆に $Y=\{Y(t)\}$ を (6.3.30) の解とすると，(6.3.24) の代りに (6.3.25) を使って上と全く同じ議論により，Y は (6.3.27) をみたすことがわかる．このことは (6.3.27) の Y が (6.3.30)，すなわち (6.3.23) のただ一つの解であることを意味している．(6.3.29) は (6.3.27) と (6.3.30) から明らか．　∎

［**注意**］(6.3.28) は，フィードバックのある通信路 (6.3.23) に対応する，フィードバックのない通信路を表わしている．加法的フィードバックの有無によってフィルタリング誤差，相互情報量は変らない（定理 6.2.3）が，今の場合このことは (6.3.29) より当然なのである．そして定理 6.3.2 と合せ

$$\hat{\xi}(t) = E[\xi(t) | Y(u),\ u \leqq t]$$
$$= E[\xi(t) | Y_0(u),\ u \leqq t] = \int_0^t h(t,s)dY_0(s) \qquad (6.3.31)$$

$$I_t(\xi, Y) = I_t(\xi, Y_0) = \frac{1}{2}\int_0^t h(s,s)ds \qquad (6.3.32)$$

を得る．ここで $h(t,s)$ は(6.3.2)の解である．

加法的フィードバックをもつ通信路の中でも重要なのは

$$Y(t,\omega) = \int_0^t \{\xi(u,\omega) - \hat{\xi}(u,\omega)\}du + B(t,\omega) \qquad (6.3.33)$$

で与えられる通信路である．ここで $\hat{\xi}(u) = E[\xi(u) | Y(s),\ s \leqq u]$ である．このフィードバックは実は線形であり，他の加法的フィードバックの場合に較べ送信エネルギー(＝入力信号の分散)を最小にするものである．

定理 6.3.7　定理 6.3.6 の条件の下で，確率方程式(6.3.33)はただ一つの解

$$Y(t,\omega) = Y_0(t,\omega) - \int_0^t \left(\int_0^u h(u,s)dY_0(s)\right)du \qquad (6.3.34)$$

をもつ．ここで $\{Y_0(t)\}$ は(6.3.28)で与えられ，$h(t,s)$ は(6.3.2)の解である．そして

$$\hat{\xi}(t) = \int_0^t l(t,s)dY(s) = \int_0^t h(t,s)dY_0(s) \qquad (6.3.35)$$

である．ただし $l(t,s)$ は Volterra 核 $-h(t,s)$ に対する解核である．さらに(6.2.15)で $A(u) \equiv 1$ とした勝手な加法的フィードバックに対し

$$E[(\xi(t) - \zeta(t))^2] \geqq E[(\xi(t) - \hat{\xi}(t))^2], \qquad 0 \leqq t \leqq T \qquad (6.3.36)$$

が成り立つ．

証明　補題 6.3.5 より $-h(t,s)$ は $l(t,s)$ の解核になっているから，定理 6.3.6 より

$$Y(t,\omega) = Y_0(t,\omega) - \int_0^t \left(\int_0^u l(u,s)dY(s)\right)ds \qquad (6.3.37)$$

の解は(6.3.34)で与えられる．この $\{Y(t)\}$ に対し，(6.3.31)と(6.3.34), (6.3.

37)より

$$E[\xi(t)\,|\,Y(u),\ \ u \leqq t] = \int_0^t h(t,s)dY_0(s) = \int_0^t l(t,s)dY(s)$$

が成り立つ．このことより(6.3.37)は(6.3.33)と同じ式であり，したがって(6.3.34)の $Y=\{Y(t)\}$ は(6.3.33)のただ一つの解であることがわかるとともに，(6.3.35)もわかる．最後に(6.3.36)は(6.2.18)と条件付平均値の性質より明らかである．∎

以上の議論を例3.1の場合に適用してみよう．

例3.3(例3.1の続き)　$\rho(t)$ を正値関数で $\int_0^T \rho(t)^2 dt < \infty$ とする．メッセージ $\xi_0(\omega)$ はGauss分布 $N(0, \sigma^2)$ に従い，増幅関数は

$$A(t) = \frac{\rho(t)}{\sigma} \exp\left(\frac{1}{2}\int_0^t \rho(u)^2 du\right) \tag{6.3.38}$$

とする．そして通信路

$$Y(t) = \int_0^t A(u)(\xi_0 - \hat{\xi}_0(u))du + B(t) \tag{6.3.39}$$

$(\hat{\xi}_0(u) = E[\xi_0\,|\,Y(s),\ \ s \leqq u])$ を考える．このとき送信エネルギーは

$$A(t)^2 E[(\xi_0 - \hat{\xi}_0(t))^2] = \rho(t)^2 \tag{6.3.40}$$

であり，伝わる相互情報量，フィルタリング誤差は各々

$$I_t(\xi_0, Y) = \frac{1}{2}\int_0^t \rho(u)^2 du \tag{6.3.41}$$

$$E[(\xi_0 - \hat{\xi}_0(t))^2] = \sigma^2 \exp\left(-\int_0^t \rho(u)^2 du\right) \tag{6.3.42}$$

である．実際，Gauss過程 $\xi=\{\xi(t)\}$, $\xi(t,\omega)=A(t)\xi_0(\omega)$, の共分散は $R(t,s) = \sigma^2 A(t)A(s)$ だからWiener-Hopf方程式(6.3.2)の解は(6.3.10)より

$$h(t,s) = \rho(t)\rho(s)\exp\left(-\frac{1}{2}\int_s^t \rho(u)^2 du\right), \qquad s \leqq t$$

であることがわかる．特に $h(t,t)=\rho(t)^2$ だから，(6.3.32)から(6.3.41)，(6.3.31)と(6.3.6)から(6.3.42)と(6.3.40)を得る．

話を再びフィードバックのない場合に戻し，通信路(6.3.1)を考える．メッセージ ξ の共分散関数 $R(t,s)$ を核にもつ積分作用素の固有値を使って相互情報量 $I_S(\xi, Y)$ を計算することもできる．

$R(t,s)$ は連続関数とし，$S\in(0,T]$ を固定する．$L^2([0,S])$ における $R(t,s)$ を核にもつ積分作用素 R:

$$Rf(t) = \int_0^S R(t,s)f(s)ds, \qquad f \in L^2([0,S]) \tag{6.3.43}$$

に対し

$$Rf(t) = \lambda f(t) \tag{6.3.44}$$

をみたす λ を R の固有値，$f\in L^2([0,S])$ を λ に対応する固有関数という．$R(t,s)$ の性質(対称性，正定値性等)より，R の固有値は非負実数で高々可算個しかない．そこで R の固有値を $\lambda_1\geqq\cdots\geqq\lambda_n\geqq\cdots\geqq 0$ とする*)．異なる固有値に対応する固有関数はたがいに直交するので，固有値 $\lambda_n\,(n=1,2,\cdots)$ に対応する固有関数 $f_n(t)$ は $\{f_n;\ n=1,2,\cdots\}$ が $L^2([0,S])$ の正規直交基をなすようにとれる．ここで正規直交とは

$$\int_0^S f_m(t)f_n(t)dt = \delta_{mn}, \qquad m,n = 1,2,\cdots \tag{6.3.45}$$

が成り立つことである．また固有関数は連続関数としてよい．固有値，固有関数を使い，Mercer の展開定理としてよく知られているように，$R(t,s)$ は

$$R(t,s) = \sum_{n=1}^{\infty} \lambda_n f_n(t) f_n(s) \tag{6.3.46}$$

と展開できる(右辺は (t,s) について一様に絶対収束している)．(6.3.45)と(6.3.46)より

$$\sum_{n=1}^{\infty} \lambda_n = \int_0^S R(t,t)dt \tag{6.3.47}$$

となることにも注意しておく．固有値 λ_n，固有関数 $f_n(t)$ は区間 $[0,S]$ の S に

*)　一つの固有値に対する固有空間(対応する固有関数の張る空間)の次元が多次元の場合には次元の数だけ重複して固有値を数えることとする．

よって変るのでそのことを明記したいときには各々 $\lambda_n(S)$, $f_n(t;\ S)$ と書くことにする．$f_n(t;\ S)$ は S についても連続であるようにとれることが知られているのでそのようにとっておく．相互情報量について次の表現が得られる．

定理 6.3.8　定理 6.3.2 の通信路に対し

$$I_S(\xi, Y) = \frac{1}{2}\sum_{n=1}^{\infty} \log(1+\lambda_n(S)) \tag{6.3.48}$$

である*)．

証明のためまず補題を準備する．

補題 6.3.9　積分方程式

$$k(t,s)+\int_0^S k(t,u)R(u,s)du = R(t,s), \qquad 0 \leqq t, s \leqq S \tag{6.3.49}$$

はただ一つの解 $k(t,s)\equiv k(t,s;\ S)$ をもつ．$k(t,s)$ は (t,s) の連続関数である．

証明　(6.3.49) の解は

$$k(t,s) = \sum_{n=1}^{\infty} \frac{\lambda_n}{1+\lambda_n} f_n(t) f_n(s) \tag{6.3.50}$$

で与えられる．実際右辺の級数は (t,s) について一様に絶対収束し連続関数 $k(t,s)$ を定める．この $k(t,s)$ が (6.3.49) をみたすことは (6.3.45), (6.3.46) より明らかである．解の一意性は補題 6.3.1 の場合と同様にしてわかる．　∎

［**注意**］ (6.3.49) で $S=t$ としたものは (6.3.2) と一致するから，(6.3.2) の解 $h(t,s)$ に対し

$$k(t,s;\ t) = h(t,s), \qquad 0 \leqq s \leqq t \tag{6.3.51}$$

である．さらに定理 6.3.2 と同様にして，通信路 (6.3.1) において $Y(u)$, $u \leqq S$, を観測しそれに基づいて $\xi(t)$ $(t \leqq S)$ を予測するとき，2乗平均誤差を最小にするフィルターが

$$E[\xi(t) \mid Y(u),\ u \leqq S] = \int_0^S k(t,s;\ S)dY(s) \tag{6.3.52}$$

---

*)　ここでは $R(t,s)$ の連続性を仮定して証明するが，(6.3.48) はこの仮定なしに成立する．

であることがわかる($S=t$としたものが(6.3.5)である).

補題 6.3.10 区間の長さSを変化させるとき

$$\frac{d}{dS}\lambda_n(S) = \lambda_n(S)f_n(S;\ S)^2, \qquad n=1,2,\cdots \tag{6.3.53}$$

が成立する.

証明 (6.3.45)より任意のhに対し

$$\begin{aligned} 0 &= \int_0^{S+h} f_n(t;\ S+h)^2 dt - \int_0^S f_n(t;\ S)^2 dt \\ &= \int_0^S (f_n(t;\ S+h)+f_n(t;\ S))(f_n(t;\ S+h)-f_n(t;\ S))dt \\ &\quad + \int_S^{S+h} f_n(t;\ S+h)^2 dt \end{aligned}$$

である. $f_n(t;\ S)$が連続なことから, 上式をhで割って$h\to 0$とすることにより

$$\begin{aligned} &\lim_{h\to 0}\frac{1}{h}\int_0^S f_n(t;\ S+h)(f_n(t;\ S+h)-f_n(t;\ S))dt \\ &= \lim_{h\to 0}\frac{1}{h}\int_0^S f_n(t;\ S)(f_n(t;\ S+h)-f_n(t;\ S))dt \\ &= -\frac{1}{2}f_n(S;\ S)^2 \end{aligned} \tag{6.3.54}$$

を得る. 固有値に対しては

$$\lambda_n(S) = \int_0^S\int_0^S R(t,s)f_n(t;\ S)f_n(s;\ S)dsdt$$

が成立しているから

$$\begin{aligned} \lambda_n(S+h)-\lambda_n(S) &= \int_S^{S+h}\int_S^{S+h} R(t,s)f_n(t;\ S+h)f_n(s;\ S+h)dsdt \\ &\quad +2\int_S^{S+h}\left(\int_0^S R(t,s)f_n(t;\ S+h)f_n(s;\ S+h)ds\right)dt \\ &\quad +2\int_0^S\int_0^S R(t,s)f_n(s;\ S)(f_n(t;\ S+h)-f_n(t;\ S))dsdt \end{aligned}$$

$$+\int_0^S\int_0^S R(t,s)(f_n(t;\ S+h)-f_n(t;\ S))$$
$$\cdot(f_n(s;\ S+h)-f_n(s;\ S))dsdt \qquad (6.3.55)$$

とできる．右辺第 j 項 $(j=1,2,3,4)$ を $\varphi_j(h)$ とおくと，(6.3.54), (6.3.44) などを使い

$$\begin{aligned}&\lim_{h\to0}\frac{1}{h}\varphi_1(h)=\lim_{h\to0}\frac{1}{h}\varphi_4(h)=0\\&\lim_{h\to0}\frac{1}{2h}\varphi_2(h)=-\lim_{h\to0}\frac{1}{h}\varphi_3(h)=\lambda_n(S)f_n(S;\ S)^2\end{aligned} \qquad (6.3.56)$$

が示される．(6.3.55), (6.3.56) より (6.3.53) を得る．　▮

定理 6.3.8 の証明　(6.3.7) と (6.3.51) より

$$I_S(\xi,Y)=\frac{1}{2}\int_0^S k(t,t;\ t)dt \qquad (6.3.57)$$

である．証明したい式(6.3.48)の右辺を $I(S)$ とおき，S で微分すると (6.3.53) と (6.3.50) より

$$\begin{aligned}\frac{d}{dS}I(S)&=\frac{1}{2}\sum_{n=1}^{\infty}\frac{\frac{d}{dS}\lambda_n(S)}{1+\lambda_n(S)}\\&=\frac{1}{2}\sum_{n=1}^{\infty}\frac{\lambda_n(S)}{1+\lambda_n(S)}f_n(S;\ S)^2=\frac{1}{2}k(S,S;\ S)\end{aligned} \qquad (6.3.58)$$

である．ところで $S\to0$ のとき (6.3.47) より $\sum_{n=1}^{\infty}\lambda_n(S)=\int_0^S R(t,t)dt\to0$ だから，$\lim_{S\to0}I(S)=0$ である．したがって (6.3.57), (6.3.58) より

$$I_S(\xi,Y)=\int_0^S\frac{d}{dt}I(t)dt=I(S)$$

となり，(6.3.48)が示された．　▮

§6.4　白色 Gauss 型通信路の容量

本節では入力信号に平均電力制限が課せられている場合の白色 Gauss 型通信路の容量を求める．フィードバックの有無によって容量は変らないこともわ

かる．

考える通信路は§6.1の$(A_0.1)$〜$(A_0.4)$をみたすフィードバックのある白色 Gauss 型通信路(6.1.6)とする．まず有限通信時間$\boldsymbol{T}=[0,T]$ $(T<\infty)$の場合を扱う．入力信号$\varphi=\{\varphi(t)\}$に対し送信エネルギーに関する制限が課せられているものとする．よく現われる制限としては

$$E[|\varphi(t)|^2] \leqq \rho^2, \qquad 0 \leqq t \leqq T \tag{6.4.1}$$

$$\frac{1}{T}\int_0^T E[|\varphi(t)|^2]dt \leqq \rho^2 \tag{6.4.2}$$

あるいは(6.4.1)を一般にした

$$E[|\varphi(t)|^2] \leqq \rho(t)^2, \qquad 0 \leqq t \leqq T \tag{6.4.3}$$

などがある．ここで$\rho>0$は定数，$\rho(t)$は$\rho(t)>0$かつ$\int_0^T \rho(t)^2 dt<\infty$なる与えられた関数である．これらの制限は離散時間 Gauss 型通信路における制限(5.3.1)〜(5.3.3)に対応するものである．

ここでは制限(6.4.3)が課せられているときの容量を求めよう．通信路(6.1.6)の時刻tまでの容量は

$$C_f^t = \sup I_t(\xi, Y) \tag{6.4.4}$$

で定義される．ここで上限は$(A_0.2)$〜$(A_0.4)$および(6.4.3)をみたすメッセージξと入力信号φについてとる(定義4.3.2参照)．フィードバックのない場合の容量は

$$C^t = \sup I_t(\varphi, Y) \tag{6.4.5}$$

で与えられる．ただし上限は(6.4.3)をみたし，雑音$B=\{B(t)\}$とは独立なすべての$\varphi=\{\varphi(t)\}$についてとる．

次のことが成り立つ．

定理 6.4.1 制限(6.4.3)の下での白色 Gauss 型通信路の容量はフィードバックの有無で変らず

$$C^t = C_f^t = \frac{1}{2}\int_0^t \rho(u)^2 du, \qquad 0 \leqq t \leqq T \tag{6.4.6}$$

である．フィードバックのある場合には，相互情報量が実際に容量に等しくな

る，すなわち

$$I_t(\xi, Y) = C_f^t = \frac{1}{2}\int_0^t \rho(u)^2 du, \qquad 0 \leqq t \leqq T \tag{6.4.7}$$

となるメッセージ ξ と入力信号 φ が存在する*).

証明　定義より $C^t \leqq C_f^t$ は明らか．条件をみたす任意の ξ と φ に対し，(6.2.14)と(6.4.3)より

$$I_t(\xi, Y) \leqq \frac{1}{2}\int_0^t E[|\varphi(u)|^2]du \leqq \frac{1}{2}\int_0^t \rho(u)^2 du$$

である．よって不等式

$$C^t \leqq C_f^t \leqq \frac{1}{2}\int_0^t \rho(u)^2 du$$

が成り立つことは明らかである．したがって(6.4.6)を示すためには，フィードバックがない場合に $I_t(\varphi, Y)$ が $\frac{1}{2}\int_0^t \rho(u)^2 du$ に十分近い φ があることを示せばよい．ここでは(6.4.3)より簡単な制限(6.4.1)の場合にこのことを示そう．$\varphi=\{\varphi(t)\}$ として例 3.2 の(6.3.16)で σ^2 $(=\xi_0$ の分散$)=\rho^2$，$b^2=2a\rho^2$ とした Gauss 過程 $\xi=\{\xi(t)\}$ をとる．このとき(6.4.1)がみたされていることは(6.3.18)より明らか．そして相互情報量は(6.3.17)より

$$I_t(\varphi, Y) = \frac{1}{2}\log\frac{c-\exp(-2\sqrt{a^2+2a\rho^2}\,t)}{c-1} + \frac{1}{2}(\sqrt{a^2+2a\rho^2}-a)t$$

である．$a\to\infty$ のとき $c\to-\infty$，$\sqrt{a^2+2a\rho^2}-a\to\rho^2$ だから，a を大きくすることにより $I_t(\varphi, Y)$ をいかほどでも $\frac{1}{2}\rho^2 t$ に近くすることができる．制限(6.4.3)の場合にも，直観的にいえば $\varphi(t)$ の分散がほぼ $\rho(t)^2$ に等しく，t と s が少し離れていれば $\varphi(t)$ と $\varphi(s)$ が独立であるような Gauss 過程 φ をとればよい．具体的には区間 $[0, T]$ を小さな区間に細分し，区間毎に独立に，各区間では例 3.1 の型の Gauss 型信号をとることにより上と同様のことが示せる．なおフィードバックのある場合には，例 3.3 は制限(6.4.3)をみたしかつ(6.4.7)の成り立

*)　実は任意の Gauss 型メッセージ ξ に対し，(6.4.7)をみたす φ が構成できる．このことは次節(定理 6.5.3)で示す．

つ例を与えている．∎

［**注意**］ 全く同じ議論により，制限(6.4.1)または(6.4.2)の下での容量は

$$C^t = C_f^t = \frac{1}{2}\rho^2 t, \qquad 0 \leqq t \leqq T \tag{6.4.8}$$

であることがわかる．

次に無限通信時間の場合の単位時間当りの容量を求める．入力信号 $\varphi=\{\varphi(t)\}$ に対しては制限

$$\overline{\lim_{T\to\infty}} \frac{1}{T}\int_0^T E[|\varphi(t)|^2]dt \leqq \rho^2 \quad (\rho>0 \text{ は定数}) \tag{6.4.9}$$

が課せられているものとする．単位時間当りの容量は，フィードバックのある場合には

$$\bar{C}_f = \sup \underline{\lim_{T\to\infty}} \frac{1}{T} I_T(\xi, Y) \tag{6.4.10}$$

である．ただし上限は$(A_0.2)$～$(A_0.4)$と(6.4.9)をみたすすべてのメッセージ ξ と入力信号 φ についてとる．またフィードバックのない場合には

$$\bar{C} = \sup \underline{\lim_{T\to\infty}} \frac{1}{T} I_T(\varphi, Y) \tag{6.4.11}$$

である．ここで上限は雑音 $B=\{B(t)\}$ とは独立で(6.4.9)をみたすすべての $\varphi=\{\varphi(t)\}$ についてとる(定義4.3.3参照)．

次の定理が成り立つ．証明は定理6.4.1とほとんど同じなので省略する．

定理 6.4.2　制限(6.4.9)の下での白色 Gauss 型通信路(6.1.6)の単位時間当りの容量は

$$\bar{C} = \bar{C}_f = \frac{1}{2}\rho^2$$

である．フィードバックのある場合には

$$\lim_{T\to\infty} \frac{1}{T} I_T(\xi, Y) = \bar{C}_f = \frac{1}{2}\rho^2$$

となるメッセージ ξ と入力信号 φ が存在する．

§6.5　最適符号化

本節では Gauss 型メッセージを白色 Gauss 型通信路を通して伝達するときの最適な符号化について述べる．伝わる相互情報量を最大にする符号化とフィルタリング誤差を最小にする符号化は同じであり，それは§6.3で扱った線形フィードバックを使って与えられる．

前節と同じく，(A_0. 1)～(A_0. 4)をみたすフィードバックのある白色 Gauss 型通信路(6.1.6)を考える．入力信号 $\varphi=\{\varphi(t)\}$ に対しては平均電力制限(6.4.3)が課せられているものとする．このとき(6.4.6)より容量は $C_f^t=\frac{1}{2}\int_0^t \rho(u)^2 du$ である．メッセージ $\xi=\{\xi(t)\}$ は Gauss 型，すなわち Gauss 過程とする．ところで入力信号 φ に対して(6.1.7)の右辺 $\varphi(t, \xi(\cdot, \omega), Y_0^t(\omega))$ はメッセージ ξ とフィードバック回路を使って送り返されてきた出力信号 Y から，どのように入力信号を構成するかという符号化の方法を表わしている．そこで φ のことを符号化 φ ともよぶことにする．与えられたメッセージ ξ に対し，可能な符号化 φ の全体を $\boldsymbol{\Phi}$ と記す．すなわち

$$\boldsymbol{\Phi} = \{\varphi;\ \varphi \text{ は } (A_0.3), (A_0.4), (6.4.3) \text{ をみたす}\}$$

である．なお通信時間は $\boldsymbol{T}=[0, T]$ $(T<\infty)$ とする．

最初にメッセージ $\xi=\{\xi(t)\}$ が一番簡単な場合を扱う．$\xi_0(\omega)$ を Gauss 分布 $N(0, 1)$ に従う確率変数とし

$$\xi(t) \equiv \xi_0, \quad 0 \leqq t \leqq T \tag{6.5.1}$$

とする．このメッセージを例3.3の方法で送信する．(6.3.39)の符号化を $\varphi^*=\{\varphi^*(t)\}$，出力信号を $Y^*=\{Y^*(t)\}$ と書く，すなわち $A^*(t)$ を(6.3.38)の右辺で与えるとき

$$\begin{aligned} Y^*(t) &= \int_0^t A^*(u)(\xi(u)-\hat{\xi}^*(u))du+B(t) \\ &\equiv \int_0^t \varphi^*(u)du+B(t) \end{aligned} \tag{6.5.2}$$

$(\hat{\xi}^*(u)=E[\xi(u) \mid Y^*(s),\ s\leqq u])$ である．このとき(6.3.40)より $\varphi^*\in\boldsymbol{\Phi}$ である．

さらに(6.3.41)より $I_t(\xi, Y^*) \equiv I_t(\xi_0, Y^*)$ は容量 C_f^t に等しい．したがって勝手な符号化 $\varphi \in \boldsymbol{\Phi}$ に対し

$$I_t(\xi, Y) \leqq I_t(\xi, Y^*), \qquad t \in \boldsymbol{T} \tag{6.5.3}$$

が成り立つ．よって φ^* はメッセージ ξ に関する最大の相互情報量を伝送するという意味で最適(以後このことを**情報量の意味で最適**という)な符号化である．さらにこの φ^* は ξ に対するフィルタリング誤差を最小にするという意味でも最適(以後このことを**フィルタリングの意味で最適**という)な符号化になっている．正確にいえば，他の符号化 $\varphi \in \boldsymbol{\Phi}$ を用いたときのフィルターを $\hat{\xi}(u) = E[\xi(u) | Y(s),\ s \leqq u]$ とすると

$$E[|\xi(t) - \hat{\xi}(t)|^2] \geqq E[|\xi(t) - \hat{\xi}^*(t)|^2], \qquad t \in \boldsymbol{T} \tag{6.5.4}$$

が成立するのである．実際(6.3.42)より

$$E[|\xi(t) - \hat{\xi}^*(t)|^2] = \sigma^2 \exp\left(-\int_0^t \rho(u)^2 du\right)$$

である一方，定理5.1.3より

$$E[|\xi(t) - \hat{\xi}(t)|^2] \geqq \sigma^2 \exp\{-2I(\xi(t), \hat{\xi}(t))\} \geqq \sigma^2 \exp\{-2I_t(\xi, Y)\}$$
$$\geqq \sigma^2 \exp(-2C_f^t) = \sigma^2 \exp\left(-\int_0^t \rho(u)^2 du\right)$$

だから，(6.5.4)が成り立つ．以上のことをまとめ次の定理を得る．

定理 6.5.1 Gauss型メッセージ(6.5.1)を制限(6.4.3)が課せられたフィードバックのある白色Gauss型通信路(6.1.6)によって伝送するとき，(6.5.2)の符号化 φ^* は**情報量の意味でもフィルタリングの意味でも最適**である．

この定理に関し次の点を強調しておく．§6.3でみたように(6.5.2)は線形フィードバックを使った通信である．このように非線形符号化も含めたあらゆる符号化の中で最適なものは実際には線形符号化である．そして $\{\xi(\cdot), Y^*(\cdot), B(\cdot)\}$ はGauss系をなしており，最適な場合には話はGauss過程の枠組の中でできるのである．

同様のことはメッセージ $\xi = \{\xi(t)\}$ が(6.3.12)で与えられるGauss Markov過程の場合にも成り立つ．ただし考える符号化は，時刻 t における入力信号

$\varphi(t)$ がメッセージに関しては $\xi(t)$ のみから決まる，すなわち

$$\varphi(t,\omega)=\varphi(t,\xi(t,\omega),Y_0^t(\omega)) \tag{6.5.5}$$

の形の符号化だけに限る．証明はかなり長く割愛せざるを得ないが次のことが成り立つ．

定理 6.5.2　通信路(6.1.6)において，メッセージ $\xi=\{\xi(t)\}$ は(6.3.12)の Gauss Markov 過程 $\eta=\{\eta(t)\}$ とする(ただし(6.3.12)において $a(t), b(t)$ は有界関数とする)．関数 $A^*(t)$，$0\leqq t\leqq T$，を

$$A^*(t)=\frac{\rho(t)}{\sigma}\left[\exp\left\{\int_0^t(2a(u)-\rho(u))du\right\}+\int_0^t b(s)^2\exp\left\{\int_s^t(2a(u)-\rho(u))du\right\}ds\right]^{-1/2}$$

で与える(σ^2 は $\xi(0)$ の分散)．このとき(6.5.2)の符号化 φ^* に対し

$$E[|\varphi^*(t)|^2]=A^*(t)^2E[|\xi(t)-\hat{\xi}^*(t)|^2]=\rho(t)^2 \tag{6.5.6}$$

であり，φ^* は(6.4.3), (6.5.5)をみたす符号化*)の中で情報量の意味でもフィルタリングの意味でも最適である．またこのとき相互情報量は

$$I_t(\xi,Y^*)=C_f^t=\frac{1}{2}\int_0^t\rho(u)^2du$$

であり，フィルタリング誤差は

$$E[|\xi(t)-\hat{\xi}^*(t)|^2]=\sigma^2\left[\exp\left\{\int_0^t(2a(u)-\rho(u))du\right\}+\int_0^t b(s)^2\exp\left\{\int_s^t(2a(u)-\rho(u))du\right\}ds\right]$$

である．

上で見てきたことの類推から，他の Gauss 型メッセージに対しても(6.5.2)と(6.5.6)で決まる符号化 φ^* が最適であることが予想される．このことはまだ証明されていないが，φ^* は§6.2で扱った加法的フィードバックをもつ符号化

---

*)　証明のための技術的な理由により，可能な符号化としてはこの他に有界性と連続性に関する若干の条件を満足するものに限る必要がある．

の中では最適であることが示される．(6.2.15)のように

$$Y(t,\omega)=\int_0^t A(u)\{\xi(u,\omega)-\zeta(u,\omega)\}du+B(t,\omega)$$
$$\equiv\int_0^t \varphi(u,\omega)du+B(t,\omega) \tag{6.5.7}$$

の符号化φを加法的フィードバックをもつ符号化という．ここで$A(u)$は有界関数，$\zeta(u,\omega)=\zeta(u,Y_0^u(\omega))$は$Y(s)$, $s\leqq u$の関数である．制限(6.4.3)をみたす加法的フィードバックをもつ符号化の全体を$\boldsymbol{\Phi}_{\mathrm{add}}$と記そう：

$$\boldsymbol{\Phi}_{\mathrm{add}}=\{\varphi;\ \varphi\text{は}(6.5.7),(6.4.3),(\mathrm{A}_0.4)\text{をみたす}\}$$

定理 6.5.3 メッセージ$\xi=\{\xi(t)\}$は$\int_0^T E[\xi(t)^2]dt<\infty$，かつすべての$t$で$E[\xi(t)^2]>0$であるGauss過程とする．

1°) (6.5.2)と(6.5.6)をみたす正の関数$A^*(t)$, $0\leqq t\leqq T$, はただ一つ存在する．したがって(6.5.2), (6.5.6)をみたす符号化φ^*がただ一つ存在する．

2°) 1°)の符号化φ^*は$\boldsymbol{\Phi}_{\mathrm{add}}$の中では，情報量の意味でもフィルタリングの意味でも最適である．

証明 $\varphi_i\in\boldsymbol{\Phi}_{\mathrm{add}}\,(i=1,2)$とし，$\varphi_i(u)\equiv A_i(u)\{\xi(u)-\zeta_i(u)\}$，対応する出力信号を$Y_i=\{Y_i(t)\}$とする．このとき次の(i), (ii)が証明できる．

(i) すべての$0\leqq t\leqq T$で$A_1(t)\geqq A_2(t)\geqq 0$ならば，すべての$t$で$I_t(\xi,Y_1)\geqq I_t(\xi,Y_2)$かつ$E[|\xi(t)-\hat{\xi}_1(t)|^2]\leqq E[|\xi(t)-\hat{\xi}_2(t)|^2]$である($\hat{\xi}_i(t)=E[\xi(t)|\,Y_i(u),\ u\leqq t]$).

(ii) (i)に加え$A_1(t)>A_2(t)$なるtのLebesgue測度が正であれば，$I_T(\xi,Y_1)>I_T(\xi,Y_2)$である．

この性質を使って1°)の$A^*(t)$を構成することができるが詳細は省略する．2°)を示そう．$E[\varphi^*(u)|\,Y^*(s),\ s\leqq u]=A^*(u)\{E[\xi(u)|\,Y^*(s),\ s\leqq u]-\hat{\xi}^*(u)\}=0$だから(6.2.2)と(6.5.6)より

$$I_t(\xi,Y^*)=\frac{1}{2}\int_0^t E[\varphi^*(u)^2]du=\frac{1}{2}\int_0^t \rho(u)^2du=C_f^t$$

である．相互情報量が容量に等しいからφ^*は情報量の意味で最適である．増

幅関数 $A(t)$ が与えられたとき，定理6.2.3と定理6.3.7より，他の加法的フィードバックをもつ符号化に較べ

$$Y(t) = \int_0^t A(u)\{\xi(u)-\hat{\xi}(u)\}du+B(t) \equiv \int_0^t \varphi(u)du+B(t) \quad (6.5.8)$$

($\hat{\xi}(u)=E[\xi(u)|Y(s),\ s\leqq u]$) で定まる符号化が相互情報量とフィルタリング誤差は変えず送信エネルギーを最小にする．したがって φ^* がフィルタリングの意味で最適であることを示すためには，$\varphi\in\boldsymbol{\Phi}_{\mathrm{add}}$ を(6.5.8)の符号化とし $\varDelta(t)^2=E[|\xi(t)-\hat{\xi}(t)|^2]$ とおくとき，$\varDelta(t)^2\geqq\varDelta^*(t)^2$ を示せばよい($\varDelta^*(t)^2$ は φ^* に対応するフィルタリング誤差)．そのためには(i)より

$$A^*(t) \geqq A(t), \qquad 0 \leqq t \leqq T \quad (6.5.9)$$

を示せばよい．今(6.5.9)が成り立たず，$A^*(t)<A(t)$ なる t がある(その Lebesgue 測度が正)とする．関数 $A_0(t)\equiv\max(A^*(t), A(t))$ に対し(6.5.8)で決まる符号化を φ_0，出力信号を Y_0，フィルタリング誤差を $\varDelta_0(t)^2$ とする．(i)より $\varDelta_0(t)^2\leqq\varDelta^*(t)^2, \varDelta(t)^2$ である．したがって

$$E[\varphi_0(t)^2] = A_0(t)^2\varDelta_0(t)^2 \leqq \max(A^*(t)^2\varDelta^*(t)^2, A(t)^2\varDelta(t)^2) = \rho(t)^2$$

だから $\varphi_0\in\boldsymbol{\Phi}_{\mathrm{add}}$ である．しかるに $A_0(t)$ の定め方と(ii)より

$$I_T(\xi, Y_0) > I_T(\xi, Y^*) = C_f^T$$

となるがこれは不合理である．したがって(6.5.9)が成立する．なおこれと全く同じ議論により 1°) の $A^*(t)$ の一意性が証明できる．　∎

§6.6　フィードバックのない Gauss 型通信路

前節までは雑音がホワイトノイズの場合を扱ってきたが，本節ではこのことは仮定せず一般の Gauss 型通信路における相互情報量と容量について述べる．ただしフィードバックのない場合のみを扱う．フィードバックがないので入力信号と雑音は独立である．このこと故に，ある種の直交展開を用いる関数解析的な方法により相互情報量が計算できる．

$X=\{X(t);\ t\in\boldsymbol{T}\}$，$Y=\{Y(t);\ t\in\boldsymbol{T}\}$ を平均0，分散有限の二つの確率過程とする．後半では X, Y には各々入力信号，出力信号をあてる．$t\in\boldsymbol{T}$ を固定し

たとき $X(t)\equiv X(t,\omega)$, $Y(t)\equiv Y(t,\omega)$ を Hilbert 空間 $L^2(\Omega,P)$ の元と考える．$L^2(\Omega,P)$ の内積を $\langle\cdot,\cdot\rangle$，ノルムを $\|\cdot\|$ とする．$U,V\in L^2(\Omega,P)$ に対し

$$\langle U,V\rangle=\int_\Omega U(\omega)\overline{V(\omega)}dP(\omega)=E[U\overline{V}] \tag{6.6.1}$$

である．$X(t)$, $t\in\boldsymbol{T}$, の張る $L^2(\Omega,P)$ の部分空間を $\mathcal{M}(X)$ とする．$\mathcal{M}(Y)$ も同様に定義する．さらに $X(t),Y(t)$, $t\in\boldsymbol{T}$, の張る部分空間を $\mathcal{M}\equiv\mathcal{M}(X,Y)$ とする．$\mathcal{M}$ は可分，すなわち $\mathcal{M}$ の可算個の元からなる集合で $\mathcal{M}$ で稠密なものが存在すると仮定する．空間 $\mathcal{M}$ における部分空間 $\mathcal{M}(X),\mathcal{M}(Y)$ への射影作用素を各々 Π_1,Π_2 とする．Π_1 は

$$\Pi_1U=\begin{cases}U, & U\in\mathcal{M}(X)\\ 0, & U\in\mathcal{M}(X)^\perp\quad(=\mathcal{M}(X)\text{ の直交補空間})\end{cases}$$

なる線形作用素である．Π_i は自己共役，すなわち任意の $U,V\in\mathcal{M}$ に対し $\langle\Pi_iU,V\rangle=\langle U,\Pi_iV\rangle$，であり，$\Pi_i^2=\Pi_i$ である．$\mathcal{M}$ 上の線形作用素 B_1,B_2 を

$$B_1=\Pi_1\Pi_2\Pi_1,\qquad B_2=\Pi_2\Pi_1\Pi_2$$

で定義する．次の条件(*)を考える．

(*) $\mathcal{M}$ のある正規直交基底 $\{U_n;\ n=1,2,\cdots\}$ に対し

$$\sum_{n=1}^\infty\langle B_1U_n,U_n\rangle<\infty \tag{6.6.2}$$ *)

次の事実が以後の議論の基本となる．

定理 6.6.1 条件(*)が成り立つとき作用素 B_1 の固有値を λ_n, $n=1,2,\cdots$（固有空間の次元だけ重複して数える）とすると $0\leqq\lambda_n\leqq1$ かつ $\sum_{n=1}^\infty\lambda_n<\infty$ であり，各々 $\mathcal{M}(X),\mathcal{M}(Y)$ の正規直交基底 $\{X_n;\ n=1,2,\cdots\}$, $\{Y_n;\ n=1,2,\cdots\}$ で

$$\langle X_m,Y_n\rangle=\sqrt{\lambda_m}\delta_{mn},\qquad m,n=1,2,\cdots \tag{6.6.3}$$

をみたすものが存在する．

この定理の重要な点は (X_n,Y_n), $n=1,2,\cdots$, が組ごとに互いに直交している点にある．定理の証明は後回しにして，この定理を情報量の計算に応用する．

---

*) 関数解析の言葉を使えば，このことは B_1 がトレースクラス作用素ということである．いまの場合(6.6.2)の左辺はどの正規直交基底に対しても同じ値になる．

定理 6.6.2　1°)　条件(∗)が成り立つとき $\tilde{X}\equiv\{X_n;\ n=1,2,\cdots\}$, $\tilde{Y}\equiv\{Y_n;\ n=1,2,\cdots\}$, $\{\lambda_n;\ n=1,2,\cdots\}$ を定理 6.6.1 のものとすると

$$I(X,Y)=I(\tilde{X},\tilde{Y})=\lim_{k\to\infty}I((X_1,\cdots,X_k),(Y_1,\cdots,Y_k)) \tag{6.6.4}$$

が成り立つ．さらにもし $\{X(t),Y(t);\ t\in\boldsymbol{T}\}$ が Gauss 系ならば

$$I(X,Y)=I(\tilde{X},\tilde{Y})=-\frac{1}{2}\sum_{n=1}^{\infty}\log(1-\lambda_n) \tag{6.6.5}$$

である．

2°)　$\{X(t),Y(t);\ t\in\boldsymbol{T}\}$ が Gauss 系のとき，もし $I(X,Y)$ が有限ならば条件(∗)が成り立ちかつ B_1 は 1 を固有値にもたない．

証明　1°)　$\{X_n\}$ は $\mathcal{M}(X)$ の基底だから $\tilde{X}$ は X に関するすべての情報を含む．また $\{X_n\}\subset\mathcal{M}(X)$ だから，逆に X は $\tilde{X}$ に関するすべての情報を含む．Y と $\tilde{Y}$ についても同様である．よって(6.6.4)は直観的には認められるところである．(6.6.4)の厳密な証明は省略する．

$\{X(t),Y(t);\ t\in\boldsymbol{T}\}$ が Gauss 系のときには $\{X_n,Y_n;\ n=1,2,\cdots\}$ も Gauss 系をなすから，このとき直交と独立は同じことである．したがって定理 6.6.1 より (X_n,Y_n), $n=1,2,\cdots$, はたがいに独立で，(X_n,Y_n) は 2 次元 Gauss 分布に従い X_n,Y_n の分散は 1，相関係数は $\rho(X_n,Y_n)=\langle X_n,Y_n\rangle=\sqrt{\lambda_n}$ である．よって §1.7 の (I.10) と (1.7.14) より

$$\begin{aligned}I((X_1,\cdots,X_k),(Y_1,\cdots,Y_k))&=\sum_{n=1}^{k}I(X_n,Y_n)\\&=-\frac{1}{2}\sum_{n=1}^{k}\log(1-\lambda_n)\end{aligned} \tag{6.6.6}$$

である．(6.6.4), (6.6.6) より (6.6.5) を得る．なお $\sum_{n=1}^{\infty}\lambda_n<\infty$ だから 1 を固有値にもたねば(6.6.5)は有限であり，1 を固有値にもてば(6.6.5)の各項は無限大である．2°)の証明は省略する．　∎

定理 6.6.1 の証明のため，作用素 B_1,B_2 の固有値に関する補題を準備する．B_1 は $\mathcal{M}(X)$ の元は $\mathcal{M}(X)$ の元に，$\mathcal{M}(X)^{\perp}$ の元は 0 に写像するので $\mathcal{M}(X)$ 上

の作用素と考えてよい．同様に B_2 は $\mathscr{M}(Y)$ 上の作用素と考える．

補題 6.6.3 条件(*)を仮定する．B_1 の固有値を $\lambda_n (n=1,2,\cdots)$ とし対応する固有関数を $X_n\in\mathscr{M}(X)$ とする(固有空間が多次元のときは固有関数はたがいに直交するようにとる)とき以下のことが成り立つ．

1°) $0\leqq\lambda_n\leqq 1$ である．

2°) B_1 と B_2 の 0 以外の固有値は重複度をこめて一致する．$\Pi_2 X_n$ は B_2 の固有値 λ_n に対する固有関数である．

3°) $\lambda_m\neq\lambda_n$ ならば X_m と X_n は直交する．

4°) $m\neq n$ ならば $\Pi_2 X_m$ は $X_n, \Pi_2 X_n$ と直交する．

5°) $B_1 X_n=0$ (すなわち $\lambda_n=0$) ならば $X_n\in\mathscr{M}(Y)^\perp$ である．

証明 $0\leqq B_1\leqq I$ (＝恒等作用素)*) だから 1°) が成り立ち，B_1 は自己共役だから 3°) が成り立つ．

$$B_2(\Pi_2 X_n) = \Pi_2(B_1 X_n) = \Pi_2(\lambda_n X_n) = \lambda_n(\Pi_2 X_n)$$

だから λ_n は B_2 の固有値でもあり $\Pi_2 X_n$ が対応する固有関数である．X と Y と入れ替えて同じ議論をすれば B_1 と B_2 の固有値が一致することがわかり 2°) が成り立つ．

$$\begin{aligned}\langle \Pi_2 X_m, \Pi_2 X_n\rangle &= \langle \Pi_2 X_m, X_n\rangle \\ &= \langle B_1 X_m, X_n\rangle = \lambda_m\langle X_m, X_n\rangle \qquad (6.6.7)\end{aligned}$$

より 4°) がわかる．$B_1 X_n=0$ のとき (6.6.7) より $\|\Pi_2 X_n\|^2=0$ である．よって $\Pi_2 X_n=0$，すなわち $X_n\in\mathscr{M}(Y)^\perp$ であり 5°) が成り立つ． ∎

定理 6.6.1 の証明 条件(*)の下では $\sum_{n=1}^{\infty}\lambda_n$ は (6.6.2) の左辺に一致することが知られている．また固有関数系 $\{X_n;\ n=1,2,\cdots\}$ を $\mathscr{M}(X)$ の正規直交基底となるようにとれる．X_n に対応する固有値を λ_n とする．$\lambda_n\neq 0$ のときは $Y_n=\Pi_2 X_n/\|\Pi_2 X_n\|$ とし，これらに B_2 の固有値 0 に対する固有関数を加え $\{Y_n;\ n=1,2,\cdots\}$ が $\mathscr{M}(Y)$ の正規直交基底となるようにできる．(6.6.7) より $\|\Pi_2 X_n\|^2=\langle X_n, \Pi_2 X_n\rangle=\lambda_n$ だから，$\lambda_n\neq 0$ のとき $\langle X_n, Y_n\rangle=\sqrt{\lambda_n}$ である．このことと補

---

*) 作用素 A, B に対し，$A-B$ が正定値作用素のとき $A\geqq B$ と書く．

題の4°), 5°)を合せ(6.6.3)を得る.　∎

これまでの話を(6.1.1)で表わされるGauss型通信路に適用しよう. フィードバックはないものとする. したがって入力信号$X=\{X(t)\}$と雑音$Z=\{Z(t)\}$は独立である. X, Zはともに平均連続(すなわち$\lim_{s\to t} E[|X(s)-X(t)|^2]=\lim_{s\to t} E[|Z(s)-Z(t)|^2]=0$)と仮定する. ZはGauss過程であるがXはGauss過程とは限らない. Xと出力信号$Y=\{Y(t)\}$に対し条件(*)が成り立っているものとする. $\mathcal{M}(Z)$を$\mathcal{M}(X)$と同様に定義する. $X_n, Y_n, \lambda_n\,(n=1,2,\cdots)$を定理6.6.1のものとし$Z_n\,(n=1,2,\cdots)$を

$$Y_n=\sqrt{\lambda_n}X_n+Z_n, \qquad n=1,2,\cdots \tag{6.6.8}$$

で定める. 明らかに$Z_1, Z_2, \cdots$はたがいに直交している. また(6.6.3)より$\langle X_n, Z_n\rangle=0$, $\|Z_n\|^2=1-\lambda_n$がわかる. $m\neq n$のとき$\langle X_m, Z_n\rangle=0$は明らかだから$Z_n\in\mathcal{M}(X)^\perp$である. このことは$Z_n\in\mathcal{M}(Z)$を意味する($Z_n\in\mathcal{M}(X, Y)$であるが, $\mathcal{M}(X)$と$\mathcal{M}(Z)$の直和を$\mathcal{M}(X)\oplus\mathcal{M}(Z)$とすると(6.1.1)より$\mathcal{M}(X, Y)\subset\mathcal{M}(X)\oplus\mathcal{M}(Z)$だからである). このことから, すべての$n$に対し$\lambda_n\neq 1$のとき$\{Z_n\}$が§5.2の(a.1′)をみたすことと, $\{Z_n\}$と$\{X_n\}$が独立なことがわかる. よって(6.6.8)はフィードバックのない離散白色Gauss型通信路を表わしている. したがって定理6.6.2と定理5.2.1より次の結果を得る.

定理6.6.4　フィードバックのないGauss型通信路(6.1.1)に対し, $B_1, \{X_n\}, \{Y_n\}$を定理6.6.1のものとし$\{Z_n\}$を(6.6.8)で与える. 条件(*)が成り立ち, B_1が1を固有値にもたなければ

$$\begin{aligned} I(X, Y) &= \lim_{k\to\infty} I((X_1,\cdots,X_k),(Y_1,\cdots,Y_k)) \\ &= \lim_{k\to\infty}\{h_k(Y)-h_k(Z)\} \end{aligned} \tag{6.6.9}$$

である.

次にフィードバックがなく$\boldsymbol{T}=[0, T]$のGauss型通信路(6.1.1)の入力信号$X=\{X(t)\}$に対し§6.4と同様に制限

$$X(t)=\int_0^t \varphi(u)du, \qquad E[|\varphi(t)|^2]\leqq\rho(t)^2, \qquad t\in\boldsymbol{T} \tag{6.6.10}$$

を課す．このとき通信路容量 C(定義は(6.4.5)参照)は入力信号として Gauss 型のものだけ考えることによって到達されることを示そう．入力信号を Gauss 型に限ったときの容量を C_g とする．すなわち C_g は(6.6.10)をみたし Z とは独立なすべての Gauss 過程 $X=\{X(t)\}$ についての $I(X, Y)$ の上限である．

定理 6.6.5 制限(6.6.10)の下でのフィードバックのない Gauss 型通信路(6.1.1)の容量に関し

$$C = C_g \tag{6.6.11}$$

が成り立つ．

証明 制限(6.6.10)をみたし Z とは独立な入力信号 $X=\{X(t)\}$, $X(t)=\int_0^t \varphi(u)du$ に対し，$\{\varphi^0(t)\}$ を $\{\varphi(t)\}$ と同じ共分散をもち Z とは独立な Gauss 過程とし $X^0=\{X^0(t)\}$, $X^0(t)=\int_0^t \varphi^0(u)du$ とする．X^0 ももちろん(6.6.10)をみたす．X, X^0 に対応し(6.6.8)で定まる離散 Gauss 型通信路をみると，雑音 $\{Z_n\}$ は両者に共通であり，対応する入力信号を $\tilde{X}=\{X_n\}$, $\tilde{X}^0=\{X_n^0\}$ とすると $\tilde{X}$ と $\tilde{X}^0$ は共分散が同じで $\tilde{X}^0$ は Gauss 過程である．定理 5.3.1 の証明より，通信路(6.6.8)においては共分散が同じならば入力信号が Gauss 型のときに相互情報量は最大になる．したがって(6.6.11)が成り立つ． ∎

［**注意**］ 証明からわかるように，入力信号に対する制限は(6.6.10)に限らず入力信号の共分散によって決まる制限であれば定理は成り立つ．

§6.7 定常 Gauss 型通信路

Gauss 型通信路(6.1.1)は雑音 $Z=\{Z(t)\}$ および入力信号 $X=\{X(t)\}$ が定常過程のとき**定常 Gauss 型通信路**という．特にホワイトノイズは定常性をもっているから，白色 Gauss 型通信路(6.1.5)あるいはその積分形(6.1.6)は入力信号 $\varphi=\{\varphi(t)\}$ が定常過程のとき**定常白色 Gauss 型通信路**という．定常過程の解析にあたっては第3章でみたようにスペクトル分解などの手段もあり，定常 Gauss 型通信路は Shannon 以来よく研究されている．本節ではフィードバックがない白色の場合を中心に，定常 Gauss 型通信路における単位時間当りの相互情報量，容量について述べる．

最初に，フィードバックのない定常白色 Gauss 型通信路(6.3.1)を考える(ただし通信時間は $[0, \infty)$ とする)．フィードバックがないからメッセージと入力信号は同一視でき，メッセージ(入力信号) $\xi=\{\xi(t);\ 0\leqq t<\infty\}$ は平均 0，共分散 $\gamma(t-s)=E[\xi(t)\xi(s)]$ の定常 Gauss 過程とする．共分散関数 $\gamma(t)$ はスペクトル密度関数 $f(\lambda)$ をもつ，すなわち

$$\gamma(t)=\int_{-\infty}^{\infty}e^{it\lambda}f(\lambda)d\lambda \tag{6.7.1}$$

とスペクトル分解されると仮定する．

$$\bar{I}(\xi, Y)=\lim_{T\to\infty}\frac{1}{T}I_T(\xi, Y)$$

は右辺の極限が存在するときメッセージ ξ と出力信号 Y の間の**単位時間当りの相互情報量**という．次の結果が本節の議論の基本となる．

定理 6.7.1　フィードバックのない定常白色 Gauss 型通信路(6.3.1)において，メッセージ ξ が(6.7.1)の共分散をもつ定常 Gauss 過程のとき

$$\bar{I}(\xi, Y)=\frac{1}{4\pi}\int_{-\infty}^{\infty}\log(1+2\pi f(\lambda))d\lambda \tag{6.7.2}$$

である．

定理の証明は定理 6.3.8 を使って行う．(6.3.48)の固有値 $\lambda_n(S)$ の $S\to\infty$ のときの挙動に関し次のことが知られている(証明は省略する)．

補題 6.7.2　(6.7.1)の共分散 $\gamma(t)$ に対し，$R(t,s)\equiv\gamma(t-s)$ を核にもつ $L^2([0, S])$ の積分作用素 R の固有値を $\lambda_n(S)$，$n=1,2,\cdots$，とする．このとき，$m\{\lambda;\ f(\lambda)=a\}=m\{\lambda;\ f(\lambda)=b\}=0$ (m は Lebesgue 測度)なる任意の $0<a<b$ に対し

$$\lim_{S\to\infty}\frac{1}{S}\#\left\{n;\ a\leqq\frac{1}{2\pi}\lambda_n(S)<b\right\}=\frac{1}{2\pi}m(\{\lambda;\ a\leqq f(\lambda)<b\}) \tag{6.7.3}$$

が成り立つ．ただし $\#B$ は集合 B の元の個数を表わす．

定理 6.7.1 の証明　任意の正数 ε を固定する．$\int_{-\infty}^{\infty}f(\lambda)d\lambda=\gamma(0)<\infty$ であることと(6.3.47)より $\sum_{n=1}^{\infty}\lambda_n(S)=S\gamma(0)$ であることより，十分小さな正数 α と十分大きな正数 β, S_1 があって $S\geqq S_1$ ならば

$$\left|\frac{1}{4\pi}\int_{-\infty}^{\infty}\log(1+2\pi f(\lambda))d\lambda-\frac{1}{4\pi}\int_{\alpha\leqq|\lambda|<\beta}\log(1+2\pi f(\lambda))d\lambda\right|<\varepsilon \quad (6.7.4)$$

$$\left|\frac{1}{2S}\sum_{n=1}^{\infty}\log(1+\lambda_n(S))-\frac{1}{2S}\sum_n{}^*\log(1+\lambda_n(S))\right|<\varepsilon \quad (6.7.5)$$

($\sum_n{}^*$ は $\alpha\leqq\lambda_n(S)<\beta$ なる n についての和)とできる．$\alpha=a_0<a_1<\cdots<a_l=\beta$ が区間 $[\alpha,\beta]$ の十分細かな分割の分点ならば

$$\left|\frac{1}{4\pi}\int_{\alpha\leqq|x|<\beta}\log(1+2\pi f(\lambda))d\lambda-\frac{1}{4\pi}\sum_{k=1}^{l}\log(1+2\pi a_{k-1})m(A_k)\right|<\varepsilon \quad (6.7.6)$$

ここで $A_k=\{\lambda;\ a_{k-1}\leqq f(\lambda)<a_k\}$ である．なお分点 a_k としては $m\{\lambda;\ f(\lambda)=a_k\}=0$ なる点が選べる．さらに補題 6.7.2 より正数 S_2 があって $S\geqq S_2$ ならば

$$\left|\frac{1}{4\pi}m(A_k)-\frac{1}{2S}\#B_k\right|<\frac{\varepsilon}{l}, \quad k=1,\cdots,l \quad (6.7.7)$$

ここで $B_k=\left\{n;\ a_{k-1}\leqq\frac{1}{2\pi}\lambda_n(S)<a_k\right\}$ である．上の分割を十分細かくかつ S_2 を十分大きくとれば，$S\geqq S_2$ のとき

$$\left|\frac{1}{2S}\sum_{k=1}^{l}\log(1+2\pi a_{k-1})\#B_k-\frac{1}{2S}\sum_n{}^*\log(1+\lambda_n(S))\right|<\varepsilon \quad (6.7.8)$$

である．(6.7.4)～(6.7.8)より $S\geqq S_1, S_2$ ならば

$$\left|\frac{1}{4\pi}\int_{-\infty}^{\infty}\log(1+2\pi f(\lambda))d\lambda-\frac{1}{2S}\sum_{n=1}^{\infty}(1+\lambda_n(S))\right|<5\varepsilon$$

である．$\varepsilon>0$ は任意であることと(6.3.48)より(6.7.2)を得る． ∎

次にこの通信路の，定理 6.4.2 と同じ制限の下での，単位時間当りの容量 $\bar{C}_s$ を求める．$\bar{C}_s$ は

$$\bar{C}_s=\sup\varliminf_{T\to\infty}\frac{1}{T}I_T(\xi,Y) \quad (6.7.9)$$

で定義する．ただし上限は雑音 $B=\{B(t)\}$ と独立で(6.4.1)(で φ を ξ に置き換えたもの)をみたす定常過程 $\xi=\{\xi(t)\}$ についてとる．

定理 6.7.3 フィードバックのない定常白色 Gauss 型通信路(6.3.1)の単位

時間当りの容量 $\bar{C}_s$ は

$$\bar{C}_s = \bar{C} = \frac{1}{2}\rho^2 \tag{6.7.10}$$

である．ただし $\bar{C}$ は定理 6.4.2 のものである．

証明　定常過程に対しては制限(6.4.1)と(6.4.9)は同じだから，$\bar{C}$ に較べ $\bar{C}_s$ は上限をとる範囲をさらに定常過程に制限したものである．よって明らかに $\bar{C}_s \leqq \bar{C} = \frac{1}{2}\rho^2$ であるが，定理 6.4.1 の証明で使った $\xi=\{\xi(t)\}$ は定常過程であるから(6.7.10)が成り立つ．　∎

前にも述べたように Gauss 型通信路の研究は Shannon により始まったが，Shannon の得た結果の一つに帯域制限された定常 Gauss 型通信路の容量の公式がある．定義(6.7.9)において上限をとる ξ の範囲をさらに周波数が πW($W>0$ は定数)に帯域制限されたスペクトル密度関数をもつものに制限したものを，帯域制限されたときの単位時間当りの容量といい $\bar{C}_b$ と書くことにする．$\xi=\{\xi(t)\}$ のスペクトル密度関数を $f(\lambda)$ とすると $E[|\xi(t)|^2]=\int_{-\infty}^{\infty} f(\lambda)d\lambda$ だから，$\bar{C}_b$ は

$$\int_{-\pi W}^{\pi W} f(\lambda)d\lambda \leqq \rho^2, \qquad f(\lambda)=0, \quad |\lambda| \geqq \pi W \tag{6.7.11}$$

をみたす $f(\lambda)$ をスペクトル密度関数をもつ定常過程 ξ についての上限をとったものである．

定理 6.7.4　フィードバックのない定常白色 Gauss 型通信路(6.3.1)の周波数が $2\pi W$ に帯域制限されたときの容量 $\bar{C}_b$ は

$$\bar{C}_b = \frac{W}{2}\log\left(1+\frac{\rho^2}{W}\right) \tag{6.7.12}$$

である．なおこの容量はフラットなスペクトル密度関数

$$f^*(\lambda) = \begin{cases} \dfrac{\rho^2}{2\pi W}, & |\lambda| < \pi W \\ 0, & |\lambda| \geqq \pi W \end{cases}$$

をもつ定常 Gauss 過程 $\xi^*=\{\xi^*(t)\}$ を入力することによって到達される．すな

わち ξ^* に対応する出力信号を $Y^*=\{Y^*(t)\}$ とすると

$$\bar{I}(\xi^*, Y^*) = \bar{C}_b \tag{6.7.13}$$

である.

証明　(6.7.2)より明らかに

$$\bar{I}(\xi^*, Y^*) = \frac{W}{2}\log\left(1+\frac{\rho^2}{W}\right) \tag{6.7.14}$$

である．定理6.6.5より上限をとる ξ としてはGauss過程だけを考えればよい．そこで ξ を(6.7.11)をみたすスペクトル密度関数 $f(\lambda)$ をもつ定常Gauss過程とする．$A=1+\dfrac{\rho^2}{W}$ とおくと(6.7.2), (1.1.12), (6.7.11)より

$$\begin{aligned} 4\pi A\{\bar{I}(\xi, Y)-\bar{I}(\xi^*, Y^*)\} &= \int_{-\pi W}^{\pi W} A\log\frac{1+2\pi f(\lambda)}{A}d\lambda \\ &\leqq \int_{-\pi W}^{\pi W} A\left\{\frac{1+2\pi f(\lambda)}{A}-1\right\}d\lambda \leqq 0 \end{aligned} \tag{6.7.15}$$

であり，特に $f(\lambda)=f^*(\lambda)$ ならば(6.7.15)は等式となる．したがってこのことと(6.7.14)を合せ(6.7.12)および(6.7.13)を得る．∎

［**注意**］ Shannonは雑音も同じ周波数帯に帯域制限された場合に，標本化定理を用いて上の結果を説明した．入力信号の周波数帯を越えた帯域の雑音は，受信信号からそれを区別して取り除くことができ，実際には通信に影響を及ぼさず，雑音の帯域には制限を加える必要がない.

雑音がホワイトノイズとは限らない一般の定常Gauss型通信路を考える．情報量について次のことが成り立つ.

定理 6.7.5*)　フィードバックのないGauss型通信路(6.1.1)が定常でメッセージ(=入力信号) $X=\{X(t)\}$，雑音 $Z=\{Z(t)\}$ は各々スペクトル密度関数 $f(\lambda), g(\lambda)$ をもつ定常Gauss過程とする．このとき適当な条件の下で以下のこ

---

*)　3°)の事実は古くからよく知られている([17], [55] 等)が，わかりやすくかつ数学的にも満足のいく証明はあまり知られていないようである．ここでは省略するが，[17], [55] さらには [63]([63] は 2°)にも言及している)とも異なる方法で 1°)を証明することができる．2°), 3°)は 1°)から容易に導かれる.

とが成り立つ.

1°) すべての $T>0$ に対し

$$I_T(X, Y) = AT + I(Y_0^T, Y_0^- | Y(0)) - I(Z_0^T, Z_0^- | Z(0)) + I(X(0), Y(0)) \tag{6.7.16}$$

である. ただし $A \equiv A(f, g)$ はスペクトルにより

$$A = \frac{1}{4\pi}\int_{-\infty}^{\infty} \log\left(1 + \frac{f(\lambda)}{g(\lambda)}\right) d\lambda$$

で与えられる定数であり $Y_0^- = \{Y(t);\ t \leqq 0\}$ である.

2°)
$$\lim_{T\to\infty} [I_T(X, Y) - AT] = C \tag{6.7.17}$$

ここで C は定数である.

3°)
$$\bar{I}(X, Y) = A \tag{6.7.18}$$

[注意] 超関数の世界まで考え, Z を分散1のホワイトノイズとすれば $g(\lambda) \equiv \frac{1}{2\pi}$ だからこのとき(6.7.18)は(6.7.2)に一致する.

§6.8 フィードバックのある Gauss 型通信路

雑音がホワイトノイズでなくフィードバックのある Gauss 型通信路に対しては, これまでの議論がそのままでは適用できず, いまだ未解決な問題も多い. この通信路における相互情報量, 通信路容量を求めるにあたって有効な方法は, 離散時間の場合にも採用した(§5.4参照), Gauss 過程の標準表現を使って問題を白色 Gauss 型通信路の場合に帰着させて解く方法である. 本節ではこの手法について説明し, これまでに得られている結果について述べる. ただし考え方の筋道を明らかにすることに主眼をおき, 証明の細部は省略する.

問題を白色 Gauss 型通信路の場合に帰着させるといったが, これまで扱ってきた白色 Gauss 型通信路の場合にいつでも帰着するというわけにはいかず, **多次元**白色 Gauss 型通信路を考える必要がある. そのため, まず N 次元 Brown 運動を定義する. Gauss 過程 $B=\{B(t);\ t \geqq 0\}$ は任意の分点 $0 \leqq t_1 < \cdots < t_n$ に対し $B(t_k) - B(t_{k-1})$, $k=2, \cdots, N$, が独立のとき独立増分をもつという. $\boldsymbol{B}=$

$\{\boldsymbol{B}(t)\equiv(B_1(t), \cdots, B_N(t));\ t\geqq 0\}$ は $B_i=\{B_i(t)\}$, $i=1, \cdots, N$, がたがいに独立で，独立増分をもつ平均 0 の Gauss 過程のとき N **次元 Brown 運動**という．このとき各 B_i には

$$m_i((a, b]) = E[(B_i(b)-B_i(a))^2], \qquad a < b \tag{6.8.1}$$

をみたす $[0, \infty)$ 上の測度 m_i が対応する．Brown 運動による確率積分と同様に，B_i による確率積分 $\int_0^T f(t, \omega)dB_i(t, \omega)\equiv\int_0^T f(t)dB_i(t)$ が確率 1 で $\int_0^T |f(t, \omega)|^2 dm_i(t)<\infty$ をみたす f に対して定義できる．

本節では§6.1の条件(A.1)〜(A.4)をみたすフィードバックのある Gauss 型通信路(6.1.1)を考える．通信時間は $\boldsymbol{T}=[0, T]\,(T<\infty)$ とする．そして，Gauss 型雑音 $Z=\{Z(t)\}$ は

$$Z(t) = \sum_{i=1}^N \int_0^t F_i(t, u)dB_i(u), \qquad 0 \leqq t \leqq T \tag{6.8.2}$$

と表現されているものと仮定する．ただし $\boldsymbol{B}=\{\boldsymbol{B}(t)\equiv(B_1(t), \cdots, B_N(t))\}$ は N 次元 Brown 運動であり，$m_i\,(i=1, \cdots, N)$ を (6.8.1) をみたす測度とすると m_{i+1} は m_i に関し絶対連続である．$F_i\,(i=1, \cdots, N)$ は $u>t$ のとき $F_i(t, u)=0$ であり，任意の t に対し

$$\sum_{i=1}^N \int_0^t F_i(t, u)^2 dm_i(u) < \infty$$

をみたし，さらに $\sum_{i=1}^N \int_0^T f_i(t)^2 dm_i(t)<\infty$ なる実関数 f_i, $i=1, \cdots, N$, に対し次の同値関係(6.8.3)をみたす実関数である．

$$\sum_{i=1}^N \int_0^t F_i(t, u)f_i(u)dm_i(u) = 0, \ \ \forall t$$
$$\Longleftrightarrow\ f_i(t) = 0, \ \ \forall t, \ \ i = 1, \cdots, N \tag{6.8.3}$$

このとき，$\sigma_t(Z)$ で $Z(u)$, $u\leqq t$, を可測にする最小の完全加法族を表わすと，

$$\sigma_t(Z) = \sigma_t(\boldsymbol{B}), \qquad 0 \leqq t \leqq T \tag{6.8.4}$$

が成り立つ．直観的にいえば，各 t に対し $\{\boldsymbol{B}(u);\ u\leqq t\}$ が $\{Z(u);\ u\leqq t\}$ とちょうど同じ情報を含む N 次元 Brown 運動によって，Z が(6.8.2)のように表現されているということであり，(6.8.2)は Gauss 過程 Z の (Lévy-Hida-Cramér の)標準表現とよばれている.

［注意］ 一般に，平均連続な Gauss 過程 $Z=\{Z(t)\}$ は

$$Z(t)=\sum_{i=1}^{N}\int_0^t F_i(t,u)dB_i(u)+\sum_{j;\ t_j\leqq t}\sum_{l=1}^{L_j}b_j^l(t)B_j^l(t) \qquad (6.8.5)$$

と標準表現できることが知られている．ここで右辺第1項は上に述べた条件をみたし，第2項は第1項とは独立で，$B_j^l(t)\,(l=1,\cdots,L_j,\ j=1,\cdots,J)$ はたがいに独立で

$$B_j^l(t)=\begin{cases}0, & t\leqq t_j \quad (\text{または } t<t_j)\\ W_j^l, & t>t_j \quad (\text{または } t\geqq t_j)\end{cases}$$

であり，W_j^l は Gauss 分布 $N(0,1)$ に従う．また $b_j^l(t)$ は各 t に対し $\sum_{j;\ t_j\leqq t}\sum_{l=1}^{L_j} b_j^l(t)^2<\infty$ をみたす関数である．だから上で仮定したことは，簡単のため，Gauss 型雑音 Z としてはその標準表現(6.8.5)において第2項のないものを考えようということである.

フィードバックのない場合，すなわち入力信号 X と雑音 Z が独立の場合には次のことが知られている.

定理 6.8.1 (6.8.2)の雑音をもつフィードバックのない Gauss 型通信路(6.1.1)において入力信号 $X=\{X(t)\}$ が Gauss 過程のとき，入力信号と出力信号の間の相互情報量 $I_T(X,Y)$ が有限であるための必要十分条件は X が

$$X(t,\omega)=\sum_{i=1}^{N}\int_0^t F_i(t,u)\varphi_i(u,\omega)dm_i(u) \qquad (6.8.6)$$

と書けることである．ただし $\varphi_i=\{\varphi_i(t)\}$ は

$$\sum_{i=1}^{N}\int_0^T E[\varphi_i(t)^2]dm_i(t)<\infty \qquad (6.8.7)$$

をみたす確率過程(今の場合は Gauss 過程)である.

証明は省略する.

フィードバックのある場合を考える．この場合も上の条件にならって，入力信号 X は(6.8.6), (6.8.7)で与えられているものとする．このとき

$$y_i(t) = \int_0^t \varphi_i(u) dm_i(u) + B_i(t), \qquad i = 1, \cdots, N \tag{6.8.8}$$

とおくと，(6.2.4)と同様に y_i による確率積分が定義でき

$$Y(t) = \sum_{i=1}^{N} \int_0^t F_i(t, u) dy_i(u) \tag{6.8.9}$$

であり，標準表現の性質(6.8.3)よりすべての t で

$$\sigma_t(X) = \sigma_t(\varphi_1, \cdots, \varphi_N), \qquad \sigma_t(Y) = \sigma_t(y_1, \cdots, y_N) \tag{6.8.10}$$

である．したがってメッセージ ξ に対し

$$I_t(\xi, Y) = I_t(\xi, (y_1, \cdots, y_N)), \qquad 0 \leqq t \leqq T \tag{6.8.11}$$

であり，Gauss 型通信路(6.1.1)の情報量の計算は並列した N 個の通信路(6.8.8)における情報量の計算に帰着された．ところが(6.8.8)は，いうなればN次元白色 Gauss 型通信路であり，情報量の計算は定理 6.2.1，6.2.2 を多次元の場合に拡張することによってでき，次の結果を得る．

定理 6.8.2 (6.8.2)の雑音をもつフィードバックのある Gauss 型通信路(6.1.1)において入力信号が(6.8.6), (6.8.7)をみたすとき，相互情報量 $I_t(\xi, Y)$ は有限で

$$I_t(\xi, Y) = \frac{1}{2} \sum_{i=1}^{N} \int_0^t E[|\varphi_i(u) - \hat{\varphi}_i(u)|^2] dm_i(u) \tag{6.8.12}$$

である．ただし

$$\hat{\varphi}_i(t) = E[\varphi_i(t) | Y(u), \ 0 \leqq u \leqq t]$$

である．

この定理を使うことによって，白色 Gauss 型通信路のもつ性質に対応するいくつかの事実を示すことができる．今の場合も，定理 6.2.3 と同様に，加法的フィードバックの有無によって相互情報量は変らないことがわかる．

通信路容量については定理 6.4.1 に対応する次のことが成り立つ．Gauss 型雑音 Z の表現(6.8.2)に対応して，入力信号 X は(6.8.6)と書け

$$E[\varphi_i(t)^2] \leqq \rho_i(t)^2, \qquad 0 \leqq t \leqq T, \ i = 1, \cdots, N \tag{6.8.13}$$

$\left(\rho_i(t) > 0 \text{ は } \sum_{i=1}^{N} \int_0^T \rho_i(t)^2 dm_i(t) < \infty \text{ なる与えられた関数}\right)$をみたすものに制限

する．

定理 6.8.3　制限(6.8.6), (6.8.13)の下でのGauss型通信路(6.1.1)の時刻 t までの容量 C_f^t(フィードバックのある場合)，C^t(フィードバックのない場合)は

$$C_f^t = C^t = \frac{1}{2}\sum_{i=1}^{N}\int_0^t \rho_i(u)^2 dm_i(u)$$

である．Gauss型メッセージを線形フィードバックを使って伝達することにより，容量に等しい相互情報量を送ることができる．

証明は定理6.4.1と同様にしてできる．

制限(6.8.6), (6.8.13)は一般化された平均電力制限とでもいうべきものではあるが，この制限のもつ情報理論的意味はまだ解明されていない．本来入力信号に対する制限は雑音とは独立に決まることが望ましいのだが，この制限は雑音の型に依存しており，この点不満のあるところである．(6.8.6), (6.8.13)の型以外の制限に対しては，容量は一般にフィードバックによって増加する．しかし容量を計算する式は知られていない．

付録　確率論からの準備

§A.1　確率と確率変数

この節では測度，確率および可測関数，確率変数について必要なことを説明する．

Ωをある抽象的な集合とする．

定義 A.1.1　Ωの部分集合の集まり$\mathcal{B}$が

(i)　$\mathcal{B}\ni\Omega$,

(ii)　$B\in\mathcal{B}$ならば$B^c\in\mathcal{B}$(ただし$B^c=\Omega-B$),

(iii)　$B_n\in\mathcal{B}$, $n=1,2,\cdots$, ならば$\bigcup_{n=1}^{\infty}B_n\in\mathcal{B}$,

をみたすとき，$\mathcal{B}$は(Ωの)**完全加法族**(またはσ加法族)という．$\mathcal{B}$に属する集合を**可測集合**といい，組$(\Omega,\mathcal{B})$を**可測空間**という．

以下$(\Omega,\mathcal{B})$は可測空間とする．

定義 A.1.2　$\mathcal{B}$上で定義された実関数Pが

(i)　すべての$B\in\mathcal{B}$に対し$P(B)\geqq 0$,

(ii)　$B_n\in\mathcal{B}$, $n=1,2,\cdots$, がたがいに素($B_i\cap B_j=\phi$, $i\neq j$)ならば，$P\left(\bigcup_{n=1}^{\infty}B_n\right)=\sum_{n=1}^{\infty}P(B_n)$,

をみたすとき，Pを$(\Omega,\mathcal{B})$上の**測度**といい，$P(B)$ $(B\in\mathcal{B})$を可測集合Bの測度という．また$(\Omega,\mathcal{B},P)$を**測度空間**という．確率論においては(i), (ii)に加え

(iii)　$P(\Omega)=1$,

をみたすPを**確率**あるいは**確率測度**といい，$(\Omega,\mathcal{B},P)$を**確率空間**という．

$\Omega=\boldsymbol{R}\equiv(-\infty,\infty)$におけるすべての区間を含む最小の完全加法族を**Borel**(ボレル)**集合族**といい$\mathcal{B}(\boldsymbol{R})$と記す．$\mathcal{B}(\boldsymbol{R})$に属する集合を**Borel 集合**という．$(\boldsymbol{R},\mathcal{B}(\boldsymbol{R}))$上の測度$m$で区間$(a,b]$ $(a<b)$に対し$m((a,b])=b-a$をみたすものを**Lebesgue**(ルベーグ)**測度**という．

次に Ω 上で定義された関数 $X \equiv X(\omega)$ を考える．

定義 A.1.3　X が実関数のとき，任意の $a \in \boldsymbol{R}$ に対し

$$\{\omega \in \Omega;\ X(\omega) \leqq a\} \in \mathcal{B}$$

のとき X は $\mathcal{B}$ **可測関数**(あるいは単に**可測関数**)という．X が複素関数の場合には実部，虚部がともに $\mathcal{B}$ 可測関数のとき，$\mathcal{B}$ 可測関数という．特に $(\Omega, \mathcal{B}, P)$ が確率空間のときには，$\mathcal{B}$ 可測関数 X のことを実(あるいは複素)**確率変数**という．

確率過程を扱うためにも X の値域がもっと一般の場合を考えておくと便利である．$(\boldsymbol{G}, \mathcal{G})$ を可測空間とする．

定義 A.1.4　$(\Omega, \mathcal{B}, P)$ が確率空間で X が空間 $\boldsymbol{G}$ の値をとる関数のとき，任意の $A \in \mathcal{G}$ に対し

$$\{\omega \in \Omega;\ X(\omega) \in A\} \in \mathcal{B}$$

のとき，X を $\boldsymbol{G}(\mathcal{G})$ **値確率変数**という．

定義 A.1.5　$\boldsymbol{G}(\mathcal{G})$ 値確率変数 X に対し

$$\mu_X(A) = P(X \in A) \equiv P(\{\omega \in \Omega;\ X(\omega) \in A\}), \qquad A \in \mathcal{G}$$

によって定まる $(\boldsymbol{G}, \mathcal{G})$ 上の確率測度 μ_X を X の**確率分布**という．

$(\boldsymbol{H}, \mathcal{H})$ も可測空間とし，X, Y を各々 Ω 上で定義された $\boldsymbol{G}(\mathcal{G}), \boldsymbol{H}(\mathcal{H})$ 値確率変数とする．$\boldsymbol{G} \times \boldsymbol{H} \equiv \{(x, y);\ x \in \boldsymbol{G},\ y \in \boldsymbol{H}\}$，$\mathcal{G} \times \mathcal{H}$ は $\mathcal{G}$ と $\mathcal{H}$ の直積，すなわちすべての $A \times B$，$A \in \mathcal{G}$，$B \in \mathcal{H}$，を含む最小の完全加法族とする．

定義 A.1.6　$(\boldsymbol{G} \times \boldsymbol{H},\ \mathcal{G} \times \mathcal{H})$ 上に

$$\mu_{XY}(A \times B) = P(X \in A,\ Y \in B), \qquad A \in \mathcal{G},\ B \in \mathcal{H}$$

をみたす確率測度 μ_{XY} がただ一つ存在するが，これを X と Y の**結合分布**(または**同時分布**)という．

$(X, Y)(\omega) = (X(\omega), Y(\omega))$，$\omega \in \Omega$，とすれば，$(X, Y)$ は $\boldsymbol{G} \times \boldsymbol{H}(\mathcal{G} \times \mathcal{H})$ 値確率変数で，結合分布 μ_{XY} は (X, Y) の確率分布である．任意の $A \in \mathcal{G}$，$B \in \mathcal{H}$ に対し

$$\mu_{XY}(A \times B) = \mu_X(A)\mu_Y(B)$$

が成り立つとき，X と Y は**独立**という．このとき $\mu_{XY} = \mu_X \times \mu_Y$ と書く．μ_X

$\times\mu_Y$ は μ_X と μ_Y の**直積**という．

§A.2 条件付確率，条件付平均値

$(\Omega, \mathcal{B}, P)$ を確率空間とする．X はこの上で定義され平均値の存在する $\left(E[|X|]\equiv\int_\Omega |X(\omega)|dP(\omega)<\infty\right)$ 複素確率変数とし，$\mathcal{F}$ は $\mathcal{B}$ の部分完全加法族とする．Lebesgue 積分論における Radon-Nikodym の定理により

$$\int_A X(\omega)dP(\omega) = \int_A \varphi(\omega)dP(\omega), \qquad \forall A\in\mathcal{F} \tag{A.2.1}$$

をみたす $\mathcal{F}$ 可測な確率変数 φ が存在する．

定義 A.2.1 上の φ を $\mathcal{F}$ が与えられたときの X の**条件付平均値**といい

$$\varphi = E[X|\mathcal{F}]$$

と書く．特に $Y=\{Y_t;\ t\in\boldsymbol{T}\}$ が確率過程で $\sigma(Y)\equiv\sigma\{Y_t;\ t\in\boldsymbol{T}\}\subset\mathcal{B}$ を Y_t, $t\in\boldsymbol{T}$, を可測にする最小の完全加法族とするとき

$$E[X|Y]\equiv E[X|Y_t,\ t\in\boldsymbol{T}] = E[X|\sigma(Y)]$$

のことを Y が与えられたときの X の条件付平均値という．

定理 A.2.1（条件付平均値の性質） X, X_1, X_2, U は平均値の存在する複素確率変数，$\mathcal{F}, \mathcal{F}_1, \mathcal{F}_2$ は $\mathcal{B}$ の部分完全加法族とする．

1°) 定数 a, b に対し

$$E[aX_1+bX_2|\mathcal{F}] = aE[X_1|\mathcal{F}]+bE[X_2|\mathcal{F}] \tag{A.2.2}$$

2°) X と $\mathcal{F}$ が独立，すなわち任意の Borel 集合 B と $A\in\mathcal{F}$ に対し $P(\{X\in B\}\cap A)=P(X\in B)P(A)$ であるとき

$$E[X|\mathcal{F}] = E[X] \tag{A.2.3}$$

3°) $\mathcal{F}_1\supset\mathcal{F}_2$ ならば

$$E[E[X|\mathcal{F}_1]|\mathcal{F}_2] = E[X|\mathcal{F}_2] \tag{A.2.4}$$

4°)
$$E[E[X|\mathcal{F}]] = E[X] \tag{A.2.5}$$

5°) U が $\mathcal{F}$ 可測で $E[|X|^2]$, $E[|U|^2]$ が有限のとき以下の式が成り立つ．

$$E[XU|\mathcal{F}] = E[X|\mathcal{F}]U \tag{A.2.6}$$

$$E[(X-E[X|\mathcal{F}])U] = 0 \tag{A.2.7}$$

$$E[|X-U|^2] \geqq E[|X-E[X|\mathcal{F}]|^2] \tag{A.2.8}$$

$Y=\{Y_t;\ t\in \boldsymbol{T}\}$ を確率過程とし $\mathcal{F}=\sigma(Y)$ とすると，(A.2.8)は Y_t, $t\in \boldsymbol{T}$, の関数 U で X との2乗平均誤差 $E[|X-U|^2]$ を最小にするもの，すなわち Y_t, $t\in \boldsymbol{T}$, が与えられたときの X に対する最良予測値は条件付平均値 $E[X|Y]$ であることを示している．

条件付確率は条件付平均値の特別の場合として扱える．$(\boldsymbol{G}, \mathcal{G})$ をある可測空間とし，X は $\boldsymbol{G}(\mathcal{G})$ 値確率変数とする．$B\in\mathcal{G}$ に対し確率変数 $1_B(X)$ を

$$1_B(X)(\omega) = \begin{cases} 1, & X(\omega)\in B \text{ のとき} \\ 0, & X(\omega)\notin B \text{ のとき} \end{cases}$$

で定義する．

定義 A.2.2　$B\in\mathcal{G}$ に対し

$$P(X\in B|\mathcal{F}) = E[1_B(X)|\mathcal{F}] \tag{A.2.9}$$

のことを $\mathcal{F}$ が与えられたときの $X\in B$ なる**条件付確率**という．特に

$$P(X\in B|Y) = P(X\in B|\sigma(Y)) \tag{A.2.10}$$

を Y が与えられたときの $X\in B$ なる条件付確率という．

次に条件付確率分布を定義する．$(\boldsymbol{G}, \mathcal{G}), (\boldsymbol{H}, \mathcal{H})$ を可測空間とし，X, Y は各々 $\boldsymbol{G}(\mathcal{G}), \boldsymbol{H}(\mathcal{H})$ 値確率変数とする．次のことが知られている．

定理 A.2.2　$\boldsymbol{G}$ は第二可算公理をみたす局所コンパクト位相空間で，$\mathcal{G}$ は $\boldsymbol{G}$ の Borel 集合族(開集合を含む最小の完全加法族)とする．このとき次の(i), (ii), (iii)をみたす $\mathcal{G}\times\boldsymbol{H}$ 上で定義された実関数 $\varphi(B, y)$ $(B\in\mathcal{G},\ y\in\boldsymbol{H})$ が存在する．

(i)　$y\in\boldsymbol{H}$ を固定すれば，$\varphi(B, y)$ は B の関数とみて $(\boldsymbol{G}, \mathcal{G})$ 上の確率測度である．

(ii)　$B\in\mathcal{G}$ を固定すれば，$\varphi(B, y)$ は y の関数として $\mathcal{H}$ 可測である．

(iii)　固定した $B\in\mathcal{G}$ に対し，確率1で

$$\varphi(B, y) = P(X\in B|Y)(\omega), \qquad Y(\omega)=y \text{ のとき}$$

が成り立つ．

定義 A.2.3　上の $\varphi(B, y)$ のことを

$$\mu_{X|Y}(B|y)=\varphi(B,y)$$

と書き，$\mu_{X|Y}$ を Y が与えられたときの X の**条件付確率分布**という．

X, Y の確率分布を μ_X, μ_Y，X と Y の結合分布を μ_{XY} とすると

$$\mu_{XY}(B\times C)=\int_C \mu_{X|Y}(B|y)d\mu_Y(y),$$

$$B\in\mathcal{G},\ C\in\mathcal{H} \qquad \text{(A. 2. 11)}$$

が成り立つ．特に $C=\boldsymbol{H}$ とすれば

$$\mu_X(B)=\int_{\boldsymbol{H}} \mu_{X|Y}(B|y)d\mu_Y(y), \qquad B\in\mathcal{G} \qquad \text{(A. 2. 12)}$$

である．

§A.3 確率積分

確率積分の定義と基本的性質について述べる．

確率空間 $(\Omega, \mathcal{B}, P)$ の上で考える．$B=\{B(t);\ t\geqq 0\}$ は Brown 運動(第1章例4.1参照)とし，$\mathcal{F}_t(B)=\sigma\{B(s);\ s\leqq t\}$ は $B(s)$, $s\leqq t$, を可測にする最小の完全加法族とする．$\{\mathcal{G}_t;\ t\geqq 0\}$ を t とともに増加する $\mathcal{B}$ の部分完全加法族の集まりで，$\mathcal{G}_t\supset\mathcal{F}_t(B)$ かつ $\mathcal{G}_t$ 可測な確率変数は $B(t+s)-B(t)$ と独立 $(t, s\geqq 0)$ なものとする．確率積分(Ito 積分)

$$\int_0^t f(u)dB(u)\equiv\int_0^t f(u,\omega)dB(u,\omega), \qquad 0\leqq t\leqq T\,(<\infty),\ \ \omega\in\Omega$$

は次の(i)〜(iii)をみたす実確率過程 $\{f(t);\ 0\leqq t\leqq T\}$ に対して定義される．

(i) $f(t,\omega)$ は (t,ω) の $\mathcal{B}(\boldsymbol{R})\times\mathcal{B}$ 可測関数($\mathcal{B}(\boldsymbol{R})$ は Borel 集合族).

(ii) t を固定すると，$f(t,\cdot)$ は $\mathcal{G}_t$ 可測.

(iii) 確率1で $\int_0^T f(t,\omega)^2dt<\infty$.

$f(t,\omega)$ が t についての階段関数，すなわち $0=t_0<t_1<\cdots<t_n=T$ で

$$f(t,\omega)=\alpha_k(\omega), \qquad t_k\leqq t<t_{k+1},\ \ \omega\in\Omega$$

のときには

$$\int_0^t f(u,\omega)dB(u,\omega)=\sum_{k=0}^{l-1}\alpha_k(\omega)\{B(t_{k+1},\omega)-B(t_k,\omega)\}$$
$$+\alpha_l(\omega)\{B(t,\omega)-B(t_l,\omega)\},\qquad t_l\leqq t<t_{l+1}$$

と定義する．一般の場合，f を(i)〜(iii)をみたすものとする．この f に対し t についての階段関数の列 f_n，$n=1,2,\cdots$，で確率 1 で

$$\int_0^T\{f(t,\omega)-f_n(t,\omega)\}^2dt\leqq\frac{1}{2^n}$$

をみたすものがある．そしてこのときほとんどすべての $\omega\in\Omega$ に対して極限 $\lim_{n\to\infty}\int_0^t f_n(u,\omega)dB(u,\omega)$ が存在することがわかる(この収束は t について一様である)．そこで**確率積分**を

$$\int_0^t f(u,\omega)dB(u,\omega)=\lim_{n\to\infty}\int_0^t f_n(u,\omega)dB(u,\omega)$$

で定義する．

定理 A. 3. 1(確率積分の性質)　f,g は(i)〜(iii)をみたすものとする．

1°)　定数 a,b に対し

$$\int_0^t\{af(u)+bg(u)\}dB(u)$$
$$=a\int_0^t f(u)dB(u)+b\int_0^t g(u)dB(u)\qquad\text{(A. 3. 1)}$$

2°)　$\int_0^t f(u,\omega)dB(u,\omega)$ は確率 1 で t の連続関数である．

3°)
$$E\left[\int_0^t f(u)dB(u)\right]=0\qquad\text{(A. 3. 2)}$$

4°)　$E\left[\int_0^T f(u)^2du\right]<\infty$，$E\left[\int_0^T g(u)^2du\right]<\infty$ のとき

$$E\left[\int_0^s f(u)dB(u)\int_0^t g(u)dB(u)\right]=\int_0^{s\wedge t}f(u)g(u)du,$$
$$(s\wedge t=\min(s,t))\qquad\text{(A. 3. 3)}$$

$f(t)$ がランダムでない，すなわち $\omega\in\Omega$ に無関係な関数のとき，確率積分 $\int_0^t f(u)dB(u,\omega)$ は特に **Wiener 積分**とよばれている．なおこの場合は(i)〜(iii)

をみたす f の集合は2乗可積分な関数の全体 $L^2([0, T])$ である．

最後に

$$\int_0^t 1dB(u, \omega) = B(t, \omega) \qquad \text{(A. 3. 4)}$$

であることに注意しておく．

参考文献

本書で引用した文献および本書の内容に直接関連する文献をあげ，章ごとに簡単に説明を加える．

本書の全般にわたりShannon[59]([60]は[59]にWeaverの解説を加え単行本にしたものである)を参照した．なおShannonにはこの他にも多くのすぐれた論文があるが，Shannonの論文10編を含め1973年以前の情報理論の論文約50編を再録したものに[61]がある．

第1章

エントロピー，相互情報量の導入と性質は，基本的にはShannon[59]の考え方に従った．なお数学的厳密さに注意しながら扱ったものにKolmogorov[40], [41], Gel'fand-Yaglom[19], Pinsker[55], 梅垣-大矢[69], [70]などがある．エントロピーの数学的特性を詳細に調べたものにAczél-Daróczy[1]がある．定理1.1.2の証明方法はTverberg[67]によるものである．最大エントロピー原理についてはJaynes[37]を参照した．情報理論，物理学以外の分野でのエントロピーに関しては，力学系のエントロピーについてはKolmogorov[42], [43], Ornstein[53], 十時[66]が，統計学におけるエントロピーについてはKullback[46], 赤池[2], [3]が参考になる．Guiaşu[21]はエントロピーのその他の分野への応用についても言及している．

第2章

カノニカル分布が最大エントロピー原理より導かれることを示したのはJaynes[37]である．Jaynesのこの仕事が最大エントロピー原理の意義と重要性を明確にした最初のものである．第2章の記述にあたっては久保[45], 寺本[64], ランダウ-リフシッツ[48]を参考にさせてもらった．証明なしで述べた統計力学の諸事実については，これらの書物を参照してほしい．

第3章

§3.1と§3.4で省略した定常過程の基本的諸性質の証明については伊藤[36], 飛田-櫃田[23], Doob[16]等を参照してほしい．特にGauss過程の表現と多重Markov性については[23]が詳しい．定常過程の推定に最大エントロピー原理を適用し定理3.3.1を得たのはBurg[11]である(Ulrych-Bishopの解説[68]も参考になる)．最大エントロピー原理により，観測データからAR過程の係数を決める具体的な計算方法については日野[24]が詳しい．§3.5は飛田武幸氏(私信)による．帯域制限過程に対する標本化定理はShannon[59], ワン[72]を参照してほしい．

第4章

第4章の記述も基本的にはShannon[59]の考えに沿っているが，有本[4], Gallager

[18], Kolmogorov[40]も参考になる．レート・歪み関数についてはBerger[8]が詳しい([5], [40], [56]も参考になる)．情報伝達の基本定理については有本[4], Gallager[18]等を参照してほしい．連続時間の場合にはDobrushin[15]が最も一般的な結果を得ている．

第5章

離散Gauss型通信路に関する理論はほぼ完成しているといってよい．§5.1〜§5.4に述べた結果のほとんどはShannon[59], Gallager[18], Kolmogorov[40], Gel'fand-Yaglom[19], Pinsker[55]等に出ている．ただし定理5.1.3はIhara[30]による．§5.4の後半で述べたフィードバックのあるGauss型通信路については未解決な問題が残っている．これについては[12], [13], [65], [71], [34]を参照してほしい．

第6章

第6章の最も重要な結果，定理6.2.1はKadota-Zakai-Ziv[38]によるものである．この定理の基礎となっている定理6.2.2はKailath[39], Liptser-Shiryayev[50]による．なお国田[47], Liptser-Shiryayev[51]に整理した形で書いてある．定理6.3.3の証明も[47]か[51]をみてほしい．定理6.3.2と6.3.8はHuang-Johnson[29]による．なお積分方程式に関してはSmithies[62], クーラン-ヒルベルト[14]等を参照してほしい．定理6.4.1はKadota-Zakai-Ziv[38]による．定理6.5.1はIhara[30], 6.5.2はLiptser[49], 6.5.3はIhara[31]の結果である．§6.6は主としてKolmogorov[40], Gel'fand-Yaglom[19], Pinsker[55]による．このような関数解析的な方法によるGauss型通信路の研究として，最近ではBaker[6], [7]がある．定理6.7.4の容量の公式はShannon[59]の有名な公式である．補題6.7.2の証明はGrenander-Szegö[20]をみてほしい．§6.8の方法を最初に用いたのはHitsuda[25]である．またHitsuda-Ihara[26]も参照してほしい．なお定理6.8.1はPitcher[57]による．

付録

確率論のより詳しいことについては，伊藤[36], 西尾[52], 飛田[22], 飛田-櫃田[23]などを参照してほしい．

文献表

[1] Aczél, J. and Daróczy, Z.: On measures of information and their characterizations, Academic Press, 1975.

[2] 赤池弘次：統計的情報とシステム理論，数学，**29** (1977), 97-109.

[3] ――：統計的検定の新しい考え方，数理科学，1979年12月号，51-57.

[4] 有本卓：現代情報理論，電子通信学会，1978.

[5] 馬場良和，加地紀臣男，井原俊輔：Gaussian processのε-エントロピー, Seminar on Probability, **29**, 確率論セミナー，1968.

[6] Baker, C. R. : Capacity of the Gaussian channel without feedback, Information and Control, **37** (1978), 70–89.

[7] ——: Calculation of the Shannon information, J. Math. Anal. Appl., **69** (1979), 115–123.

[8] Berger, T. : Rate distortion theory, Prentice-Hall, Inc., 1971.

[9] Boltzmann, L. : Weitere Studien über das Wärmegleichgewicht unter Gasmolekülen, Wiener Berichte, **63** (1872), 275–370.

[10] ——: Über die Beziehung zwischen dem zweiten Hauptsatze der mechanischen Wärmetheorie und der Wahrscheinlichkeitsrechnung respektive den Sätzen über das Wärmegleichgewicht, Wiener Berichte, **76** (1877), 373–435. ([9], [10]の和訳は，物理学史研究刊行会編：統計力学=物理学古典論文叢書6，東海大出版会，1970，にある)

[11] Burg, J. P. : Maximum entropy spectral analysis, paper presented at the 37th Annual Intern. Meeting, Soc. of Explor. Geophys., Oklahoma City, (1967).

[12] Butman, S. A. : General formulation of linear feedback communication systems with solutions, IEEE Trans. Information Theory, **IT–15** (1969), 392–400.

[13] ——: Linear feedback rate bounds for regressive channels, IEEE Trans. Information Theory, **IT–22** (1976), 363–366.

[14] クーラン，R.，ヒルベルト，D.：数理物理学の方法，東京図書，1959.

[15] Dobrushin, R. L. : General formulation of Shannon's main theorem in information theory, translated in A. M. S. Transl. Ser. 2, **33** (1963), 323–438.

[16] Doob, J. L. : Stochastic processes, John Wiley & Sons, Inc., 1953.

[17] ファノ，R. M.：情報理論，紀伊国屋書店，1965.

[18] Gallager, R. G. : Information theory and reliable communication, John Wiley & Sons, Inc., 1968.

[19] Gel'fand, I. M. and Yaglom, A. M. : Calculation of the amount of information about a random function contained in another such function, translated in A. M. S. Transl. Ser. 2, **12** (1959), 199–246.

[20] Grenander, U. and Szegö, G. : Toeplitz forms and their applications, Univ. of California Press, 1958.

[21] Guiaşu, S. : Information theory with applications, McGraw-Hill, Inc., 1977.

[22] 飛田武幸：ブラウン運動，岩波書店，1975.

[23] 飛田武幸，櫃田倍之：ガウス過程，紀伊国屋書店，1976.

[24] 日野幹雄：スペクトル解析，朝倉書店，1977.

[25] Hitsuda, M. : Mutual information in Gaussian channels, J. Multivariate Anal., **4** (1974), 66–73.

[26] Hitsuda, M. and Ihara, S. : Gaussian channels and the optimal coding, J. Multivariate Anal., **5** (1975), 106–118.

[27] Hoffman, K. : Banach spaces of analytic functions, Prentice-Hall, Inc., 1962.

[28] Huang, R. Y. and Johnson, R. A. : Information capacity of time-continuous channels, IEEE Trans. Information Theory, **IT–8** (1962), s191–s198.

[29] —— : Information transmission with time-continuous random processes, IEEE Trans. Information Theory, **IT–9** (1963), 84–94.

[30] Ihara, S. : Optimal coding in white Gaussian channel with feedback, Proc. Second Japan-USSR Symp. on Probability Theory (Lecture Notes in Math., **330**), pp. 120–123, Springer-Verlag, 1973.

[31] —— : Coding theory in white Gaussian channel with feedback, J. Multivariate Anal., **4** (1974), 74–87.

[32] —— : Coding theory in Gaussian channel with feedback, Trans. Seventh Prague Conf. and 1974 Europ. Meeting Stat., Vol. B, pp. 201–207, Czecho. Acad. Sci., 1977.

[33] —— : On the capacity of channels with additive non-Gaussian noise, Information and Control, **37** (1978), 34–39.

[34] ——: On the capacity of the discrete time Gaussian channel with feedback, Trans. Eighth Prague Conf., Vol. C, pp. 175–186, Czecho. Acad. Sci., 1979.

[35] —— : On the capacity of the continuous time Gaussian channel with feedback, J. Multivariate Anal., **10** (1980), 319–331.

[36] 伊藤清：確率論，岩波書店，1953.

[37] Jaynes, E. T. : Information theory and statistical mechanics, Phys. Rev., **106** (1957), 620–630. Part II, ibid **108** (1957), 171–190.

[38] Kadota, T. T., Zakai, M. and Ziv, J. : Mutual information of the white Gaussian channel with and without feedback, IEEE Trans. Information Theory, **IT–17** (1971), 368–371.

[39] Kailath, T. : An innovation approach to least-squares estimation, I, IEEE Trans. Automatic Control, **AC–13** (1968), 646–657.

[40] Kolmogorov, A. N. : Theory of transmission of information, translated in A. M. S. Transl. Ser. 2, **33** (1963), 291–321.

[41] —— : On the Shannon theory of information transmission in the case of continuous signals, IRE Trans. Information Theory, **IT–2** (1956), 102–108.

[42] ——: A new invariant of transitive dynamical systems and automorphisms of Lebesgue spaces, Dokl. Akad. Nauk SSSR, **119** (1958), 861–864 (ロシア語).

[43] ——: Entropy per unit time as a metric invariant of automorphism, Dokl. Akad. Nauk SSSR, **124** (1959), 754–755 (ロシア語).

[44] コルモゴロフ, A. N.: ヒルベルト空間における定常列, Seminar on Probability, **39**, 確率論セミナー, 1973.

[45] 久保亮五: 統計力学, 共立出版, 1952.

[46] Kullback, S.: Information theory and statistics, John Wiley & Sons, Inc., 1959.

[47] 国田寛: 確率過程の推定, 産業図書, 1976.

[48] ランダウ, L. D., リフシッツ, E. M.: 統計物理学, 岩波書店, 1957.

[49] Liptser, R. S.: Optimal encoding and decoding for transmission of a Gaussian Markov signal in a noiseless-feedback channel, translated in Problemy Pered. Inform., **10** (1974), 279–288.

[50] Liptser, R. S. and Shiryayev, A. N.: On the absolute continuity of measures corresponding to processes of diffusion type relative to a Wiener measure, translated in Math. USSR-Izvestija, **6** (1972), 839–882.

[51] ——: Statistics of random processes I, II, Springer Verlag, 1977.

[52] 西尾真喜子: 確率論, 実教出版, 1978.

[53] Ornstein, D. S.: Bernoulli shifts with the same entropy are isomorphic, Advances in Math., **4** (1970), 337–352.

[54] Ovseevich, I. A.: Optimum transmission of a Gaussian message over a channel with white Gaussian noise and feedback, translated in Problemy Pered. Inform., **6** (1970), 191–199.

[55] Pinsker, M. S.: Information and information stability of random variables and processes, Holden-Day, Inc., 1964.

[56] ——: Gaussian sources, Problems of Information Transmission, **14** (1963), 59–100 (ロシア語).

[57] Pitcher, T. S.: On the sample functions of processes which can be added to a Gaussian process, Ann. Math. Statist., **34** (1963), 329–333.

[58] Richmond, P.: A primer to entropy methods used in statistical mechanics and probability theory, Math. Scientist, **3** (1978), 63–82.

[59] Shannon, C. E.: A mathematical theory of communication, Bell System Tech. J., **27** (1948), 379–423, 623–656.

[60] Shannon, C. E. and Weaver, W.: The mathematical theory of communi-

cation, Univ. of Illinois Press, 1949.

[61] Slepian, D. (Ed) : Key papers in the development of information theory, IEEE Press, 1974.

[62] Smithies, F. : Integral equations, Cambridge Univ. Press, 1958.

[63] Solev, V. N. : Information in a scheme with additive noise, translated in J. Soviet Math., **16** (1981), 996–1004.

[64] 寺本英：エネルギーとエントロピー，化学同人，1974.

[65] Tiernan, J. C. and Schalkwijk, J. P. M. : An upper bound to the capacity of the band-limited Gaussian autoregressive channel with noiseless feedback, IEEE Trans. Information Theory, **IT-20** (1974), 311–316.

[66] 十時東生：エルゴード理論入門，共立出版，1971.

[67] Tverberg, H. : A new derivation of the information function, Math. Scand., **6** (1958), 297–298.

[68] Ulrych, T. J. and Bishop, T. N. : Maximum entropy spectral analysis and autoregressive decomposition, Reviews of Geophys. and Space Phys., **13** (1975), 183–200.

[69] 梅垣壽春，大矢雅則：確率論的エントロピー，共立出版，1983.

[70] ——：量子論的エントロピー，共立出版，1984.

[71] Wolfowitz, J. : Signalling over a Gaussian channel with feedback and autoregressive noise, J. Appl. Prob., **12** (1975), 713–723.

[72] ワン，E：情報と動的システムの確率過程，産業図書，1977.

[73] Yule, G. U. : On a method of investigating periodicities in distributed series, with special reference to Wolfer's sunspot numbers, Phil. Trans. Royal Soc. London, Ser. A, **226** (1927), 267–298.

索　　引

A

赤池弘次　73
AR 過程　72
ARMA 過程　72
アルファベット空間　103
誤まり確率　106

B

微視的状態　44
Boltzmann, L.　3
Boltzmann 方程式　58
Boltzmann 定数　3, 46
Borel 集合　195
　——族　35, 195, 198
Brown 運動　20, 89
　N 次元——　190
分割　28
　各点——　29
　有限——　28
　有限可測——　28
分配関数　48, 52
Burg, J. P.　82

C

直交　67
直交補空間　68
直積測度　35, 197
中心極限定理　18
注水方式　137
Clausius, R.　3, 53

D

$D(R)$, $D(R;\xi)$　107, 108
δ_{ij}　51
differential entropy　10
同時分布　196
独立　35, 196

E

$E[X]$　11, 68
$E[X|Y]$　197
エネルギー準位　44
エントロピー　1, 3, 9, 10, 28
　——の性質　5
　——増大の法則　3, 53
　Boltzmann の——　3
　Clausius の——　58
　確率分布の——　3
　確率変数の——　3
　結合系の——　54
　ミクロカノニカル集団の——　45
　連続分布の——　10
　力学系の——　57
　測度 ν に関する測度 μ の——　28
　単位時間当りの——　21
エントロピー・レート　21
ε-エントロピー　111
エルゴード仮説　45

F

フィードバック　104
　加法的——　156
　線形——　164
フィルター　155
フィルタリング誤差　155
フィルタリングの問題　155

G

Gauss 分布　18
　退化した——　18
Gauss 型ホワイトノイズ　149

Gauss 型確率変数 18
——系 20
Gauss 型メッセージ 124
Gauss 型通信路 104
連続(時間)—— 104, 149
離散(時間)—— 104, 123
定常—— 135, 185
Gauss 型雑音 104
Gauss 過程 20
グランドカノニカル分布 52
グランドカノニカル集団 52

H

$H(p_1, \cdots, p_m)$ 3
$H(X)$ 3
$H(Y|X)$ 4
$H(\mu;\ \nu)$ 28
$h_N(Y)$ 125
$h(p)$, $h(X)$ 10
$h(Y|X)$ 14
$\bar{h}(X)$ 21
白色 Gauss 型通信路 125, 150
N 次元—— 193
連続—— 150
離散—— 125
定常—— 185
平均ベクトル 18
平均電力制限 113, 128, 194
平均連続 184
平衡分布 44
平衡状態 44
歪み 106
歪み・レート関数 107
ホワイトノイズ 70, 149
離散時間—— 69
H-定理 58
符号化 115, 176
符号器 103
情報源—— 103
通信路—— 103
復号化 115
復号器 103
情報源—— 103
通信路—— 103
標本化定理 97
標準表現 69, 89, 192
Lévy-Hida-Cramér の—— 69, 89, 192

I

$I_N(\xi, Y)$ 125
$I_T(\xi, Y)$ 151
$I(X, Y)$ 34, 35
$I(X, Y|Z)$ 39
$\bar{I}(\xi, Y)$ 186
一様分布 10
移動平均表現 69
移動平均過程 72
因果的 137
Ito 積分 199

J

Jaynes, E. T. 24, 27, 43, 59, 64
自己回帰-移動平均過程 72
自己回帰過程 72
自己共役 181
情報伝達の基本定理 117
情報源 102
情報量 33, 34
Kullback の—— 28
条件付エントロピー 4, 10, 14
条件付平均値 197
——の性質 197
条件付確率 198
条件付確率分布 108, 199
条件付相互情報量 39
状態空間 103
状態密度 48
受報者 103
受信メッセージ 103
受信信号 103

K

解核　165
確率　2, 195
確率分布　2, 196
確率変数　196
　$\boldsymbol{G}(\mathcal{G})$ 値——　196
確率過程　20
確率空間　195
確率積分　200
　——の性質　200
確率測度　195
カノニカル分布　48
カノニカル集団　48
完全加法族　195
　——の直積　196
可測関数　196
　$\mathcal{B}$——　196
可測空間　195
可測集合　195
結合分布　196
Kolmogorov, A. N.　111
固有値　169
固有状態　44
固有関数　169
固有空間　169
共分散行列　18
共分散関数　66, 88
巨視的状態　44

L

$L^p(R)$　98
$L^2([0, T])$, $L^2([0, T]^2)$　158
$L^2(\Omega, P)$　67
Laplace, P. S.　23
Lebesgue 測度　195

M

$\mathcal{M}_n(X)$　67
$\mathcal{M}_t(X)$　88
MA 過程　72
Markov 過程　76, 91
　広義 N 重——　77, 91
　狭義 N 重——　77, 91
　N 重——　76
　多重——　76
　高々 N 重——　76
　単純——　76, 91
マルコフ鎖　39
Maxwell 分布　51
ME 分布　24
ME 原理　24
Mercer の展開定理　169
メッセージ　102
見本過程　98
ミクロカノニカル分布　45
ミクロカノニカル集団　45
密度関数　10

N

内積　67, 181
熱力学の第二法則　3, 53, 54
熱浴　53
2 乗平均　70
　——誤差　198
入力信号　103

O

Ornstein-Uhlenbeck の Brown 運動　92, 163

P

$P(A)$　3, 195
$P(X \in B | Y)$　198
Planck 定数　46

R

$R(D)$, $R(D;\ \xi)$　107, 108
Radon-Nikodym の導関数　30
Radon-Nikodym の定理　30, 197
ランダム測度　67
連続分布　10

連続エントロピー　10
　——の性質　15
レート・歪み関数　107
Riccati 型微分方程式　162
離散化過程　93
理想気体　49
量子状態　44

S

最大エントロピー分布　24
最大エントロピー原理　24
最大エントロピー解析　81
最良予測値　70, 198
再生誤差　106
　最小——　116
最小予測誤差　70
最適な符号化　143, 177
　フィルタリングの意味で——　177
　情報量の意味で——　177
正規直交　169
正定値　76, 158
積分作用素　169
線形システム　85
先験的等確率の原理　23
射影　138
　——作用素　181
Shannon, C. E.　3, 10, 64, 111, 151, 185, 188, 189
　——の基本定理　117
σ 加法族　195
振動子系　46
新生過程　69
指数型分布　11
出力信号　103
相互情報量　34, 35
　——の性質　38, 39
　単位時間当りの——　186
測度　195
　σ 有限——　30
測度空間　195
送信エネルギー　113, 128, 167
送信信号　103
Stirling の公式　46
スペクトル分解　66, 88
スペクトル分布関数　66, 88
スペクトル表現　67, 89
スペクトル密度関数　66, 88

T

帯域制限過程　96
定常過程　20
　弱——　21
　純非決定的——　68, 89
　決定的——　68, 89
トレースクラス作用素　181
通信　101
通信路　102
　フィードバックのある——　104
　加法的雑音のある——　104
通信路容量 ——→ 容量

V

Volterra 型　158
　——積分方程式　164
Volterra 核　164

W

Wiener-Hopf 方程式　158
Wiener 積分　200
Wiener 測度　152
Wold 分解　68

Y

容量　113, 114, 128, 173
　単位時間当りの——　115, 132, 175, 187
予測の問題　70
Yule, G. U.　73
Yule-Walker 方程式　75

Z

雑音　103

絶対温度　53
絶対連続　30
増幅関数　156

■岩波オンデマンドブックス■

確率過程とエントロピー

1984年12月11日　第1刷発行
2018年5月10日　オンデマンド版発行

著　者　井原 俊輔（いはら しゅんすけ）

発行者　岡本　厚

発行所　株式会社 岩波書店
〒101-8002 東京都千代田区一ツ橋2-5-5
電話案内 03-5210-4000
http://www.iwanami.co.jp/

印刷／製本・法令印刷

ISBN 978-4-00-730756-0　　Printed in Japan